今度こそわかる
量子コンピューター

西野友年

QUANTUM COMPUTER
NISHINO TOMOTOSHI

講談社

まえがき

古典(classic) の反対語は何ですか？ ― この質問へのマトモな答えは、たぶん 現代(modern) または 前衛(Avant-garde) だろう。まれに「量子(quantum) です」と自信を持って答える人が居る。それは 量子力学(quantum mechanics) を学んだ珍しい人々だ。この文章を読んでいる貴方もまた、そんな一人になろうとしている。

　20 世紀が幕を開ける頃、原子の世界を支配する法則が、ニュートン以来研究されて来た 古典力学 ではないことに気づいた「若き物理学者達」がいた。彼らは大胆な思索を巡らせて、今日知られている量子力学の枠組みをひとまず完成させた。自然の仕組みを支配する根本原理が量子力学であるならば、日常的に目にするもの全てに、その支配が及んでいるはずだ。このような考えの下、原子や分子を扱う量子化学、超伝導体などを説明する量子物性、そして物質の由来を探る量子宇宙論など、いろいろな分野へと 量子論 の活躍が広がって行った。時が流れて 20 世紀も後半になる頃、

- 量子力学を基本にして、コンピューターを考え直してみよう

という試みが始まった。量子コンピューター の幕開けである。はじめの内は、理論的な「思考実験」を中心に研究が発展した。実験的、そして工学的な実証は実にゆっくりとしていて、何十年か経た現在でも、実用になる量子コンピューターが完成したとは言い難い状況だ。量子力学そのものの「情報工学的な使い方」は、なかなか見えなかったのである。しかし、この逆境に挑戦し続ける「若きオタク研究者達」が次々と現れ、あきらめることなく工夫と推論を重ねて来た。その結果、量子検索 や 素因数分解 や 暗号破り など、量子コンピューターならではの画期的な使い道が存在することがわかって来たのだ。そして 量子暗号 は、いよいよ実用の域に達しつつある。

　さて、量子コンピューターについて手早く学ぼうと思って「薄い本」を探すと、量子力学の知識や「普通の」コンピューター (計算機) の動作原理を前提としていることが多い。かといって、有名な (?!) 分厚い教科書を手に取っても、読破する気が起きないかもしれない。このような「やる気と挫折の繰り返し」を重ねて来た人々にも「今度こそ、量子コンピューターを学ぼう！」という意欲

が戻って来るような、**自習できる本** の選択肢を広げたい
——　そう考えて、この入門書を執筆することにした。予備知識を可能な限り減らしたので、物理学を専門的に学んだことがない人でも、たぶんこの本を読みこなせるハズだ。量子力学を学んでみたい、学び直したいという方にも、手頃な副読本となるだろう。これから解説して行く **乱数の生成** や、**量子テレポーテーション**、そして **エンタングルメント** など、「基本的で新しい概念」をシッカリと納得できれば、量子コンピューターを理解したと公言して全く問題ない。忙しい方ならば、数式のチェックを「とりあえず後回し」にしておいて、まずは文章を中心にザッと拾い読みしてみる、そんな読み方もあるかと思う。

　ニュートンらによって大成された古典力学は、産業革命を支え、人々を近代へと導いた。ファラデーやマクスウェル達がまとめた **電磁気学** は、現代生活に不可欠な電力と情報をもたらしてくれた。これらの革命を引き継ぐものが、量子力学に端を発する量子コンピューターである、そう信じる人に、この冊子を (無料ではないのだけれども!) プレゼントしたい。

２０１５年
西 野 友 年
浜辺を散歩しつつ波と遊ぶ

目次

第 0 章　予測できない情報 ?! を共有する ——————————— 7
コンピューターは抽選ができない / 登場! 量子コンピューター / 宇宙の彼方で当選番号を知る / 当たりクジを探す

第 1 章　そろばんから原子の世界へ ——————————— 15
2 進数そろばん / 桁数と計算時間 / 計算機?! を小さくしよう / 散歩道: 銀原子あれこれ

第 2 章　q-bit は量子ビット ——————————— 25
装置を横倒しにしてみる / 乱数発生装置 / 観測・測定される確率 / 状態の重ね合わせ / ブロッホ球 / q-bit・キュービット・量子ビット

第 3 章　量子測定 ——————————— 43
状態の規格化 / ブラと共役 / 射影演算子と恒等演算子 / 測定操作と射影 / "傾けた" 射影測定 / 測定して、また測定

第 4 章　並んだ q-bit ——————————— 59
直積状態と計算基底 / もつれた状態 / 部分的な測定 / 右側の測定、全体の測定 / 測定結果の共有

第 5 章　量子操作と演算子 ——————————— 73
時間発展方程式 / 時刻 t_0 から時刻 t_1 へ / q-bit の操作 / X, Y, Z 軸まわりの回転 / パウリ演算子の交換関係 / スピン演算子・パウリ演算子と回転 / アダマール変換

第 6 章　固有値と固有状態 ——————————— 91
演算子の期待値と、エルミート共役 / 自己共役な演算子と測定 / 定常状態

第 7 章　量子ゲートと量子回路 ——————————— 101

量子ゲート ／ ユニタリー・ゲート ／ 乱数発生の回路図 ／ 制御 $\hat{U}$ ゲート ／ C-NOT ゲートと Toffoli ゲート ／ 数学記号の小部屋

第 8 章　量子テレポーテーション ——————————— 119

コピーはできない ／ 電話で状態を送り届ける ／ 手順 1 - 手順 4

第 9 章　密度演算子 ——————————————————— 133

純粋状態の密度演算子 ／ 密度演算子のトレースと期待値 ／ 密度副演算子 ／ 純粋状態と混合状態 ／ 密度演算子の階層性 ／ シュミット分解

第 10 章　エンタングルメント ——————————————— 151

局所的なユニタリー操作 ／ エンタングルメント・エントロピー ／ 複数個のベル状態の共有 ／ 面積法則

第 11 章　誤り訂正符号 —————————————————— 163

bit 反転コード ／ bit 反転の検出 ／ 他のタイプの雑音

第 12 章　量子暗号 ———————————————————— 173

乱数の共有 ／ BB84 ／ 暗号の安全性

第 13 章　量子検索 ———————————————————— 185

量子検索問題 ／ 量子検索への第一歩 ／ グローバーの検索アルゴリズム ／ 最適な反復回数

第 14 章　古典コンピューターの不思議 ——————————— 199

古典コンピューターという猫

第0章　予測できない情報?!を共有する

　量子コンピューター はその名前の通り、量子力学が支配する「自然の物理現象」を使って情報を処理する機械、要するに計算機だ。これを使うと、いまの世の中 (?!) で広く使われている「普通のコンピューター」、つまり **古典コンピューター** では、どう工夫しても真似のできない情報処理が可能になる... 場合がある。[*1] 例えば、与えられた整数が

- 素数かどうかを判定すること、素数でなければ因数を求めること

つまり素数判定と素因数分解は、桁数が増えるとともに非常に困難になって行く。もし、「そこそこの性能の」量子コンピューターが目の前にあれば、この **素因数分解** は、ずっと素早く行うことができるのだ。

　... 素数なんて、興味がない?! ― 確かに、そんな方も多いだろう。では、もう少し「素朴な問題」を例に取って行こうか。**量子力学に基づいて作動する量子コンピューター** が画期的な機能を持っている事実は、簡単な具体的例を見て行く方が、学び易いものかもしれない。その高い性能を支える秘密は、後に続く章を読んで行くと、段々と理解できるようになるはずだ。

　まずはじめに、**乱数の発生** を通じて、現在使われている「古典コンピューター」と、量子力学に基づいて作動する「量子コンピューター」の作動を、おおまかに観察してみよう。興味深いことに、量子力学的に乱数を発生する場合には、遠く離れた場所でも「同じ乱数を **瞬時に共有すること** 」が可能なのだ。

[*1] よくある誤解が、「どんな問題でも量子コンピューターは高速に処理できる」という迷文句である。正確には「問題を選ぶならば、量子コンピューターは古典コンピューターより遥かに高速に情報処理できる」と、書くべきである。

⟪⟪⟪ コンピューターは抽選ができない ⟫⟫⟫

「抽選で ◯ 名様に素敵な景品が当たります」と、何桁かの番号が印刷された抽選券 (福引券) をもらった経験は、たぶん誰にでもあることだろう。その抽選が、どうやって行われているのか気になって見に行くと、抽選会場の壇上では、綺麗なお姉さん達 が壺に手を突っ込んで、番号札を一桁ずつ取り出していた。21 世紀の現代に「お姉さんの壺」なのだ。

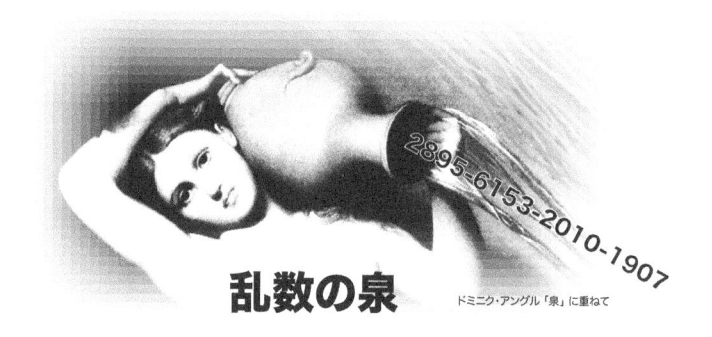

乱数の泉 ドミニク・アングル「泉」に重ねて

そんなの、「**コンピューターで『乱数』を表示すればいいじゃないか！**」

—— そう思わないだろうか？ ボタンを押すだけで、誰も予測できないランダムな数、つまり「乱数」が 1 つだけ画面に表示される、そんな仕組みさえ用意してあれば、お姉さん達を呼んでくる必要はないのだ。[*2] しかし、コンピューターの基礎を築いたフォン・ノイマンは、次の名文句を遺している。

- Any one who considers arithmetical methods of producing random digits is, of course, in a state of sin.　[John von Neumann]

意訳すると「計算機で乱数を作ろうと試みる者はバチ当たりなヤツだ」と言った感じの文だろうか。普通のコンピューターは、あらかじめプログラムされた通りに動くだけなので、

- **誰にも予測のつかない乱数** をポンと与えることはできない

のだ。こんなことを聞くと、ついつい反論したくもなる人も現れるだろう。

[*2] 必要がなくても、やっぱり、お姉さん達を呼んで来てほしい。(←著者の私見です)

「でも、**デタラメな数字**を次々と表示する画面を見たことありますよ」

……確かに、<u>一見すると予測のつかない数の列</u>を次々と与える、**擬似乱数** (= 乱数もどき) を作り出す計算手順は存在する。参考までに、「擬似乱数発生プログラム」で作った「2 進数の乱数」を、並べておこう。(↓本物です↓)

```
01110101100000001011   11011001100001010101   00010101101011111101
10111000110100010000   01111110010110010011   10001100100100001111
11101000000101110000   10101000101011110101   11101101110101011010
10000011011110001110   10011000101111111010   01011101010000101000
10110111010101101101   00001101111000000101   01100010111000101110
01110101111101011101   11011010010110110011   00001000100000101011
```

こんな風に「数」を次々と作り出して、スロットマシンのように適当な所でストップすれば、抽選の当選番号に使えるではないか?!

… これは正しい意見である。しかし、世の中、甘くはない。抽選のために作った、乱数の計算手順を示すプログラムが「流出」したらどうなるだろうか? どんな順番に番号が出力されるか、その秘密が世間にバレかねないわけだ。それくらいなら、まだ良いのだが …

《**悪意を知る**》

　昔も今も、世間は悪意で満ちている ── 穏便に表現するならば、人々は「自分では気づかない」くらいの、ちょっとした「ズルい心」を常に持っているものだ。プログラムを組むコンピューター技術者 (を雇った人) が悪意を持って「不正な細工」をする、そんな危険も潜んでいる。例えば、適当な数字を次々と表示して行くけれども、「一等賞の番号が絶対に出ない」という不正は可能だ。そうしておくと、賞品にかける費用を随分と抑えることができるではないか。あるいは「特定の番号がたびたび表示される」という不正も考えられる。**ズルいことが容易にまかり通る**のが世の中だ。

(そういえば、著者は福引で二等賞を当てたことがあった。その賞品は「手相占いを受ける権利」なのだ。なんでも、一万円相当だとか … そんなん、インチキやねん …)

⟨⟨⟨ 登場! 量子コンピューター ⟩⟩⟩

　ここで早速、量子コンピューターに登場してもらおう。次の図は、誰にも予測のつかない数字、つまり **ホンモノの乱数** をひとつ与える「量子コンピューターの回路図」、つまり **量子回路図** である。[*3] パッと眺めてみると ...

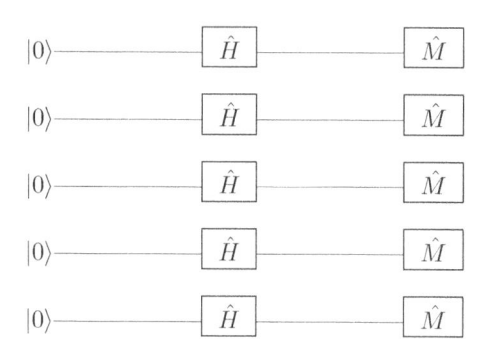

```
|0⟩ ──── [Ĥ] ──── [M̂]
|0⟩ ──── [Ĥ] ──── [M̂]
|0⟩ ──── [Ĥ] ──── [M̂]
|0⟩ ──── [Ĥ] ──── [M̂]
|0⟩ ──── [Ĥ] ──── [M̂]
```

... **独立な回路が縦に並んでいるだけ** のように見える。事実その通り独立なのだ。当選番号の各桁を、ひとつずつ決定して行くわけだ。このように

- 乱数を得るという作業を、それぞれの桁に分ける

という類の「問題の単純化」は、量子コンピューターでも重要なことなのだと覚えておこう。まあ、回路図の読み方は、後でボチボチ説明するとして、大切なことは、次の2点だ。

- 回路図が明示されていて、誰の目にも回路の動作は明らか。
- 回路を使って得られる数字は、誰も予測することができない。

このように工夫して乱数を作るならば、少しばかしはフォン・ノイマンに答えることができるだろう、「量子計算機で乱数を得ようと試みる者は、信心深いヤツだ」と。どこにも不正が入り込む隙間がないのだ。少し補足すると、回路図の通りの抽選の仕組みが、確かに準備されていることを事前に (又は事後に)「誰でも確かめられる」よう、もう少し工夫する必要がある。

[*3] こんな単純なのが量子コンピューターの回路か? と怒られそうだ。でも、「複雑であれば回路である」という決まりなんて無い。

<<< 宇宙の彼方で当選番号を知る >>>

　福引抽選の話を、もう少し続けよう。抽選会場で決めた当選番号を、アチコチに伝えたい。どれくらい速く、伝えることができるだろうか？ ホームページにでも掲載すれば、瞬時に、世界中のどこからでも当選番号を閲覧することができる — と断言すればウソになる。電線を使おうと、電波を使おうと、光ファイバーを使おうと、**相対性理論** によって明快に説明される通り、光の速さを超えて情報を伝えることはできない。但し、

- いま考えている抽選には、量子力学的な抜け道がある

のである。世界中の幾つかの場所で、本当に瞬時に、当選番号を知ることができるのだ。この仕組みを実現する量子回路を、ひとつ書いておこう。

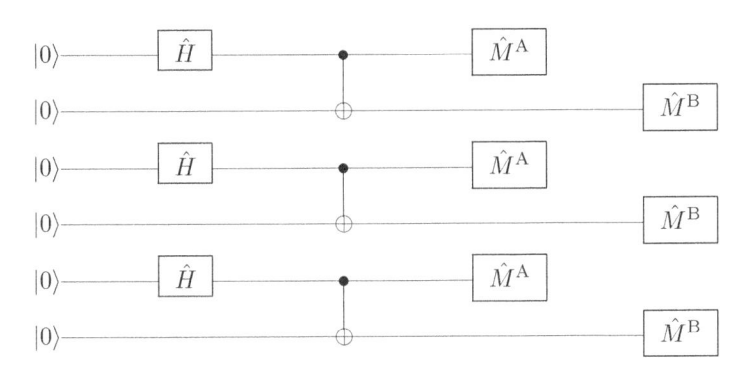

$$
\begin{array}{c}
|0\rangle - \hat{H} - \bullet - \hat{M}^A \\
|0\rangle - \oplus - \hat{M}^B \\
|0\rangle - \hat{H} - \bullet - \hat{M}^A \\
|0\rangle - \oplus - \hat{M}^B \\
|0\rangle - \hat{H} - \bullet - \hat{M}^A \\
|0\rangle - \oplus - \hat{M}^B
\end{array}
$$

これは単純に、A 抽選会場で決定した番号を、B 広報会場へと送り届ける回路だ。より正確に言えば、この回路は

- A 会場での抽選結果を、B 広報会場でも共有する

— というだけの機能を持ったものだ。B 広報会場の人々は、A 会場で当選番号が決まった、まさにその瞬間に、その当選番号を手にするのである。念を押しておくと、2つの会場が、どれだけ離れているかは関係ない。この不思議な仕組みも、回路を見ればわかるように、それぞれの桁ごとに A と B で情報を共有しているに過ぎないことがわかる。このような、奇妙な現象が **物理的に実現可能** である事実は **エンタングルメント** という量子力学的な概念で説明す

ることができる。(→ 10 章) 当選番号を送れるのは B 会場だけに限ったことではない。C 広報会場、D 広報会場と、幾つもの会場へと同じ当選番号を「同時に」知らせることも、**GHZ 状態** (→ 4 章) という量子力学的な状態を使えば可能なのだ。

更に、もう少しだけ工夫すると、福引券そのものにも「広報会場と同じ機能」を組み込むことすら可能だ。そんなに速く、福引券に情報を伝えても仕方ないだろう?! と批判されそうだけれども、福引券側にも量子コンピューターの回路の一部を組み込むことによって、「当たり券の偽造を防ぐ」ような事まで可能になってしまうのだ。こんな仕組みは、金券や、更には**電子通貨** (?? Quantum Charge ??) にも応用できそうではないか。

世の中は、ズルい抜け駆けを狙おうとする者に満ちている。そういう状況の下で不正を防ぎ、正しく人々の権利を守る仕組みを創り上げる、量子コンピューターは **社会の役にも立つ** ものなのである。[*4]

《「同時に」知る?!》

相対性理論について少しでも学んだ経験がある方は、抽選の結果を複数の会場で「同時に」共有すると聞いて、奇妙に思ったかもしれない。同時とか、同時刻という考え方は **慣性系** を定めた上で初めて意味を持つものだからだ。例えば A 会場が地上に、B 会場が地球を離れつつある宇宙船の中にあるような場合、それぞれの場所に居る **観測者** が把握している時間は **固有時刻** と呼ばれるもので、A 会場から見た「同時刻」と、B 会場から見た「同時刻」は、一致するものではない。

こういう状況では、最初に抽選の仕組みを作り上げる段階から始まって、実際に抽選を行うまでのプロセスを、注意深く **相対論的** に扱う必要がある。実際に、後で何度も用いる「量子力学的観測」の結果は、観測者がどんな速度で動いているかによって影響を受けてしまうのだ。こういう「難儀だけれども面白い部分」は、量子コンピューターの教科書では避けて通るのが通例だ。以下では、A 会場も B 会場も何もかも、静止している、あるいは「同じ慣性系に乗っている」場合のみを取り扱うことにしよう。

[*4] という風に「申請書類」に書くと、研究予算が良く当たるらしい。

《《《 当たりクジを探す 》》》

　抽選は、数多の数の中から、ほんの幾つかの数を選ぶという作業だった。抽選に「似て非なるもの」として、**クジ引き** の話をして、序章の締めくくりとしよう。クジという言葉は御神籤を短縮したもので、神様に当たり外れを決めてもらう — と言われる — ものだ。抽選と同じように、クジでも「数を選びはする」けれども、数を選ぶ (クジを引く) 人は「当選番号の決定」には関与しない。次のような状況を想定してみよう。

《クジ引き》

　0 から 9999 までの番号から、1 つだけ数字 x を選んで、

- 数字の x は当たりクジでしょうか? どうぞ教えて下さい。

と「神様」に問う。当たりの番号は、1 つしかなくて、問われる毎に神様は「アタリかハズレか」をゆっくり答えてくれる。

　どうしても、当たりクジが引きたい、そう思ったら、番号を片端から尋ねて行くしかない。[*5] こんな地道な作業を、いちいち行うのは面倒臭いものだ。怠け者であれば、上の「神様 ...」という問いかけ文をコンピューターでも使って自動再生することを思いつくだろう。[*6] 当たりを探すには、何回問いかければ良いだろうか?

- 運が良ければ最初の問いかけでアタリが出るだろうし、とことん運が悪ければ 9999 回目にアタリ番号を知る。

— 10000 回目にアタリ番号を知ることは絶対にない。アタリは 1 つしかないので、9999 回の問いかけ全てがハズレであれば、問いかけていない **唯一の番号** がアタリなのである。細かいことはともかくとして、まあ、平均すると 5000 回

[*5] 確率を習ったことがない人は、番号をバラバラな順番で聞いた方が当たりやすいんじゃないか? と勘ぐってしまうこともあるようだ。実際に、「宝くじ」などを買う時には、売り場で「連番ですか? バラですか?」と聞かれたりもする。もちろん、そんなことで当選確率が変わることはない。

[*6] 携帯電話の「予定表機能」を使って、毎朝の決まった時間に「神様に拝む」挨拶を入れておく、そんなこともできる。

くらいは問いかける必要があるだろう。

この「アタリ番号」を探す問題は **検索** と名付けられていて、実は量子コンピューターが割と得意とする問題の 1 つなのだ。いまの 0 から 9999 までの例でどれくらい速くなるかというと、

- 量子コンピューターを使えば、おおよそ 100 回くらいの問いかけでアタリ番号を知ることができる

のである。50 倍も速く見つかるではないか。こんな離れ業は、普通の (古典) コンピューターでは絶対に実現することができない。

もう少し正確に表現すると、N 個の候補の中から、1 つだけを選ぶ作業を、量子コンピューターは $\sqrt{N}$ くらいの回数でこなしてしまう。この **量子検索** については、13 章でジックリ取り組むことにしよう。なお、クジを引くという「神様への問いかけ」をコンピューターに託してしまうというのは実に **バチ当たり** なことだ、ええと、バチって、何を意味する言葉だったっけ?!*7

【誰が悪事を告発する?】

源次
久兵衛
与平
佐吉　　　　　　　　　　　　　　　　　　　当選
儀助
源五郎
権六

(... 直訴シタル者、厳シキ沙汰ヲ覚悟スベシ...)

---

*7 そんなの「バチ」で **検索すれば** 正解わかるじゃん? と、思うだろう。しかし、良く使われる慣用句であっても、語源が良くわからないものは数多くある。ちなみに、「イチかバチか」の「バチ」が同じ言葉かどうかすら、不明なのだ。

第1章　そろばんから原子の世界へ

　量子コンピューターについて語る準備として、まずは現在ふつうに使われている計算機の話から始めよう — そう書きたいのだけれども、実は 21 世紀に入って、「計算機」とか「コンピューター」という言葉があまり使われなくなり始めた。例えば携帯電話を手にしても、それが計算機であると意識することは希なのではないだろうか？ 身の回りにありふれた存在となった計算機は、寄せ集めた細かな部品をカバーで隠してあるので、中身を見ることすらできない。いや、最近では部品を寄せ集めるどころか、

- カバーを無理やり (?!) カパッと開くと、中には小さな部品が、ほんの少しだけしか入っていなかった

という事も多い。こうなってしまっては、計算機の話を始めようにも、それがどんな物であるか、想像がつくハズがないのだ。... これはマズい状況だ ...

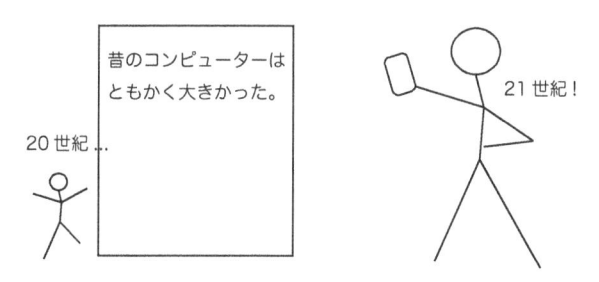

　そこで、20 世紀の初めまで時計の針を戻してみよう。日本人はたぶん「そろばん」を日常的に使っていた ... だろう。この懐かしい (?!) 道具は、計算というものの本質を教えてくれる。

⟪⟪⟪ 2 進数そろばん ⟫⟫⟫

「本物のそろばん」は、それぞれの桁に 1 玉と 5 玉があって、説明するのが少し面倒だ。(まあ、とりあえず描いておこう。) [*8]

そこで、各桁に 1 個の玉しかない「2 進数そろばん」に登場してもらおう。これは、名前のとおり 2 進数の計算を扱うそろばんだ。

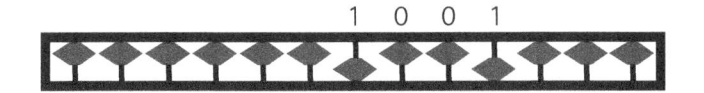

その使い方は? 数字の 9 を例に取ると、それは

$$9 = 1 \times (2 \times 2 \times 2) + 0 \times (2 \times 2) + 0 \times 2 + 1$$
$$= 1 \times 2^3 + 0 \times 2^2 + 0 \times 2^1 + 1 \times 2^0$$
$$= 1001_{(2)} \tag{1.1}$$

と 2 進数の $1001_{(2)}$ でも表すことができる。[*9] これを「そろばん」で表す時には、1 である桁の玉を下にさげ、0 である桁の玉は上がったままにしておく。普通のそろばんの 5 玉と同じように扱うわけだ。(←もちろん、その逆でもいい。ただ「ご破算では」の所作を行えなくなるのだ。) このように、

- 2 進数を、玉の位置という **物理的状態** を使って表すもの

が、2 進数そろばんだ。ひとつ用語を学ぼう

[*8] 算盤をパッと見てスラスラと数字が読めるだろうか? 5 玉と 1 玉で「0 ではない時の玉の位置 (= 上下)」が逆であることを、著者 (←珠算 5 級...) はスッカリ忘れていた。

[*9] $10_{(2)}$ のように、2 進数であることを明示する際には数字の右下に小さく $_{(2)}$ を添える。なお、実際に「玉を弾いてみる」とわかるのだけれども、2 進数は繰り上がりが頻繁に発生するので、そろばんを「手で扱う」計算には向いていないのかもしれない。

《ビット》

いま考えた「そろばん」の、それぞれの桁は、0 か 1 の「2 つの状態」の、いずれかのみを取ることができる。このような

- 2 進数のひと桁に相当するもの

は、一般に **bit**（ビット）と呼ばれる。(←情報の最小単位だ!)

さて、数字の 9 に 3 を加えよう。この計算を 4 桁の 2 進数で表すと
$$1001_{(2)} + 0011_{(2)} = 1100_{(2)} \tag{1.2}$$
と書ける。但し、後に続く説明の都合で、2 桁の 2 進数 $11_{(2)}$ をわざわざ $0011_{(2)}$ と表した。どうやって計算したのかというと、各桁の足し算を

$$\begin{aligned}
&1\text{桁目} \to 1+1 &&= 0 \quad \text{繰り上がり} \quad \text{``}1\text{''} \\
&2\text{桁目} \to 0+1+\text{``}1\text{''} &&= 0 \quad \text{繰り上がり} \quad \text{``}1\text{''} \\
&3\text{桁目} \to 0+0+\text{``}1\text{''} &&= 1 \\
&4\text{桁目} \to 1+0 &&= 1
\end{aligned} \tag{1.3}$$

と機械的に行っただけだ。そろばんでは「玉」を動かすこと、つまり玉を **操作する** ことによって、この計算 — あるいは **演算** — を進める。*10 玉を動かすという「力学的な過程」を通じて、計算が行われているのだ。そろばんの玉が **ニュートン方程式** に従って運動する **物体** であることを、頭の片隅に入れておこう。計算は「物理そのもの」なのである。

《記録と再生》

4 桁の 2 進数 $9 = 1001_{(2)}$ を玉の上げ下げで表現したことは、「そろばんという記憶装置」に数字を **入力** した、あるいは **記録** したことに相当する。このそろばんを見た人、つまり **観測者** は $9 = 1001_{(2)}$ を読み取ることができる。これは、記録しておいた数字の **再生** だと考えて良い。
(このように「そろばん」には、量子コンピューターとの共通点が幾つもあるのだ。)

---

*10 下手なそろばんの使い方をすると、玉が中途半端な位置で止まることがある。こうなると、もう計算間違いへの入り口だ。このような「エラー」が生じた時に、どのように対処するか? については、11 章の「誤り訂正符号」で考えることにしよう。

⟨⟨⟨ 桁数と計算時間 ⟩⟩⟩

そろばんでも何でも、計算機を使う時には、どれくらいの時間で目的の計算を終えることができるか、予め知っておく必要がある。これは、後から登場する量子計算機でも同じことだ。4 桁の 2 進数の足し算では、式 (1.3) のように「桁ごと」の足し算を 4 回繰り返して行った。より一般的に、N 桁の 2 進数同士の足し算を考えると、それは桁ごとの N 回の足し算で書き表すことができる。従って計算時間についても、次のようにまとめられる。

- 足し算に必要な計算手順 (~ 計算時間) は桁数 N に比例する。

> 《並列処理》
>
> そろばんの玉を両手で弾けば 2 倍速、もっと **人手** を用意して、各桁の足し算を同時に行えば、時間は幾らでも短くなるではないか? と考える人も居るだろう。このような **並列処理** は、確かに計算時間の短縮に役立つ。そして、現在ではどんなコンピューターにも、並列処理の考えが活かされている。ただ、足し算では「繰り上がり」の処理があるので、幾らでも計算時間を短縮できるわけではない。
>
> (余談:**冗長な 2 進数表現** という逃げ道が無いわけではないが ...)

かけ算はどうだろうか? 細かいことまで考えると面倒なので、おおまかに評価しよう。かけ算を **筆算** で書いてみればわかるように、N 桁の数の足し算を N 回行う必要がある。結果として次の事実が納得できるだろう。

- かけ算の計算時間は、桁数 N の 2 乗 (N^2) におおよそ比例する

足し算やかけ算のように、桁数 N の何乗かに比例する程度の計算時間は **多項式時間** と表現される。[*11] この用語は、桁数が増えても「そんなに大変な計算ではないよっ!」という意味で使われることが多い。[*12]

[*11] 多項式時間は Polynomial Time の訳語だ。この Time という英単語は、時間という意味で使われる場合と、回数という意味の場合がある。いまの状況では、実は「回数」の方が意味的には当てはまっているけれど、なぜか「多項式回数」という訳語は耳にしない。

[*12] 「どんな手段を使ってもいいから、100 桁の数の足し算を実行して見せて下さい」という問題を「抜き打ちで」出そう。早い者勝ちならば、勝者はたぶん、紙と鉛筆を使う人だ。

一方で、必要性や意味はともかくとして、そろばんを使って「1 ずつ数を足して行く」作業を辛抱強く行ってみよう。$0_{(2)}$ から始めることにすれば、4 桁ならば $0000_{(2)}$ から $1111_{(2)}$ まで $15 = 2^4 - 1$ 回の足し算となる。

$$0000_{(2)} + 1_{(2)} = 0001_{(2)}$$
$$0001_{(2)} + 1_{(2)} = 0010_{(2)}$$
$$\cdots$$
$$1110_{(2)} + 1_{(2)} = 1111_{(2)} \tag{1.4}$$

N 桁であれば、全部で $2^N - 1$ 回の足し算だ。これを実行するには、おおよそ 2^N という指数関数に比例した計算時間が必要となる。このような時間は **指数関数時間** とか、縮めて **指数時間** と呼ばれる。

> 《鍵を開ける》
>
> 羊が一匹、羊が二匹 ... と片端から数を数えて行くなんて、バカバカしい! と思っただろうか? いや、なにごともバカにしてはならない。大事に使っている自転車を、<u>4 桁くらいの 10 進数の番号を使った鍵</u> で固定して立ち去った経験はないだろうか? そう、泥棒さん (?!) がやって来て、鍵の番号を片端から試して行くと、4 桁であればせいぜい 1 時間程度で **鍵を開けることに成功する** のである。桁数を増やせば、このような盗難を防ぐことができる、というのが、これまでの常識だった。(... あるいは、正解よりも少し大きな数をマジックで書いておくと、少しは時間稼ぎができるかもれしない)

量子コンピューターが目指す目標のひとつが、計算時間の **劇的な短縮** である。どう煮ても焼いても、普通の計算機では指数時間が必要な問題は幾らでも転がっている。例えば、上で述べた **鍵破り** や、その発展版である **暗号破り** もその代表例だ。[13] 量子コンピューターは **量子並列計算** という、画期的に当たり前な方法で、これまで指数時間が必要であると考えられて来た数々の問題を、多項式時間で処理してしまうのである。[14]

---

[13] **素数判定** もそうだ! と書きたかったのだけれども、21 世紀の初頭に多項式時間で素数判定する方法が見つかったと風の噂で聞く。実に膨大な計算量が必要らしいのだけれども。

[14] 一方で、どんな問題でも量子コンピューターを使えば一発で解けるか? というと、そうでもない。現在の、普通のコンピューターは、量子コンピューターが実現した後の時代にも、まだまだ必要だと思われる。コンピューター技術者の皆さん、ご安心を。

《《《 計算機?! を小さくしよう 》》》

2進数そろばんでは「玉の上げ下げ」で数を表した。このように、

- ともかく**2つの異なる物理状態**を取る「物体」さえあれば、

それを bit(ビット) として使え、2進数の計算ができてしまう。指を折るのも良いし、財布から1円玉をジャラジャラと取り出して一列に並べ、その表裏を使って2進数を表しても良い。[*15]

ではパソコンは何を使って bit を表しているのか? というと、誰でも知っているように**電気的な ON と OFF** を使っている。原理的には並んだ電球が点灯しているか、していないか、それと大差ない。このように電気を使って動くコンピューターの原型は、1946年に完成した **ENIAC** だ。「真空管」を使ったこの機械を据え付けるには大きな部屋が必要だったけれども、電気信号は速く伝わるので、それ以前の「機械式計算機」に比べると、格段に素早い計算が可能となった。

その後は時代とともに、冷蔵庫くらいのミニコンピューター、机の上に乗るパソコン、手に持てる携帯電話へと、どんどん小型化が進んで来た。そして今は、腕時計やメガネにもコンピューターが着装される時代となってしまった。計算機がたどった「小型化の道筋」がこのまま続けば、やがて全ての部品、つまり **素子** が原子くらいの大きさになるだろう。その、究極の小型計算機はどのようなものだろうか?

> 《光速の壁》
>
> 計算機は一般的に言えば、小さいほど便利に使えるものだ。そして小さな計算機は、大きな計算機に比べると、より速く計算処理を行うことができる。どんなに工夫しても電気信号は **光の速さ** c より速くは伝えられないので、計算機が小さいほど「数字などの **情報** を右から左へと移す」時間が小さくて済むからだ。(アインシュタインの) **相対性理論** が計算機の世界を支配している — そんな風に表現しても間違いではないだろう。

[*15] 歯車を使った計算機もあって、歴史的には何十年か前までは小売店のレジで使われていた。実はいまでも "夜の街" (?!) に行くと、歯車式レジスターは現役らしい。

さて「原子サイズの素子を使った計算機」とはいっても、それがどんなものか、なかなか想像できるものではない。また、そのような微小な世界で「電気的な現象」を計算に使うことができるかどうか、それさえもよくわからない。そこで再び2進数そろばんを眺めよう。小型化を考えるならば、仕組みは単純な方が良い。よし、磁石を並べて、そのN極とS極で2進数を表そう。図のように、N極を1と、S極を0と読んでみるのだ。(NとS、0と1の対応は逆でもいい)

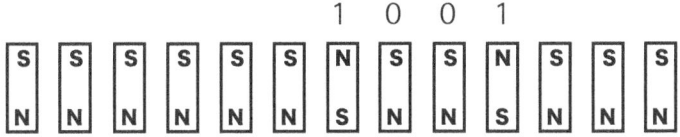

```
    1   0   0   1
┌S┐┌S┐┌S┐┌S┐┌S┐┌N┐┌S┐┌N┐┌S┐┌S┐
│N││N││N││N││N││S││N││S││N││N│
└─┘└─┘└─┘└─┘└─┘└─┘└─┘└─┘└─┘└─┘
```

これは現代のコンピューターでも良く使われている **磁気的な記録や記憶** をモデル化したものだ。磁石を小さくして行くと、幾らでも密に数字を並べることができる。── そんなことを聞くと、幾つか質問したくなるだろう。

- 隣り合う磁石が、互いに影響し合わないの?
- そんな小さな磁石、どうやってN極、S極の方向を確かめるの?

... まあ、「技術的には何とかなる」とか、「磁石には磁石で力を及ぼすことができる」などと答えておこう。原理的なことだけを話すならば、磁石のN極とS極は、**他の磁石** を近づけてみれば判別できるわけだ。例えば、bit を記録する小さな磁石の S極が上を向いている場合 を考えよう。

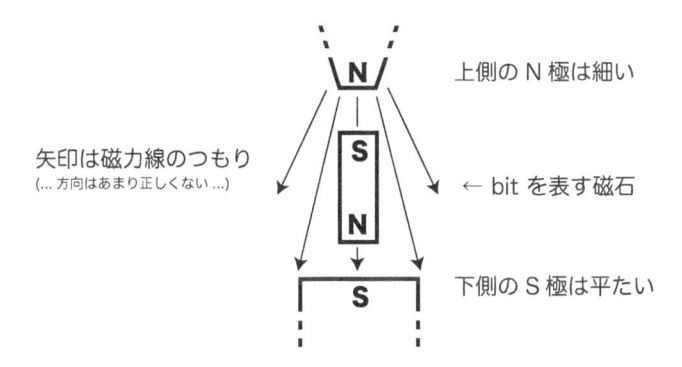

上側のN極は細い

矢印は磁力線のつもり
(... 方向はあまり正しくない ...)

← bit を表す磁石

下側のS極は平たい

図中で磁場が一様ではないことに注意すると、小さな磁石は **より引き合う力が強い** 上に向かって力を受けることがわかる。(←後で詳しく考える)

原子磁石

さて、bit を表す磁石を、どんどん小型化して行こう。磁石を半分に割ると、小さな2つの磁石になる。もういちど割ると 4 個、また割ると 8 個。ええと、アボガドロ数はおおよそ $10^{23} \sim 2^{77}$ で、$2^{10} = 1024$ だから、

- 磁石を 70 回と少しくらいの回数だけ割ると (!!)

原子が 1 個という状況に行き着く。[16]

> 《原子が 1 個で磁石になれるの?》
>
> 興味深いことに、磁石を小さくして行くと、磁石としての性質を失ってしまうことは珍しくない。逆に、全く磁石ではない物質を原子にバラした時に、それぞれの原子が磁石としての性質、つまり **磁気モーメント** を持つこともある。... この辺りが **物性物理学** の面白い話だ。

例えば、「銀貨」の原料である銀は磁石ではないけれども、**銀原子** (元素記号 Ag, 原子番号 47) をひとつだけ宙に浮かせると、それは磁気モーメントを持っていて、磁石のように振る舞うことが知られている。[17]磁気モーメントを持った「原子磁石」を並べたものは、大きさが小さいことを除いて、目に見える大きさの磁石を並べたものと何も違わないような気がする ... かもしれない。しかし、そう単純でもないのだ。

- 原子の世界を支配する物理法則は **量子力学** である!

... という事実があり、日常の直感では理解し辛いようなことも起こるのである。これから先しばらくの間、**原子磁石** を通じて「ちいさな世界」へと入り込んで行く。そこは、量子コンピューターしか作れない世界でもある。

---

[16] こういう話をすると「冗談だろう」というのが世間の反応なのだけれども、鉛筆の材料でもある黒鉛を、粘着テープの間にはさんで「2 つに剥がす」ことを繰り返すと、やがて単原子膜になることが実証されている。

[17] うっかり、ヘリウム原子を考え始めると具合が悪い。あれは完全に丸く (?!) て、どの向きから眺めても完全に同じようにしか見えないし、磁気モーメントも持たない。

⟪⟪⟪ 散歩道: 銀原子あれこれ ⟫⟫⟫

　原子磁石の話が出たついでに、原子の世界を、まずはちょっと、のぞき見してみよう。原子について、大抵のことは「高校の物理や化学」で教えてもらえる。… そういう事になって「は」いる (?!) けれども、念のために復習しておこうか。原子の中心付近の、ごくごく狭い場所 (せいぜい 〜 10^{-14} m) には「正（プラス）の電気」を帯びた **原子核** がある。そしてその周囲を「負（マイナス）の電気」を帯びた **電子** が取り囲んでいる。

原子番号
４７
銀原子の
四十七士

内殻電子

最外殻電子

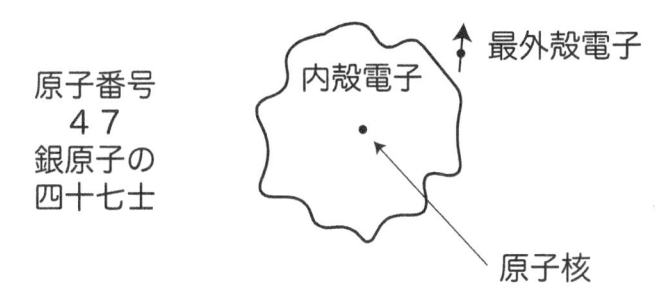

原子核

　さて、原子の「おおよその性質」は、外側に顔を出している何個かの電子 (**最外殻電子**) が決定している。例えば宙に浮かんでいる銀原子の場合、原子核を取り囲む電子は 47 個もあるのだけれども ── 赤穂浪士も 47 人だった ── いちばん外側にある 1 個の電子だけが銀原子の主な性質を決めているのだ。残りの 46 個は「内殻電子」と呼ばれていて、「より原子核に近い、原子の内側」にある。原子を外側から眺めると、原子核も内殻電子も、まるで隠れているかのように表に顔を出さないのだ。[*18]

　銀原子の性質を決めている 1 個の「最外殻電子」に話題を移そう。この電子が原子核の周囲をグルグルと「公転」していると想像するならば、電荷を持っているものが回転する、つまり「円電流」が流れていることになって、銀原子が「電磁石」であると説明し得る。しかし実は、この想像は誤りで、

- 銀原子の最外殻電子は全く「公転」していない。

では、何から「銀原子が小さな磁石である」という性質が説明できるのだろう

[*18] 細かい事を言うと、銀原子の内殻電子は 4f 軌道が空っぽなので「閉殻」ではない。

か？ 実は、電子それ自身が小さな磁石なのである。電子は **スピン角運動量** というものを持っていて、**自転** していると考えることもできる。そして、

- 電荷を持っている物体が自転すると (回転軸をまわる円電流が生じ) 電磁石となる ── **スピン磁気モーメント** を持つ

という「電磁気学の知識」を強引に (!) 引っ張って来ると、電子が磁石として振る舞うことが、一応のところ説明できるのである。[*19] ちなみに、46 個の「内殻電子」も同様に、それぞれが「小さな磁石」ではあるのだけれども、それらの磁気は互いに打ち消し合って、表には出て来ない。

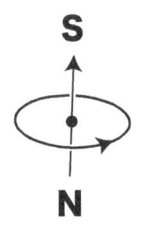

電子は負の電荷を持つのでスピンの「回転軸方向」が磁石のS極になる

《核磁気モーメント》

細かいことを付け加えると、原子核はそれ自身で、弱い磁気モーメントを持っていることがある。(原子やその同位体の種類によっては、持っていないこともある。) この **核磁気モーメント** は医療分野で「断層撮影 (MRI)」に使われているように、条件をうまく設定すると外部から測定することが可能だ。但し、電子が持つ磁気モーメントに比べると、核磁気モーメントは随分と弱い ($\sim 1/1000$) ので、普段は無視して良い。

[*19] 電子の持つ角運動量の大きさと、そこから古典的に予測される磁気モーメントが、2 倍も食い違うという謎は、古典電磁気学では説明がつかない。この 2 倍という因子は、**相対論的量子力学** の **Dirac 方程式** で、はじめて説明されるものだ。

第2章　q-bit は量子ビット

　量子コンピューターが、超小型のコンピューターかというと、必ずしもそうではない。量子コンピューターを実現する方法には色々とあって、装置や素子も集積回路のように小さなものから、冷蔵庫のように大きなものまで千差万別だ。但し、どんな量子コンピューターも

- q-bit(キュービット)、あるいは **量子ビット** という「量子情報の最小単位」

を取り扱う点は共通している。q-bit それ自身、いろいろな実現方法があるのだけれども、前の章で想像したように、**原子の世界** から考え始める道筋をたどろう。しばし、**小さな磁石の性質** を持つ銀原子に注目するのだ。

〈〈〈 シュテルン・ゲルラッハの実験 〉〉〉

　銀原子が磁石であることを実験で確かめる話から始めよう。[20] まずは、次のページに載せた図をチラリと眺めてみよう。(←無理をお願いしてすみません) 図に描いたように、とがった N 極と、平たい S 極を向かい合わせた、ちょっと長い磁石 —— とは言っても部屋に入る程度のもの —— を用意する。これは

- シュテルン(Stern)・ゲルラッハ(Gerlach) の実験装置

と呼ばれるものの一部だ。[21] 磁極の形が N 極と S 極で違うので、**磁場** は N 極の側で強く、S 極の側で弱くなっている。ちょっと思い出しておくと、2つの磁石の隙間に小さな棒磁石を置くと、S 極が上ならば上向き (Z 方向) に力を受け、N 極が上ならば下向き (−Z 方向) に力を受ける。(p.21 参照)

---

[20] **水素原子** など、実験に使える原子は色々とある。原理的には 1 個の **電子** でも良いはずなのだけれど、軽すぎて実験には都合が悪い。

[21] 初出は O. Stern and W. Gerlach: Zeitschrift für Physik 9: 353-355 (1922).

実験の手順と結果

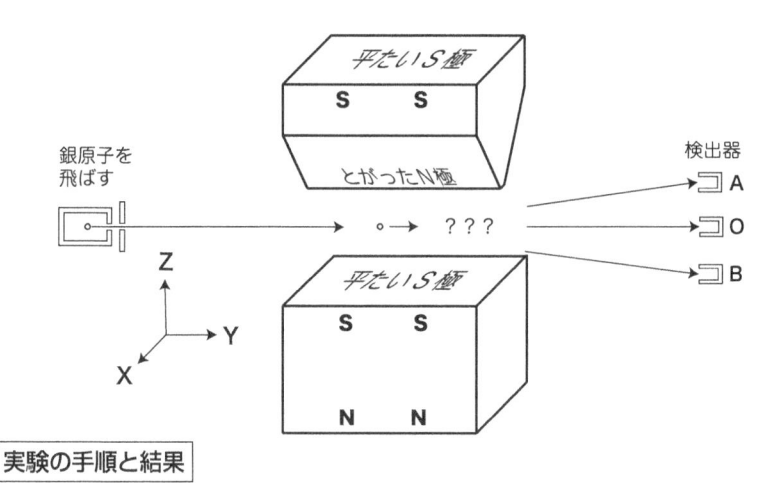

さて、磁石の周囲をほとんど真空にしておいて、銀原子を磁石の隙間へと**一定の速さ** v_0 で 1 個ずつ、図の Y 方向に投げ込んでみよう。[*22]原子はどこへ到達するだろうか? 終着点は、「検出器」をズラリ並べておけば (原理的には) 調べることが可能だ。[*23]実験してみると、次の事実に遭遇する。

- 銀原子は図の検出器 A に到達するか、検出器 B に到達するかの**いずれか**であり、それ以外の点、例えば検出器 O などには到達しない。

この実験結果は「銀原子が磁石である」ことを、ひとまず支持する。つまり、

- Z 方向に "曲がる" 場合、原子は図の上側 (Z 方向) が S 極で、
- −Z 方向に "曲がる" 場合、原子は図の上側が N 極である

と考えるならば、原子が「二手に分かれた道筋」のいずれかを進んだであろう事実を説明できるわけだ。但し、**観測された結果**は検出器 A か 検出器 B に銀原子が到達したことのみで、途中の **軌跡** を見たわけではない。従って、"曲がる" という表現は不正確であるかもしれない。

さて、後々の都合も考えて、原子磁石の N 極から S 極へと向かう方向、つまり "**曲がる**" 方向に矢印を書き込んでおこう。これは p.24 で述べた **スピン角**

[*22] 元々の実験では、加熱されて蒸発した銀原子を「穴」から噴き出させて、線源とした。また、「銀原子ビーム」が通過する場所は真空にしておき、空気分子との衝突を防いだ。

[*23] 検出器は、例えば「レンズを取り除いたカメラ」でも思い浮かべておけば良い。

運動量 の向きでもある。また、矢印の向きを「いちいち言葉で表す」のも面倒だから、「銀原子の S 極の向き」を短く表す記号を導入しよう。それは Dirac の ケット記号 と呼ばれるものだ。

> | ケット記号 〉
>
> S 極が上、つまり上に"曲がる"ならば、銀原子の状態を $|\uparrow\rangle$ と、その反対であれば $|\downarrow\rangle$ と書き表そう。この $|\ \rangle$ は ケット記号 と呼ばれ、縦棒"$|$"とカッコ"$\rangle$"の間に、適当に何かを書き込んで、考えている物理的対象の 状態 を示すものだ。

状態 という言葉を使ったけれども、それは銀原子がどんな速さで飛んでいるとか、飛んで行く方向の Y 軸が東西南北上下のどの方角かといった 運動の状態 ではない。S 極が上向きの状態 $|\uparrow\rangle$ と、下向きの状態 $|\downarrow\rangle$ とは

- 銀原子の 内部状態 — スピン状態 — を表すものである

ということに注意しよう。S 極がどの向きかは、銀原子の「内部の事情」(内部自由度) によって決まっている、そう考えるべきなのだ。

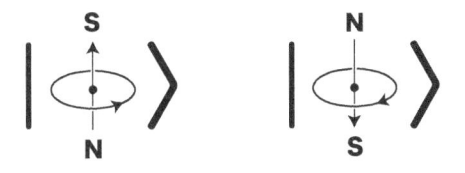

0 ← 表すビットの値 → 1

何はともあれ、銀原子 1 個が実験的に区別できる 2 つの異なる状態 $|\uparrow\rangle$ や $|\downarrow\rangle$ を取り得ることは「何となく」わかった。状態が 2 つあるのだから、

- $|\uparrow\rangle$ と $|\downarrow\rangle$ の区別を使って 情報の bit を表す

ことが「原理的には可能」だ。例えば図のように $|\uparrow\rangle$ を 0、$|\downarrow\rangle$ を 1 とみなそう。この区別に目をつけることが、量子力学的な情報処理 への第一歩だ。

《思考実験》

　この章で取り扱うシュテルン・ゲルラッハの実験装置の「動作」について、"釈明"しておかなければならない。実は、と〜っても **理想化** した話をしているのだ。中性の、つまり電荷を持っていない銀原子を 1 個だけ「つまみ出して」、装置に一定の速さで「投げ込む」という操作は、容易ではない。技術を持った実験物理学者が、研ぎ澄まされた感性を持って装置を組み上げれば、実証可能なことではあるだろうけれども、「目の前でやって見せてくれ」と頼まれれば、即座に「私には無理です!」と答える。

　では、ここで議論している「実験とその結果」とは何かというと、どちらかと言えば「思考実験」と呼ばれる類のものだ。既に様々な実験の積み重ねで検証されて来た量子力学の理論体系に基づいて、

- こういう風に実験したら、こんな結果になるはずだ

という、仮想的な実験について、その動作や結果を考えているのだ。例えば、力学を習う時には、物体を放り投げると「放物線を描いて落ちる」と必ず習う。良く勉強して、力学を身につけた皆さんに改めて問うのである、

- 放物線であることを、あなたは自分で実験して確かめましたか?

どうだろう? そんな実験、ホントにやった? このように、「教科書」の中には、「苦労して実験してみれば、確かに事実であることを示せる」くらいの実験が次々と出てくるものだ。これらは、ほとんどの場合「思考実験」と呼ぶのが適当ではないかと、著者は考える。

　シュテルン・ゲルラッハの実験について、銀原子の「終着点」も理想化されていることを断っておかなければならない。やって来た原子を、必ず捕捉して、1 個ずつ検出するというのも、なかなか大変な作業だ。大昔は、原子が衝突したら感光 (?!) するフィルムを装置の後ろに置いておいた。銀原子を文字通り「まっすぐに」装置へと入射させることは、そんなに簡単ではないので、昔の実験では 2 つの点ではなく、「唇の形みたいな影」がフィルムに写ったのだった。

⟨⟨⟨ 装置を横倒しにしてみる ⟩⟩⟩

シュテルン・ゲルラッハの実験 (もう一度 p.26 の図を見よ!) では、「検出器 A や検出器 B 以外の場所」には銀原子がやって来ない — そう聞いて、何か妙に思わなかっただろうか。装置に投げ込む前から、銀原子 (のS極) は既に上向き $|\uparrow\rangle$ 又は下向き $|\downarrow\rangle$ になっていたかのように見えるからだ。
... そんな方向に原子を向ける工夫 (??) は特にしなかったのに。こういう謎に遭遇した時には、**追加の実験** を色々と工夫し、納得するまで繰り返してみるのが物理屋の仕事だ。

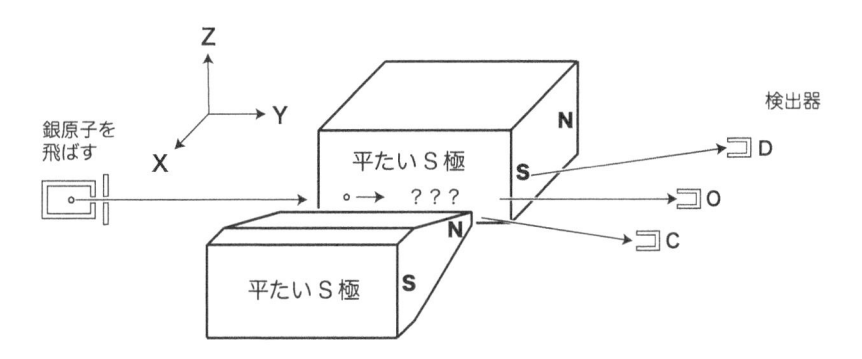

工夫の第一歩として、シュテルン・ゲルラッハの装置を横倒しにしてみよう。図のように、長い磁石を **X 方向に倒し**、その間へと銀原子を投げ込むのだ。これは、p.26 の図を横に描いただけのものだから、結果は簡単に予想できるだろう。実験をしてみれば、次の事がわかる。

- 銀原子は図の X 方向に "曲がって" 検出器 C に到達するか、あるいはその逆の −X 方向に "曲がって" 検出器 D へとやって来る。

例に習って、銀原子の **内部状態** をケット記号で表すならば、

- C に到着したら状態は $|+\rangle$、D に到着したら状態は $|-\rangle$

と区別して書くこともできるだろう。[*24] さて、この辺りで「量子力学のことば遣い」を、もうひとつ覚えようか。

[*24] $|+\rangle$ は X 軸方向なので $|X\rangle$ と、$|-\rangle$ はその逆なので $|\overline{X}\rangle$ と書き表すこともある。

《始状態と終状態》

(途中の過程はともかくとして) 注目している対象の状態が変化する場合に、変化する前の状態を **始状態**、変化した後の状態を **終状態** と呼ぶ。

いまの「横倒しの実験」の終状態は、$|+\rangle$ または $|-\rangle$ であるわけだ。始状態はどうだろうか? 実は、いま考えている実験では、銀原子の始状態について特に何も情報を持ってはいない。仕方がないから

- ケット記号の中には「どんなものでも」書き込んで良い

という「記号の約束」を思い出して、始状態は $|?\rangle$ とでも書こうか。[*25]

2つの装置を並べる

ここで少し「実験らしい工夫」を行ってみる。シュテルン・ゲルラッハの装置を 2 台並べるのだ。さっき考えた **横向きに磁石を置いた** 実験で検出器 C を取り除いて、

- X 方向に向いた状態 $|+\rangle$ の銀原子だけを選び出す

作業を行う。そして、この「X 向き原子」を、p.26 で考えた **磁石が縦向きの装置** へと打ち込む — 単純に言うとそのまま導く — のである。

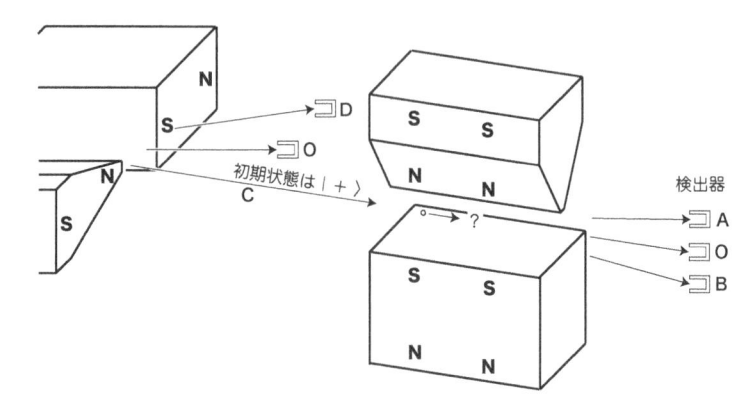

[*25] このように始状態が不明、ということも良くある。我々の誰も「宇宙の始まり」は知らないものだ。付け加えるならば、誰も「宇宙の終わり」を知らない。

このように装置を配置する目的は、

- 2 台目の装置については「始状態」を $|+\rangle$ に確定させておく

ことなのである。こうして準備した始状態 $|+\rangle$ は、上に向いた状態 $|\uparrow\rangle$ や下に向いた状態 $|\downarrow\rangle$ ではないと "考える" のが自然なことだろう。仮にこの "考え" が正しければ、2 つ目の **縦に置いた磁石** の間で銀原子は "曲がらず"、直進して検出器 O へと到達しそうな気が、何となくする。[*26]下手な空想ばかりしても役に立たないので、始状態 $|+\rangle$ を縦向きの装置に放り込もう。結果は ... どうだろうか?! (↓下を見よ↓)

《観測、あるいは測定の結果》

Z 方向に "曲がって" A に到達する終状態 $|\uparrow\rangle$ が **観測される** か、
その逆へ "曲がって" B に到達する終状態 $|\downarrow\rangle$ が **観測される** か、
いずかの **終状態** しか実現しない。

検出器 A や検出器 B 以外の場所には、全く飛んで行かないのだ。更にもう少し詳しく調べると、銀原子が A に行き着く **確率** と B に行き着く **確率** は等しく $\frac{1}{2}$ で、どちらへ行き着くかを予め知る方法はない。この「**予想がつかない**」結果は、力学や電磁気学などの **古典的な物理学** で慣れ親しんだ考え方が、シュテルン・ゲルラッハの実験では全く通用しないことを示している。昔ながらの物理学 (古典物理学) では、

- **初期条件** (〜 始状態) が与えられると、その後の状態は常に「一意に」決まっていて、結果として得られる **終状態** はひとつしかない

と、**決定論的に** 考えるのが普通だ。例えば、ボールを投げれば必ず放物線を描いて落ちて来る。[*27]いま学んでいる最中の **量子力学** では、このような「決定論」を、<u>ひとたび捨てる</u> ことになるのだ。

[*26] いやいや、それとも、どんな場合でも原子はクルリと向きを変えて、S 極が上向きになるのではないか? と考えた人もいるだろう。まあ、そんな想像を巡らせるのも悪くはない。

[*27] 本当に放物線なのか? と疑いを持ってみるのも悪くはないだろう。よーく考えると、放物線に非常に近いけれども、地球の中心を「焦点」の 1 つとする、ものすご〜く細長い楕円の一部を見ているにすぎないことが、理解できるだろう。

⟪⟪⟪ 乱数発生装置 ⟫⟫⟫

X 方向を向いた始状態 $|+\rangle$ の銀原子を「縦向き (Z 向き) の装置」に放り込む実験を通じて、私たちは既に、**量子コンピューターの具体例** を見てしまった。この大掛かりな実験装置は **量子力学に基づいて** 作動し、その全てが公開されていても、 誰にも予測のつかない乱数を与えてくれる **計算機** なのだ。

冒頭で紹介したように、乱数とはサイコロを振って出る「目の値」など、次にどんな数が出るか予測の付かない数だ。普通のコンピューター、つまり **古典コンピューター** を使って乱数を得ることは、原理的に「不可能」である。一応は **疑似乱数発生プログラム** というもの、例えば M 系列乱数[*28] だとか **メルセンヌ・ツイスター** などと呼ばれる手法があって、**乱数のようなもの** を作り出してはくれるけれども、

- 計算プログラムという **決まりきった動作しかしないもの** で乱数を作ろうとすると、「計算資源」が限られているので、やがて同じ数の並びの繰り返しに遭遇する

という不具合に出会うことになる。しかも、擬似乱数を発生させる場合には **初期値** として数字をひとつ与える必要があって、同じ初期値からプログラムを走らせ始めると、毎回おなじ乱数を決まりきった順番で作り出すのだ。つまり、乱数という名前が付いてはいるものの、プログラムの中身さえ知っていれば、次に得られる「乱数のような数」が予測できるわけだ。こうした問題点があるために「疑似(まがいもの)」の 2 文字を追加して疑似乱数と呼ぶわけだ。

> 《サイコロの秘密》
>
> 「サイコロ名人」が巧妙に振れば、思うがままの目を出せるだろうか? 実は、そう上手くは行かない。サイコロが机の上を跳ねるような運動は、**カオス** の代表例で、その動きをコンピューターで再現しようとしても、時間とともにドンドンずれて行くのだ。結果は神様次第だ!

[*28] M 系列乱数を発生する回路は、線形帰還シフトレジスターと呼ばれるもので、音楽用のキーボードやシンセサイザーにも音源として組み込まれていることが多い。どうして、そんなもので擬似乱数が発生できるのか? というのは興味深い問題で、実は **ガロアによる群論** が背後に隠れている。

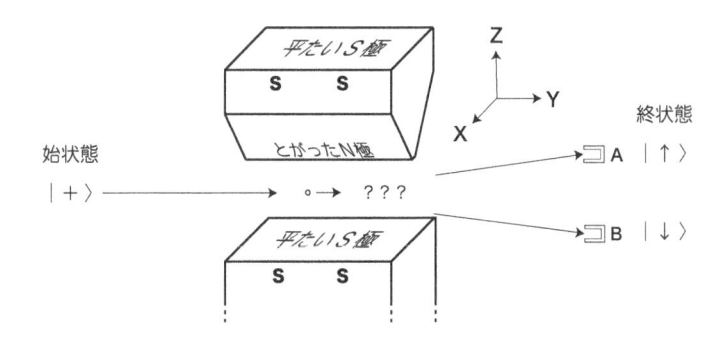

　さて、再び実験装置に目を向けよう。これから後の便宜を考えて、銀原子の**始状態** として |+⟩ を選んだ所から先のみを、図に描いた。銀原子が 2 台目の実験装置の、縦向きにした磁石を通過した後で、

- **終状態** として上向きである |↑⟩ が観測されたら 0 を実験ノートに記し、その逆 |↓⟩ が観測されたら 1 を記す

という作業を黙々と進めて行こう。すると、任意の長さのランダムな 0 と 1 の列が得られることだろう。[*29]次々と得られる 0 と 1 を、2 進数の「各桁」だと考えれば、$0100111001 \ldots 010_{(2)}$ と、**予測のつかない 2 進数** が得られるのだ。100 桁の 2 進数が 1 つ欲しければ、銀原子がやって来るのを 100 回待つだけで良い。もう 1 つ乱数が欲しければ、再び 100 回待つわけだ。

⟨⟨⟨ 観測・測定される確率 ⟩⟩⟩

　もうしばらく、シュテルン・ゲルラッハの実験に付き合おう。今度は **磁石を角度 θ だけ傾けた装置** を用意して、そこへ銀原子を放り込む。(←図は次のページを見てネ。) 角度 θ は、グルリ一周 $0 \leq \theta \leq 2\pi$ の範囲を考えると充分だろう。終状態はどうなるだろうか？ これまでの経験から、実験結果を想像することは難しくない。銀原子は、磁石の傾いた方向のいずれかに "曲がって" 行くだろう。実験してみると予想どおり、図の θ 方向の点 E と、$\theta + \pi$ 方向の点 F の、いずれかへと銀原子は到達する。[*30]点 E に到達した原子は、S 極が角度 θ 方向に向いていると考えられるので、その状態を |θ⟩ と書いて表そう。この書き方

[*29] もちろん、対応を逆にして |↑⟩ が 1 で |↓⟩ が 0 でも良い。
[*30] 角度は $\theta - \pi$ だとか、$\theta + (2n+1)\pi$ でも良いわけだけれども、一番簡単な表現を選んだ。

を使うならば、点 F の方にやって来た原子は状態 $|\theta+\pi\rangle$ と表すことになる。

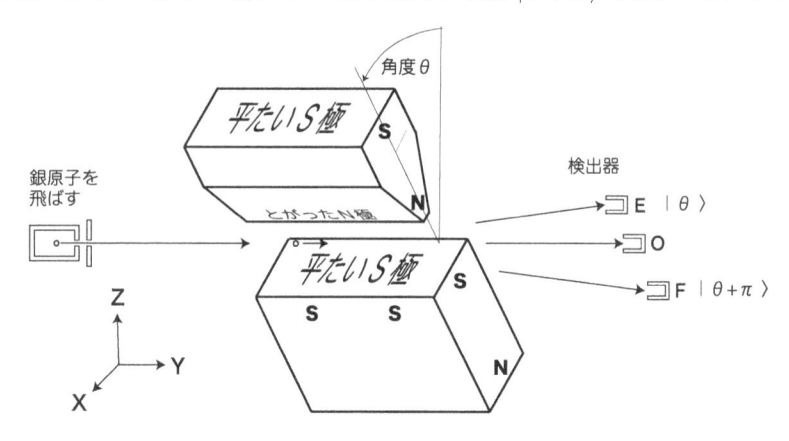

$\theta = \dfrac{\pi}{2}$ の場合、装置は X 方向に横倒しになっている訳だから、次の関係式が成立することに注意しておこう。*31

$$|+\rangle = |\tfrac{\pi}{2}\rangle, \qquad |-\rangle = |\tfrac{\pi}{2}+\pi\rangle = |\tfrac{3\pi}{2}\rangle \tag{2.1}$$

さて、点 E を通過した状態 $|\theta\rangle$ の銀原子だけを選び出し、縦置きの装置に導いてみよう。(状態 $|\theta\rangle$ は、ほぼ Y 軸方向に進むと考える。) これは、p.30, p.33 で考えた、$|+\rangle$ を縦向きの装置に導いた実験の拡張である。*32

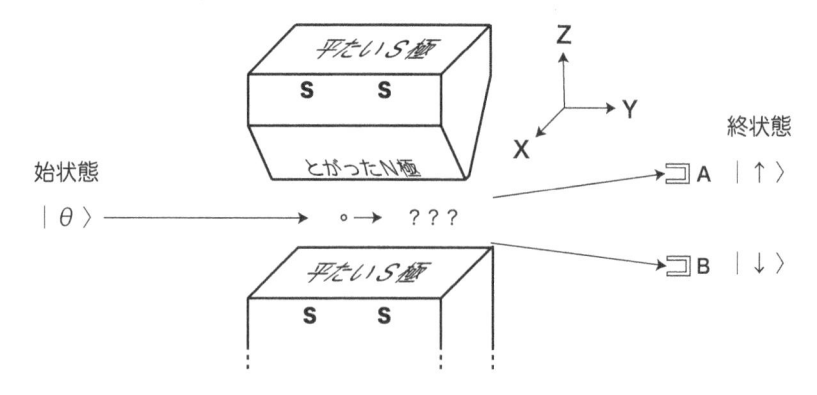

---

*31 $|-\rangle$ の定義によっては、$|-\rangle = -|3\pi/2\rangle$ と負符号が付くことがある。

*32 この辺りは The Feynman Lectures on Physics Vol. 3 に詳しい記述がある。同書は、「量子力学に初めて触れる人」にぜひ読んで欲しいものだ。

実験を行ってみると、銀原子は上に"曲がって"検出器 A に到達するか、下に"曲がって"検出器 B に到達するか、相変わらず全く予測がつかない。但し、A と B のどちらに到達するか、それぞれの **割合** あるいは **頻度** が θ の値によって変わって来ることに気づく。始状態 $|\theta\rangle$ の原子を **縦向き磁石へと投げ込む** 実験を、試しに合計 N 回行ってみると、

- 上向きの A には $N_\uparrow$ 回、下向きの B には $N_\downarrow$ 回到達した

としよう。当然、$N = N_\uparrow + N_\downarrow$ が成立する。このような状況下では、**確率** を使って考察を進めて行くことができる。まず、定義を与えよう。

> 《観測確率・測定確率》
>
> 充分に多数回の実験を行ってみると、次の比
> $$P_\uparrow = \frac{N_\uparrow}{N} = \frac{N_\uparrow}{N_\uparrow + N_\downarrow}, \qquad P_\downarrow = \frac{N_\downarrow}{N} = \frac{N_\downarrow}{N_\uparrow + N_\downarrow} \tag{2.2}$$
> はそれぞれ、段々と一定の値へと近づいて ― **収束して** ― 行く。これは **観測結果** $|\uparrow\rangle$ と $|\downarrow\rangle$ の、それぞれについての **確率** を表すものだ。この $P_\uparrow$ や $P_\downarrow$ は、**観測確率** とか **測定確率** と呼ばれる。
>
> 規格化された確率
>
> $P_\uparrow + P_\downarrow = 1$ が成立していることに注目しよう。このように、足し合わせると 1 になる確率を **規格化された確率** と呼ぶ習慣がある。

さて実際のところ、観測確率 $P_\uparrow$ と $P_\downarrow$ は角度 θ とどのように関係しているだろうか? 実験結果は、次の式と良い一致を示す。(←これは信じよう)

$$P_\uparrow(\theta) = \left[\cos\frac{\theta}{2}\right]^2, \qquad P_\downarrow(\theta) = \left[\sin\frac{\theta}{2}\right]^2 \tag{2.3}$$

それぞれ、右辺が θ の関数なので、左辺の確率も $P_\uparrow(\theta)$ や $P_\downarrow(\theta)$ と書いて、θ によって変化する関数であることを明示した。式を眺めるだけではピンと来ないので、$0 \leq \theta \leq 2\pi$ の範囲で $P_\uparrow(\theta)$ と $P_\downarrow(\theta)$ をグラフに描いてみよう。

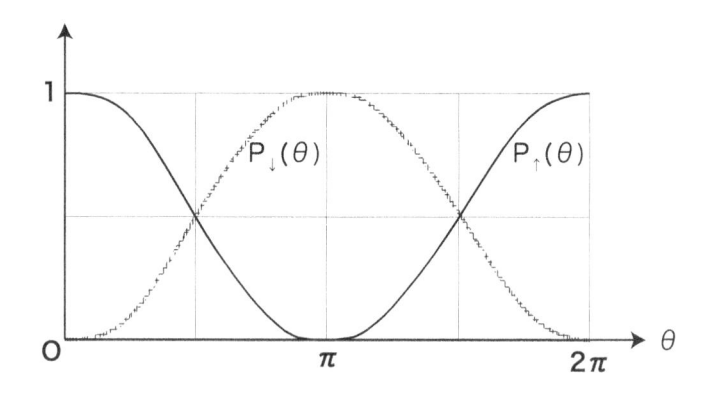

まずは $\theta = 0$ の場合から。S 極は上向きであるわけだから、関係
$$|\theta = 0\rangle = |\uparrow\rangle \tag{2.4}$$
が成立している。また、式 (2.3) は $P_\uparrow(0) = 1$ と $P_\downarrow(0) = 0$ を導くので、投げ込んだ始状態 $|\uparrow\rangle$ は必ず「そのまま」終状態 $|\uparrow\rangle$ として出て来て、$|\downarrow\rangle$ が観測されることはない。(←そんなことが確率から読み取れる。)

角度 θ を増やして行くと確率 $P_\uparrow(\theta)$ は段々と減り、$P_\downarrow(\theta)$ は増えて行く。そして $\theta = \pi/2$ では両者が等しくなる。
$$P_\uparrow(\pi/2) = \left[\cos\frac{\pi}{4}\right]^2 = \frac{1}{2}, \qquad P_\downarrow(\pi/2) = \left[\sin\frac{\pi}{4}\right]^2 = \frac{1}{2} \tag{2.5}$$
$\theta = \pi/2$ の場合には始状態が $|+\rangle$ になるので、前節で示したとおり終状態が $|\uparrow\rangle$ である確率と $|\downarrow\rangle$ である確率は全く同じになるのである。

更に角度 θ を増やして行き $\theta = \pi$ になると、始状態が $|\theta = \pi\rangle = |\downarrow\rangle$ となる。これもまたチョッと特別な場合だ。$P_\uparrow(\pi) = 0$ 及び $P_\downarrow(\pi) = 1$ なので、投げ込んだ始状態 $|\downarrow\rangle$ が「そのまま」終状態として出て来る。(←これも結果の解釈だ。) 角度 θ をもっと増やして行くと、$\pi < \theta < 2\pi$ の間では $P_\uparrow(\theta)$ が再び増加し、$P_\downarrow(\theta)$ は減少に転じる。そして 2 つの確率 $P_\uparrow(\theta)$ と $P_\downarrow(\theta)$ は $\theta = 3\pi/2$ で再び等しくなる。このような実験的な確率に対して、どのように考えれば「理にかなった説明」[*33] が可能なのだろうか?

[*33] 数学、物理、化学、生物、地学、この中で「理の文字が付く学問」は物理だけである。従って、物理学以外は「無理な学問」と言って良いであろう。(←本気にしないように!!)

⟨⟨⟨ 状態の重ね合わせ ⟩⟩⟩

これまでに見て来たシュテルン・ゲルラッハの実験の「不思議な結果」を、うまく定量的に説明する考え方がある。それは

- 量子力学に特有の 重ね合わせ という概念

だ。1個の銀原子に着目すると、S極 (又は矢印・スピン) が空間のどの方向へと向いている状態であっても、それは上向きの状態 $|\uparrow\rangle$ と下向きの状態 $|\downarrow\rangle$ に適当な「**重みの係数** α と β」をかけて足し合わせたもの

$$|\psi\rangle = \alpha|\uparrow\rangle + \beta|\downarrow\rangle \tag{2.6}$$

で表される、まずはそう考えるのだ。[*34] 但し、とある都合により、α と β の両方ともゼロである場合は除こう。

$$|\alpha|^2 + |\beta|^2 \neq 0 \tag{2.7}$$

左辺に **絶対値記号** を使っているのは、係数が負の値を取ることもあるし、また、後で α と β を **複素数** まで拡張して考えるからだ。

> 《思考停止のススメ》
>
> 「重ね合わせ」という言葉や、状態の「重み付きの足し算」というものに、何か意味を求めようと努力して、深く考え込まないように注意しよう。足し算 $\alpha|\uparrow\rangle + \beta|\downarrow\rangle$ は形式的なもので、足し算の結果として何か「数」が得られるわけではないからだ。数学の言葉遣いを借りると、$|\psi\rangle$ は $|\uparrow\rangle$ と $|\downarrow\rangle$ の **線形結合** であるとも表現できる。

例として、片方の係数が 0 である場合を考えてみよう。$\beta = 0$ であれば、

$$|\psi\rangle = \alpha|\uparrow\rangle + 0|\downarrow\rangle = \alpha|\uparrow\rangle \tag{2.8}$$

となって、式の中には $|\uparrow\rangle$ しか残らないので、この場合の $|\psi\rangle = \alpha|\uparrow\rangle$ は「α 倍の係数はともかく」上向きの状態を表していると考えるのが自然だろう。同じように、$\alpha = 0$ かつ $\beta \neq 0$ の場合の $|\psi\rangle = \beta|\downarrow\rangle$ は下向きの状態を表してい

[*34] 「1個の銀原子」について考えていることに注意しよう。よくある誤解が、上向きと下向きの銀原子が1個ずつあって、その2個の間で何か平均を計算していると「邪推」するようなことだ。そうではない、あくまで1個の原子なのだ。

る ... のだろう。

α と β の両方とも 0 でない場合はどうだろうか? $|\psi\rangle = \alpha|\uparrow\rangle + \beta|\downarrow\rangle$ は、「何らかの状態」を表していて、その性質は 2 つの係数 α と β のみによって決定される ... はずだ。例えば、今までに考えて来た状態 $|\theta\rangle$ を重ね合わせで表すならば、

- α や β は Z 軸から (X 軸方向へと) 倒れた角度 θ の関数である

と、考えることが自然だろう。実は、状態 $|\theta\rangle$ が次のように与えられると仮定してみると、様々な実験事実をうまく説明できるのだ。

$$\alpha = \cos\frac{\theta}{2}, \quad \beta = \sin\frac{\theta}{2}, \quad |\theta\rangle = \cos\frac{\theta}{2}|\uparrow\rangle + \sin\frac{\theta}{2}|\downarrow\rangle \tag{2.9}$$

《思考停止のススメ》

ここで「どうしてこんな数式なの?」と、理由を問うと沈没する。そもそも物理学は、実験結果に矛盾しない「理論形式」を立てて行く学問なので、上の数式に対して行うべきことは、「実験結果を正しく導出する**道具になっているかどうか**」の検証である。

式 (2.9) の三角関数に見覚えがないだろうか? 前節で考えた実験では

- 確率 $P_\uparrow(\theta) = \left[\cos\dfrac{\theta}{2}\right]^2$ で終状態 $|\uparrow\rangle$ が観測され
- 確率 $P_\downarrow(\theta) = \left[\sin\dfrac{\theta}{2}\right]^2$ で終状態 $|\downarrow\rangle$ が観測される

のであった。式 (2.9) に現れる、**重ね合わせの係数** $\cos\dfrac{\theta}{2}$ と $\sin\dfrac{\theta}{2}$ の (絶対値の) **2 乗** が、見事に **観測確率** を与えているではないか。

以上のように、重ね合わせという考え方を導入した上で、式 (2.9) のように $|\theta\rangle$ を表現しておけば、2 つ並べたシュテルン・ゲルラッハの実験装置を使った観測事実を、一応の所「説明する」話の流れが得られるのである。この対応が偶然の産物では「ない」ことを、おいおい確認して行こう。

⟨⟨⟨ ブロッホ球 ⟩⟩⟩

更にシュテルン・ゲルラッハの実験を重ねよう —— と続けたいのは山々なのだけれど、紙面も限られているので、少し近道しよう。今まで、Z 方向と X 方向は考えて来たけれども、「銀原子の S 極」が Y 方向にも傾いている状態は扱わなかった。そこで一般的に、

- X 軸からの角度が ϕ の方向に、Z 軸から角度 θ だけ倒れた状態

を考えてみよう。こんな状態も、装置を「適当な角度」に設置しさえすれば、実験的に作り出すことができる。

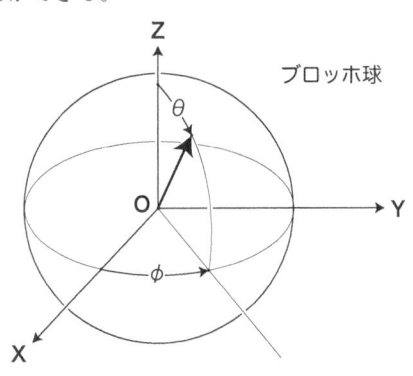

この図で方向を示すために使った球は、**ブロッホ球** と呼ばれるものだ。角度 (θ, ϕ) 方向へと S 極が向いた状態を重ね合わせ $\alpha|\uparrow\rangle + \beta|\downarrow\rangle$ で表すならば、

- 係数 α と β は **複素数** まで広げて考える必要がある。

その理由は ... 複素数まで考えておかないと、様々な実験事実の説明がつかないからだ。ともかく、状態を $|\theta, \phi\rangle$ とケット記号で示すことにして、重ね合わせの数式を (説明抜きで) 与えてしまおう。

$$\begin{aligned}|\theta,\phi\rangle &= e^{-i\phi/2}\cos\frac{\theta}{2}|\uparrow\rangle + e^{i\phi/2}\sin\frac{\theta}{2}|\downarrow\rangle \\ &= e^{-i\phi/2}\left[\cos\frac{\theta}{2}|\uparrow\rangle + e^{i\phi}\sin\frac{\theta}{2}|\downarrow\rangle\right] \end{aligned} \quad (2.10)$$

このように、重ね合わせの係数は $\alpha = e^{-i\phi/2}\cos\dfrac{\theta}{2}$ と $\beta = e^{i\phi/2}\sin\dfrac{\theta}{2}$ で与えられる。[*35] 指数関数 $e^{-i\phi/2}$ の値を、念のために復習しておこう。

> 《オイラーの公式》 $\qquad e^{-i\phi/2} = \cos\dfrac{\phi}{2} - i\sin\dfrac{\phi}{2}$

手短かに、$\phi = 0$ の場合から確認すると、$e^0 = 1$ だから

$$|\theta, 0\rangle = \cos\frac{\theta}{2}|\uparrow\rangle + \sin\frac{\theta}{2}|\downarrow\rangle \tag{2.11}$$

と、既に式 (2.9) で与えた $|\theta\rangle$ が得られる。特に、$\theta = 0$ の場合は

$$|0, 0\rangle = |\uparrow\rangle \tag{2.12}$$

と Z 向きだ。次は $\theta = \dfrac{\pi}{2}$ の場合。これは **横倒し** になった状態で、S 極は XY 平面内の「X 軸から角度 ϕ の方向」を向いている。$\cos\dfrac{\theta}{2} = \cos\dfrac{\pi}{4} = \dfrac{1}{\sqrt{2}} = \sin\dfrac{\theta}{2}$ を使うと、

$$|\frac{\pi}{2}, \phi\rangle = \frac{e^{-i\phi/2}}{\sqrt{2}}|\uparrow\rangle + \frac{e^{i\phi/2}}{\sqrt{2}}|\downarrow\rangle \tag{2.13}$$

となる。特に $\phi = 0$ ならば X 方向に向いている。

$$|\frac{\pi}{2}, 0\rangle = \frac{1}{\sqrt{2}}|\uparrow\rangle + \frac{1}{\sqrt{2}}|\downarrow\rangle \tag{2.14}$$

$\theta = \phi = \dfrac{\pi}{2}$ ならば Y 方向だ。

$$|\frac{\pi}{2}, \frac{\pi}{2}\rangle = \frac{1-i}{\sqrt{2}}\left[\frac{1}{\sqrt{2}}|\uparrow\rangle + \frac{i}{\sqrt{2}}|\downarrow\rangle\right] \tag{2.15}$$

— えっ? 訳がわからない数式ばっかり並んでる? 確かに、**量子測定** と組み合わせて考えなければ、数式を並べる意味は薄い。ひとまとめした後で、「測定」についての話に移ろう。

[*35] 虚数や複素数は、量子力学の学習には「付き物」なのだけれども、量子力学の本質を知るだけならば「実数だけを扱う」という制限を持ち込んでも良い。「複素数ワカンナイ〜」という方は、どうぞ $\phi = 0$ と置いて後へと読み進んで下さい。なお、式 (2.10) の、カッコの前の係数 $e^{-i\phi/2}$ を落として $|\theta, \phi\rangle$ を定義する場合もある。

⟪⟪ q-bit・キュービット・量子ビット ⟫⟫

思考実験 を整理してみよう。銀原子には「実験的に明確に区別できる」2つの状態 $|\uparrow\rangle$ と $|\downarrow\rangle$ があって、それらの **重ね合わせ** $|\psi\rangle = \alpha|\uparrow\rangle + \beta|\downarrow\rangle$ は、銀原子の向き ― 角度 θ と ϕ ― についての「情報」を含んでいる。ここまでが量子力学の話。**量子コンピューター** では、この重ね合わせを

- 何の道具として使うのか?

について考えることが重要になって来る。実は $|\psi\rangle$ こそが、量子コンピューターで取り扱う「情報」の基本的な単位なのだ。

Quantum bit

「そろばんの話」で、"0" と "1" が 2 進数のひと桁 ― bit(ビット) ― を表していたことを思い出そう。いま、目の前に $|\uparrow\rangle$ と $|\downarrow\rangle$ の 2 状態があるから、ケット記号の「書き方」を少し改めて、

- $|\uparrow\rangle$ を $|0\rangle$ と書き、そして $|\downarrow\rangle$ を $|1\rangle$ と書いてみれば、

そのまま「原子で表した bit」としても使えるだろう。量子コンピューターの特徴は、更に $|0\rangle$ と $|1\rangle$ の重ね合わせまで bit の概念を拡張して考える所にある。大切な式は何度でも (そして新しい番号付きで!) 書いておこう。

$$|\psi\rangle = \alpha|0\rangle + \beta|1\rangle \tag{2.16}$$

この重ね合わせこそ「bit の量子力学版」と呼ぶに相応しい。**量子情報**、**Quantum Information** (とは何か? は後回しにして) の **ひと桁** という意味を込めて、式 (2.16) の形で書いた重ね合わせ $|\psi\rangle$ は

- q-bit(キュービット) または 量子ビット(Quantum bit)

と呼ばれる。"q-" は Quantum(量子) の頭文字だ。[*36] これから先は「銀原子」を離れて、少し **抽象的** に $|0\rangle$ と $|1\rangle$ の重ね合わせについて考えて行こう。

[*36] ある日の午後、とある論文を読んでいたら **q-bot** という単語に遭遇した。Quantum Robot (量子ロボット) の略語のつもりなのだそうな。ちなみに、$|0\rangle, |1\rangle, |2\rangle$ の 3 状態の重ね合わせは **q-trit** と呼ばれる。

《2 状態であったら何でも良い》

　この章で扱った q-bit は、実験装置の中を「飛んでいる」銀原子であった。そんな、動き回っているものでコンピューターが作れるのだろうか? と不審に思われるかもしれない。q-bit が「動いている」こと自身は、うまく装置を作って「動きがコントロールの下にある限り」あまり問題にならない。例えば、光ファイバーの中を (ガラスの中の) 光速で進む「光の粒」である **光子** も、q-bit として使える。ただ、計算機の一部として情報を蓄えたり、実際的な計算 (演算) を行うことを考えれば、あまり q-bit に動き回って欲しくないというのも事実だ。

　q-bit を表すには、物理的に「区別できる」── 正確には直交している (後述) ── 2つの状態があって、更にそれらの間で式 (2.16) の形の量子力学的な重ね合わせが作れる必要がある。例えば、小さな箱(コンデンサー)(?!) の中に電子 1 個が入っているか、それとも何も無いか、そんな 2 状態を使うことも充分に可能だ。液体の中に溶け込んでいる原子の **核スピン** を q-bit として使う核磁気共鳴 (NMR) 量子コンピューターや、超伝導素子を使う方法、更にはトポロジカル秩序という特殊な状態を q-bit の実現のために使おうというアイデアまで、様々な可能性が考えられ、また実験的に試されている。

　量子コンピューターの「理論」の主な部分は、このような実験的な工夫を経て、制御可能な q-bit が手中にあると仮定する所から始まる。この本では (この本でも?!)、q-bit の実現方法には深入りしないことにしよう。必要である限り、きっと誰かが、q-bit を幾つも作ってくれるはずだ。

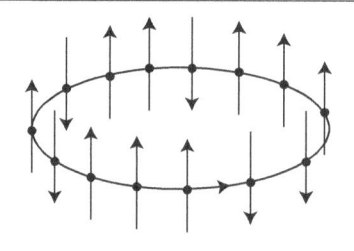

「輪」の上で q-bit が
グルグル巡る巡る巡る、
なんていうのもアリ。
(止まっている方がいいけど...)

第3章　量子測定

　銀原子の状態を表す重ね合わせ $|\psi\rangle = \alpha|\uparrow\rangle + \beta|\downarrow\rangle$ から考察を始め、$|\uparrow\rangle$ を $|0\rangle$、$|\downarrow\rangle$ を $|1\rangle$ と書き換えて、$|\psi\rangle = \alpha|0\rangle + \beta|1\rangle$ で表される "抽象的な量子情報の単位"、q-bit を導入した。$|\psi\rangle$ を **始状態** とする実験で

- **終状態** として $|0\rangle$ と $|1\rangle$ を区別できる測定を行う

と、その結果として得られる終状態は $|0\rangle$ か $|1\rangle$ のいずれかで、どちらが測定されるかの **確かな予測** はつかないのであった。測定が終わった後のことに着目すると、もとの状態 $|\psi\rangle$ は影も形もなくなり、$|0\rangle$ が測定された場合には測定後の状態は $|0\rangle$ で、$|1\rangle$ が測定されたならば、測定後の状態は $|1\rangle$ だ。このように、**測定という操作** は必ず状態に "影響を与える" のだ。

　同じ始状態 $|\psi\rangle$ が **何度でも用意できる場合** について、用意される度に測定を繰り返してみると、$|\alpha|^2 + |\beta|^2 = 1$ を満たす重ね合わせの場合、**測定確率** は次のように与えられるのであった。

- 確率 $P_0 = |\alpha|^2 = \alpha^* \alpha$ で 終状態 $|0\rangle$ が測定される
- 確率 $P_1 = |\beta|^2 = \beta^* \beta$ で 終状態 $|1\rangle$ が測定される

但し α^* と β^* は α と β の **複素共役** だ。**測定** あるいは **観測** という言葉には、もう慣れて来ただろうか。

　q-bit の状態を表す重ね合わせと、測定結果の関係については、少し見通し良くまとめる「数学的な記法」がある。この章では、**ブラ** と **内積**、そして **射影演算子** などを導入し、量子力学の理論形式に含まれる **線形代数** としての側面を、「測定という量子操作の観点から」見て行くことにしよう。

⟨⟨⟨ 状態の規格化 ⟩⟩⟩

重ね合わせの係数 α と β は、関係式 $|\alpha|^2 + |\beta|^2 = 1$ を満たさないこともある。このような場合、**測定確率** P_0 と P_1 は次のように与えられる。

$$P_0 = \frac{|\alpha|^2}{|\alpha|^2 + |\beta|^2}, \qquad P_1 = \frac{|\beta|^2}{|\alpha|^2 + |\beta|^2} \tag{3.1}$$

> 《確率の規格化》
>
> 確率には「全ての場合の確率を足し合わせても 1 にならない」という、**相対的な比率** を表すだけの **相対確率** がある。q-bit を表す重ね合わせでは
>
> $$\tilde{P}_0 = |\alpha|^2, \qquad \tilde{P}_1 = |\beta|^2 \tag{3.2}$$
>
> で相対確率が与えられ、$|\alpha|^2 + |\beta|^2 \neq 1$ の場合には $\tilde{P}_0$ と $\tilde{P}_1$ を足し合わせても 1 にはならない。相対確率から、足し合わせて 1 になる **絶対確率** を得る、次の変換を **確率の規格化** と呼ぶ。
>
> $$P_0 = \frac{\tilde{P}_0}{\tilde{P}_0 + \tilde{P}_1}, \qquad P_1 = \frac{\tilde{P}_1}{\tilde{P}_0 + \tilde{P}_1}, \tag{3.3}$$
>
> 式 (3.1) は、式 (3.2) を式 (3.3) に代入して得たものだ。

式 (3.1) を見ると明らかなように、α と β を **同時に** 2 倍しようと何倍しようと、その「倍率」がゼロでない限り、倍率は分母と分子で打ち消しあって、確率 P_0 と P_1 は「倍率」には全く関係しない。実験的に測定されるものは、それぞれの終状態と、対応する確率のみなので、P_0 と P_1 が不変であれば、何の変化もなかったと考えるのが自然だ。つまり、

- $|\psi\rangle = \alpha|0\rangle + \beta|1\rangle$ に「ゼロではない」適当な係数 c をかけ合わせた $|\psi'\rangle = c|\psi\rangle = c\alpha|0\rangle + c\beta|1\rangle$ を考えると、$|\psi\rangle$ と $|\psi'\rangle$ は、物理的には同じ状態を示すものである。(←同じ状態を表す複数の方法がある!)

と言って良い。

なお、q-bit を考える限り、倍率 c がゼロの $0|\psi\rangle$ を考えることは無意味なのだけれども、量子力学の一般的な枠組みについて話すならば、**係数がゼロの状態を「ないもの」と考える** ことは重要だ。数式で書いておこう。

$$0|\psi\rangle = 0 \tag{3.4}$$

さて、$|\alpha|^2 + |\beta|^2 \neq 1$ の場合、重ね合わせ $|\psi\rangle = \alpha|0\rangle + \beta|1\rangle$ に定数 $c = 1/\sqrt{|\alpha|^2 + |\beta|^2}$ をかけてみよう。

$$|\psi'\rangle = \frac{1}{\sqrt{|\alpha|^2 + |\beta|^2}}|\psi\rangle = \frac{\alpha}{\sqrt{|\alpha|^2 + |\beta|^2}}|0\rangle + \frac{\beta}{\sqrt{|\alpha|^2 + |\beta|^2}}|1\rangle \tag{3.5}$$

この変形は、重ね合わせの係数を次のように置き換えたことに相当している。

$$\alpha' = \frac{\alpha}{\sqrt{|\alpha|^2 + |\beta|^2}}, \quad \beta' = \frac{\beta}{\sqrt{|\alpha|^2 + |\beta|^2}}, \quad |\psi'\rangle = \alpha'|0\rangle + \beta'|1\rangle \tag{3.6}$$

こうして得られる α' と β' が $|\alpha'|^2 + |\beta'|^2 = 1$ を満たすことは容易に確認できるだろう。このように $|\psi\rangle$ を $\sqrt{|\alpha|^2 + |\beta|^2}$ で割ることを **状態の規格化** と呼び、元の $|\psi\rangle$ を **規格化されていない状態**、得られた $|\psi'\rangle$ を **規格化された状態** と呼ぶ。そして、$\sqrt{|\alpha|^2 + |\beta|^2}$ は **規格化定数** と呼ばれる。[*37] 確率や状態に、いちいち規格化を考えるのは面倒なので、最初から **規格化条件** $|\alpha|^2 + |\beta|^2 = 1$ を仮定して議論を進めることも多い。

《状態が2つ以上の場合》

q-bit を中心に議論を進めるので $|0\rangle$ と $|1\rangle$ の 2 状態のみを取り扱って来た。3つ以上の状態がある場合はどうだろうか？ まあ、3つの場合を書いておけば、後は容易に想像できるだろう。実験的に「測定で区別できる状態 $|0\rangle, |1\rangle, |2\rangle$」の重ね合わせ $|\psi\rangle = \alpha|0\rangle + \beta|1\rangle + \gamma|2\rangle$ (q-trit) について、規格化された終状態の測定確率は次のように与えられる。

$$P_0 = \frac{|\alpha|^2}{|\alpha|^2 + |\beta|^2 + |\gamma|^2}, \quad P_1 = \frac{|\beta|^2}{|\alpha|^2 + |\beta|^2 + |\gamma|^2},$$
$$P_2 = \frac{|\gamma|^2}{|\alpha|^2 + |\beta|^2 + |\gamma|^2} \tag{3.7}$$

実は終状態 $|0\rangle, |1\rangle, |2\rangle$ については、もう少し条件をつける必要がある。それを説明するために「内積と直交」を、さっそく学ぶことにしよう。

[*37] 「規格化」と書きたいのに、使っているパソコンは「企画課」と変換するのである。

⟨⟨⟨ ブラ記号と共役 ⟩⟩⟩

これまで、ディラックの **ケット記号** — 略してケット — を使って、区別できる状態 $|0\rangle$ と $|1\rangle$ を表して来た。全く同じように、状態を表す **ブラ記号**、略してブラ $\langle 0|$ とブラ $\langle 1|$ を導入しよう。その目的は、

- 重ね合わせの考え方と、測定確率の関係を見易く整理する

ことだと言っておこう。ブラは、ケットを「左右反転したようなもの」で、"$\langle$" と "$|$" の間に、**物理的な状態** を表す文字や記号を書き込む。同じ状態 ψ を表すのに、ブラの $\langle\psi|$ と、ケットの $|\psi\rangle$ の、2 種類の異なる記号を用意しておくと、後々いろいろと便利なのだ。

記号の約束から明らか (?!) なように、ブラとケットの間には対応関係がある。まず、たぶん、誰の目にも当たり前に見えることから。[*38]

- $|0\rangle$ には $\langle 0|$ が対応し、どちらも "0" という物理的な状態を表す
- $|1\rangle$ には $\langle 1|$ が対応し、どちらも "1" という物理的な状態を表す

この対応関係は **共役** と呼ばれるもの (の一部) で、ダガー記号 "†" を使って

$$(|0\rangle)^\dagger = \langle 0|, \qquad (|1\rangle)^\dagger = \langle 1| \tag{3.8}$$

と、数式で表すことができる。また、共役の操作を 2 度行うと、元に戻ってくることも覚えておこう。

$$\left((|0\rangle)^\dagger\right)^\dagger = (\langle 0|)^\dagger = |0\rangle, \qquad \left((|1\rangle)^\dagger\right)^\dagger = (\langle 1|)^\dagger = |1\rangle \tag{3.9}$$

ちょっと注意が必要なのが、ブラやケットに係数がかかっている場合だ。$|0\rangle$ の α 倍の、$\alpha|0\rangle$ の共役と、共役を 2 回取ったものは

$$(\alpha|0\rangle)^\dagger = \langle 0|\alpha^* = \alpha^*\langle 0|, \qquad \left((\alpha|0\rangle)^\dagger\right)^\dagger = (\langle 0|\alpha^*)^\dagger = \alpha|0\rangle \tag{3.10}$$

で与えられて、**共役を取る** ごとに係数も **共役な複素数** にしなければならない。

[*38] 何でも一応は疑ってみるのが物理では大切なことだ。例えば $|0\rangle$ に対応するブラを $\langle 0|e^{-i\theta}$ と選んで議論を進めることも可能なのだ。$e^{-i\theta}$ のような **位相因子** は、大抵の場合 1 に選んで問題ないので、特に断らずに、式 (3.8) の対応を持ち出すことが、量子力学の教科書では一般的だ。... 実に注意深い Dirac の教科書を除いては。

今の段階では、これは単に「ちょっと覚えておくべき約束ごと」だ。重ね合わせについても、もちろん共役を考えることができる。$|\psi\rangle = \alpha|0\rangle + \beta|1\rangle$ で表される「q-bit 状態」の場合、項別に共役を取ってブラを求める。

$$\begin{aligned} \langle\psi| &= \bigl(|\psi\rangle\bigr)^\dagger = \bigl(\alpha|0\rangle + \beta|1\rangle\bigr)^\dagger = \bigl(\alpha|0\rangle\bigr)^\dagger + \bigl(\beta|1\rangle\bigr)^\dagger \\ &= \langle 0|\alpha^* + \langle 1|\beta^* \end{aligned} \tag{3.11}$$

α^*, β^* とは別の係数を持つブラ $\langle\phi| = \langle 0|\gamma^* + \langle 1|\delta^*$ の共役も求めておこう。

$$\bigl(\langle\phi|\bigr)^\dagger = \bigl(\langle 0|\gamma^*\bigr)^\dagger + \bigl(\langle 1|\delta^*\bigr)^\dagger = \gamma|0\rangle + \delta|1\rangle \tag{3.12}$$

《《《 ブラ記号と内積 》》》

ブラ $\langle\psi|$ とケット $|\psi\rangle$、「どうして2つも記号を与えるのか?」と、誰でも不審に思うだろう。それは、**内積** を簡潔に示すためだ。

> 《内積》
>
> 任意のブラ $\langle\phi|$ と、任意のケット $|\psi\rangle$ を持って来て、それらを「くっつけて描いたもの」$\langle\phi|\psi\rangle$ は数を与え、**実数** であることもあれば、**複素数** であることもある。これを **内積** と呼ぶ。

まずは $\langle 0|$ または $\langle 1|$ と、$|0\rangle$ または $|1\rangle$ の間の内積から与えよう。*39

$$\langle 0|0\rangle = 1, \quad \langle 0|1\rangle = 0, \quad \langle 1|0\rangle = 0, \quad \langle 1|1\rangle = 1 \tag{3.13}$$

右辺の 0 や 1 は状態を示すものではなく、単なる数である。このように値を「定めておくと」、これからの計算で「ウマく辻褄が合う」のだ。このように「与えた」内積には、色々な使い道がある。$\langle 0|$ や $\langle 1|$ と $|\psi\rangle$ の内積を取ると、係数 α や β が得られることから確かめよう。

$$\begin{aligned} \langle 0|\psi\rangle &= \langle 0|\bigl(\alpha|0\rangle + \beta|1\rangle\bigr) = \alpha\langle 0|0\rangle + \beta\langle 0|1\rangle = \alpha, \\ \langle 1|\psi\rangle &= \langle 1|\bigl(\alpha|0\rangle + \beta|1\rangle\bigr) = \alpha\langle 1|0\rangle + \beta\langle 1|1\rangle = \beta \end{aligned} \tag{3.14}$$

[*39] 同じもの同士が 1 で、違うものなら 0 と「納得」しても間違いではないけれども、内積の値は実験結果を正しく表すものを「選んだ」というのが正直な所だ。仮に「数学の話だと割り切って考える」ならば、式 (3.13) は (線形空間の基底の間の)「内積を与える定義式」だ。

ブラとケットをひっくり返して、$\langle\psi|0\rangle$ や $\langle\psi|1\rangle$ を求めると複素共役になる。
$$\langle\psi|0\rangle = \langle 0|0\rangle\,\alpha^* + \langle 1|0\rangle\,\beta^* = \alpha^*, \qquad \langle\psi|1\rangle = \beta^* \tag{3.15}$$
そして、$|\psi\rangle = \alpha|0\rangle + \beta|1\rangle$ が規格化されているならば、"それ自身との内積 $\langle\psi|\psi\rangle$" — これを $|\psi\rangle$（あるいは $\langle\psi|$）の **ノルム** と呼ぶ — は 1 になる。
$$\begin{aligned}\langle\psi|\psi\rangle &= \big(\,\langle 0|\,\alpha^* + \langle 1|\,\beta^*\,\big)\big(\,\alpha|0\rangle + \beta|1\rangle\,\big)\\ &= \langle 0|\,\alpha^*\alpha\,|0\rangle + \langle 0|\,\alpha^*\beta\,|1\rangle + \langle 1|\,\beta^*\alpha\,|0\rangle + \langle 1|\,\beta^*\beta\,|1\rangle\\ &= \alpha^*\alpha\langle 0|0\rangle + \alpha^*\beta\langle 0|1\rangle + \beta^*\alpha\langle 1|0\rangle + \beta^*\beta\langle 1|1\rangle\\ &= \alpha^*\alpha + \beta^*\beta = |\alpha|^2 + |\beta|^2 = 1\end{aligned} \tag{3.16}$$
特に、$\alpha = 1, \beta = 0$ の場合の $|\psi\rangle = |0\rangle$ は $\langle 0|0\rangle = 1$ と規格化されていて、$\alpha = 0, \beta = 1$ の場合の $|\psi\rangle = |1\rangle$ も同様に $\langle 1|1\rangle = 1$ である。

一般に、ブラ $\langle\phi| = \langle 0|\gamma^* + \langle 1|\delta^*$ とケット $|\psi\rangle = \alpha|0\rangle + \beta|1\rangle$ の内積は
$$\langle\phi|\psi\rangle = \gamma^*\alpha\langle 0|0\rangle + \gamma^*\beta\langle 0|1\rangle + \delta^*\alpha\langle 1|0\rangle + \delta^*\beta\langle 1|1\rangle = \gamma^*\alpha + \delta^*\beta \tag{3.17}$$
となる。特に、$\langle\phi|\psi\rangle = 0$ である場合、状態 ϕ と状態 ψ は **直交している** と言い表す。[*40] $|\phi\rangle$ と $|\psi\rangle$、あるいは $\langle\phi|$ と $\langle\psi|$ が直交している、と表現することもある。どちらか一方の共役を取って、内積を考えるわけだ。

《内積の順番》

$|\psi\rangle$ の共役 $\langle\psi| = \langle 0|\alpha^* + \langle 1|\beta^*$ と、$\langle\phi|$ の共役 $|\phi\rangle = \gamma|0\rangle + \delta|1\rangle$ の間で、内積を求めてみよう。
$$\begin{aligned}\langle\psi|\phi\rangle &= \alpha^*\gamma\langle 0|0\rangle + \alpha^*\delta\langle 0|1\rangle + \beta^*\gamma\langle 1|0\rangle + \beta^*\delta\langle 1|1\rangle\\ &= \alpha^*\gamma + \beta^*\delta\end{aligned} \tag{3.18}$$
内積の"順番"をひっくり返すと **複素共役** になるわけだ。
$$\langle\phi|\psi\rangle = \gamma^*\alpha + \delta^*\beta = \big(\alpha^*\gamma + \beta^*\delta\big)^* = \langle\psi|\phi\rangle^* \tag{3.19}$$
特に、$\langle\phi|\psi\rangle = 0$ であれば $\langle\psi|\phi\rangle = 0$ も成立する。

[*40] S 極が上向きの状態 $|0\rangle$ と下向きの状態 $|1\rangle$ は、$\langle 0|1\rangle = 0$ なので直交している。「直交」という言葉から、S 極の「向き」が直角だと思い込んではいけない。

⟪⟪⟪ 射影演算子と恒等演算子 ⟫⟫⟫

ブラと内積を自在に使えるようになると、色々と遊べるようになる。内積とは逆の順番、つまりケットが左でブラが右に並んだもの、そんな形の「もの」を定義してみよう。[*41]

$$\hat{M}_0 = |0\rangle\langle 0|, \qquad \hat{M}_1 = |1\rangle\langle 1| \tag{3.20}$$

それぞれ、自分自身の 2 乗は「元に戻り」、異なるもの同士の積はゼロになる。

$$\hat{M}_0\hat{M}_0 = \bigl(|0\rangle\langle 0|\bigr)\bigl(|0\rangle\langle 0|\bigr) = |0\rangle\langle 0|0\rangle\langle 0| = |0\rangle\langle 0| = \hat{M}_0$$
$$\hat{M}_0\hat{M}_1 = \bigl(|0\rangle\langle 0|\bigr)\bigl(|1\rangle\langle 1|\bigr) = |0\rangle\langle 0|1\rangle\langle 1| = 0$$
$$\hat{M}_1\hat{M}_0 = \bigl(|1\rangle\langle 1|\bigr)\bigl(|0\rangle\langle 0|\bigr) = |1\rangle\langle 1|0\rangle\langle 0| = 0$$
$$\hat{M}_1\hat{M}_1 = \bigl(|1\rangle\langle 1|\bigr)\bigl(|1\rangle\langle 1|\bigr) = |1\rangle\langle 1|1\rangle\langle 1| = |1\rangle\langle 1| = \hat{M}_1 \tag{3.21}$$

この $\hat{M}_0$ と $\hat{M}_1$ は **射影演算子** と呼ばれるものだ。… 演算子とは何を意味する言葉だろうか?!

《演算子》

状態 $|\psi\rangle$ に作用して、別の状態 $|\phi\rangle$ を与えるものを **演算子** と呼ぶ。

$$\hat{O}|\psi\rangle = |\phi\rangle \tag{3.22}$$

演算子は、数などと区別するため、記号の上に ˆ (ハット記号) を付けて表す。重ね合わせに対して、演算子 $\hat{O}$ はそれぞれの項に作用する。

$$\hat{O}|\psi\rangle = \hat{O}\bigl(\alpha|0\rangle + \beta|1\rangle\bigr) = \alpha\hat{O}|0\rangle + \beta\hat{O}|1\rangle = |\phi\rangle \tag{3.23}$$

また、演算子はブラ $\langle\psi|$ にも「右から」作用できる。

$$\langle\psi|\hat{O} = \bigl(\langle 0|\alpha^* + \langle 1|\beta^*\bigr)\hat{O} = \langle 0|\hat{O}\alpha^* + \langle 1|\hat{O}\beta^* \tag{3.24}$$

そして、演算子同士の積もまた、(それが 0 でなければ) 演算子として働く

$$\hat{Q}\hat{O}|\psi\rangle = \hat{Q}|\phi\rangle = |\varphi\rangle \tag{3.25}$$

[*41] $|0\rangle\langle 0|$ と $|1\rangle\langle 1|$ は、$\hat{P}_0$ と $\hat{P}_1$ や、$\hat{\pi}_0$ と $\hat{\pi}_1$ などの記号で表されることも多い。この本では、確率の P_0, P_1 と見分けが付き易いように $\hat{M}_0$ と $\hat{M}_1$ で表すことにする。

さて、状態 $|\psi\rangle = \alpha|0\rangle + \beta|1\rangle$ に、射影演算子を作用させてみよう。

$$\hat{M}_0|\psi\rangle = |0\rangle\langle 0|\left(\alpha|0\rangle + \beta|1\rangle\right) = \alpha|0\rangle\langle 0|0\rangle + \beta|0\rangle\langle 0|1\rangle = \alpha|0\rangle$$
$$\hat{M}_1|\psi\rangle = |1\rangle\langle 1|\left(\alpha|0\rangle + \beta|1\rangle\right) = \alpha|1\rangle\langle 1|0\rangle + \beta|1\rangle\langle 1|1\rangle = \beta|1\rangle \tag{3.26}$$

$\hat{M}_0$ は、$|\psi\rangle$ から $\alpha|0\rangle$ を「影を落とすように」(?!) 抜き出して来るので、射影演算子と呼ばれるわけだ。$\hat{M}_1$ も同様に、$\beta|1\rangle$ を抜き出して来る。

恒等演算子

$\hat{M}_0$ と $\hat{M}_1$ を足し合わせたもの

$$\hat{I} = \hat{M}_0 + \hat{M}_1 \tag{3.27}$$

は、$|\psi\rangle = \alpha|0\rangle + \beta|1\rangle$ に作用しても、何の変化も引き起こさない。

$$\hat{I}|\psi\rangle = \left(\hat{M}_0 + \hat{M}_1\right)|\psi\rangle = \hat{M}_0|\psi\rangle + \hat{M}_1|\psi\rangle = \alpha|0\rangle + \beta|1\rangle = |\psi\rangle \tag{3.28}$$

このような $\hat{I}$ を **恒等演算子** と呼ぶ — 名前は立派だけれども、実際の所は数字の 1 と大差ない。ブラに作用する場合も $\langle\psi|\hat{I} = \langle\psi|$ と、やはり何もしない。また、恒等演算子の 2 乗は恒等演算子だ。

$$\begin{aligned}\hat{I}^2 &= \left(\hat{M}_0 + \hat{M}_1\right)^2 = \hat{M}_0\hat{M}_0 + \hat{M}_0\hat{M}_1 + \hat{M}_1\hat{M}_0 + \hat{M}_1\hat{M}_1 \\ &= \hat{M}_0 + \hat{M}_1 = \hat{I}\end{aligned} \tag{3.29}$$

恒等演算子ではない演算子の 2 乗が恒等演算子になることはあるだろうか？ 演算子 $\hat{O} = \hat{M}_0 - \hat{M}_1$ について $(\hat{O})^2$ を求めてみると

$$\left(\hat{M}_0 - \hat{M}_1\right)^2 = ... = \hat{M}_0 + \hat{M}_1 = \hat{I} \tag{3.30}$$

確かに恒等演算子となっている。オマケの話をすると、2 乗するとゼロになってしまう奇妙な演算子も存在する。例えば $\hat{Q} = |1\rangle\langle 0|$ がその例で

$$\left(\hat{Q}\right)^2 = \left(|1\rangle\langle 0|\right)^2 = |1\rangle\langle 0|1\rangle\langle 0| = 0 \tag{3.31}$$

確かにゼロになっている。この演算子 $\hat{Q}$ は、**べき零** — 何乗かするとゼロになる — と呼ばれる性質を持つ演算子の例だ。

⟨⟨⟨ 測定操作と射影 ⟩⟩⟩

状態 $|\psi\rangle = \alpha|0\rangle + \beta|1\rangle$ を **測定実験の始状態** として、「0 と 1 の区別がつく実験」を行う **量子測定** について、ひとまず整理しよう。0 と 1 それぞれの測定確率は、射影演算子を使って、次のように書くことができる。

$$P_0 = \frac{\langle\psi|\hat{M}_0|\psi\rangle}{\langle\psi|\psi\rangle} = \frac{\langle\psi|\alpha|0\rangle}{\langle\psi|\psi\rangle} = \frac{\langle 0|\alpha^*\alpha|0\rangle}{\langle\psi|\psi\rangle} = \frac{\alpha^*\alpha}{\langle\psi|\psi\rangle} = \frac{|\alpha|^2}{|\alpha|^2 + |\beta|^2}$$

$$P_1 = \frac{\langle\psi|\hat{M}_1|\psi\rangle}{\langle\psi|\psi\rangle} = \frac{\langle\psi|\beta|1\rangle}{\langle\psi|\psi\rangle} = \frac{\langle 1|\beta^*\beta|1\rangle}{\langle\psi|\psi\rangle} = \frac{\beta^*\beta}{\langle\psi|\psi\rangle} = \frac{|\beta|^2}{|\alpha|^2 + |\beta|^2}$$
(3.32)

途中で、式 (3.26) の $\hat{M}_0|\psi\rangle = \alpha|0\rangle$ と $\hat{M}_1|\psi\rangle = \beta|1\rangle$ や、式 (3.15) の $\langle\psi|0\rangle = \alpha^*$ と $\langle\psi|1\rangle = \beta^*$ を使った。分母の計算は、$\hat{1} = \hat{M}_0 + \hat{M}_1$ を使って

$$\langle\psi|\psi\rangle = \langle\psi|\hat{1}|\psi\rangle = \langle\psi|(\hat{M}_0 + \hat{M}_1)|\psi\rangle = \langle\psi|\hat{M}_0|\psi\rangle + \langle\psi|\hat{M}_1|\psi\rangle = |\alpha|^2 + |\beta|^2$$
(3.33)

と書くこともできる。特に、規格化条件 $\langle\psi|\psi\rangle = |\alpha|^2 + |\beta|^2 = 1$ が満たされている場合、分母を省略して書くことができて便利だ。

$\boxed{\text{規格化済み}} \rightarrow \quad P_0 = \langle\psi|\hat{M}_0|\psi\rangle = |\alpha|^2, \quad P_1 = \langle\psi|\hat{M}_1|\psi\rangle = |\beta|^2$ (3.34)

測定後の状態、つまり **終状態** はどうだろうか？ 規格化について気にしなければ、それは次のいずれかの状態となる。

$$\hat{M}_0|\psi\rangle = \alpha|0\rangle \quad \text{あるいは} \quad \hat{M}_1|\psi\rangle = \beta|1\rangle$$
(3.35)

規格化された終状態が欲しければ、規格化定数で割っておけば良い。

$$\frac{\hat{M}_0|\psi\rangle}{\sqrt{\langle\psi|\hat{M}_0|\psi\rangle}} = \frac{\alpha|0\rangle}{\sqrt{|\alpha|^2}} = \frac{\alpha}{|\alpha|}|0\rangle, \quad \frac{\hat{M}_1|\psi\rangle}{\sqrt{\langle\psi|\hat{M}_1|\psi\rangle}} = \frac{\beta|1\rangle}{\sqrt{|\beta|^2}} = \frac{\beta}{|\beta|}|1\rangle$$
(3.36)

α や β が一般の複素数の場合、$\alpha/|\alpha|$ や $\beta/|\beta|$ は「絶対値が 1」の複素数となる。ともかく、測定結果の状態である $|0\rangle$ あるいは $|1\rangle$ に、(ゼロではない) どんな定数がかかっていても、物理的には $|0\rangle$ あるいは $|1\rangle$ と同じものなので、規格化するかどうかは、単に「数式の上の表記の問題」にすぎない。

|測定操作|

　量子力学的な状態 $|\psi\rangle$ が、異なる状態 $|\phi\rangle$ に変化する場合、「量子コンピューターの考え方」では、

- $|\psi\rangle$ に **量子操作** が行われて $|\phi\rangle$ を得た

と解釈する。ということは、ある演算子 $\hat{O}$ の作用 $|\phi\rangle = \hat{O}|\psi\rangle$ も、「$\hat{O}$ という演算子によって表される **量子操作** である」と表現できるわけだ。この量子操作 —— 以後、単に「操作」と省略しよう —— の中には、

- 別の操作 $\hat{Q}$ によって元に戻せる **可逆操作** と、戻せない **不可逆操作**

がある。可逆操作の場合、初期状態 $|\psi\rangle$ や **中間状態** $|\phi\rangle$ が何であるかにかかわらず、最初の操作 $\hat{O}$ の「**逆操作** (逆演算子) $\hat{Q}$」が存在する。

$$\hat{Q}\hat{O}|\psi\rangle = \hat{Q}|\phi\rangle = |\psi\rangle \tag{3.37}$$

つまり $\hat{Q}\hat{O}$ は恒等演算子 $\hat{I}$ による **恒等操作** となる。逆演算子は $\hat{Q} = \hat{O}^{-1}$ と、元の演算子 $\hat{O}$ の右肩に "-1" を付けて表すのが一般的だ。

　さて、これまでに扱って来た「測定」は、射影演算子を使って前ページに与えたように書けるので、**射影測定** と呼ばれる。[*42] これは、$|\psi\rangle$ から $|0\rangle$ あるいは $|1\rangle$ (の定数倍) を得る量子操作であった。この操作は可逆だろうか？ いや、$|0\rangle$ を測定してしまったら、$|1\rangle$ は「消えてしまっている」ので、

- $|\psi\rangle = \alpha|0\rangle + \beta|1\rangle$ の α, β について、**予め知っていなければ**

測定結果の $|0\rangle$ を、元々の状態 $|\psi\rangle$ に戻すことはできない。射影測定は、不可逆な量子操作なのだ。

《情報が落ちる》

　量子操作が「不可逆である」ということは、その操作を通じて、何らかの **情報** が落ちてしまった —— 消えてしまった —— ということだ。消えたものは **量子情報** と呼ぶべき量だろうか？ その正体は何だろうか？!

[*42] 射影測定を一般化した、POVM という測定もあるのだけれども、この本の中では使う必要がないので、興味があったら検索してみると良い。

⟪⟪⟪ "傾けた" 射影測定 ⟫⟫⟫

射影演算子には、色々な作り方がある。今まで使って来た $\hat{M}_0 = |0\rangle\langle 0|$ や $\hat{M}_1 = |1\rangle\langle 1|$ とは違った射影演算子を「ひと組」作ってみよう。ここでは「銀原子の S 極の向き」に立ち返って、式 (2.9) で与えた、Z 方向から角度 θ だけ X 方向に傾いた状態 $|\theta\rangle$ と、その "正反対方向" を向いた $|\theta+\pi\rangle$ を取り上げよう。まず、内積を計算しておく。($|\theta\rangle$ の定義を忘れた方も、計算過程を眺める内に、思い出して来るだろう。)

$$\langle\theta|\theta\rangle = \left[\langle 0|\cos\frac{\theta}{2} + \langle 1|\sin\frac{\theta}{2}\right]\left[\cos\frac{\theta}{2}|0\rangle + \sin\frac{\theta}{2}|1\rangle\right] = 1$$

$$\langle\theta+\pi|\theta+\pi\rangle = \left[-\langle 0|\sin\frac{\theta}{2} + \langle 1|\cos\frac{\theta}{2}\right]\left[-\sin\frac{\theta}{2}|0\rangle + \cos\frac{\theta}{2}|1\rangle\right] = 1$$

$$\langle\theta|\theta+\pi\rangle = \left[\langle 0|\cos\frac{\theta}{2} + \langle 1|\sin\frac{\theta}{2}\right]\left[-\sin\frac{\theta}{2}|0\rangle + \cos\frac{\theta}{2}|1\rangle\right] = 0$$
(3.38)

計算の途中で、$|0\rangle$ と $|1\rangle$ の間の直交性 (3.13) を使った。このように、$|\theta\rangle$ と $|\theta+\pi\rangle$ は規格化された状態で、互いに直交している。[*43] これらを使って、2 つの射影演算子を作ってみよう。

$$\hat{M}_\theta = |\theta\rangle\langle\theta|, \qquad \hat{M}_{\theta+\pi} = |\theta+\pi\rangle\langle\theta+\pi| \tag{3.39}$$

射影演算子が持つ特徴 (式 (3.21)-(3.27) 参照) を、この例でも確認しておく。

- $\hat{M}_\theta$ の 2 乗は $\hat{M}_\theta$ に等しく、同様に $\hat{M}_{\theta+\pi}$ の 2 乗も $\hat{M}_{\theta+\pi}$ と等しい。
- 異なる射影演算子の積 $\hat{M}_\theta \hat{M}_{\theta+\pi}$ はゼロになる。
- 射影演算子の和 $\hat{M}_\theta + \hat{M}_{\theta+\pi}$ は恒等演算子 $\hat{I}$ になる。

これらの関係式は、式 (3.38) の内積を使って、簡単に示すことができる。(←宿題にする。) 特に、恒等演算子を導く計算

$$\hat{M}_\theta + \hat{M}_{\theta+\pi} = \hat{I} = |0\rangle\langle 0| + |1\rangle\langle 1| \tag{3.40}$$

は、全部で 8 項の足し算を地道に行って示してみる価値がある。(←これも宿題だ。)

[*43] この節では、射影演算子の例を与えるだけなので、詳しい計算過程は少し省くことにする。「直交」という言葉には要注意だ。「S 極の向き」は、反対方向である。

詳しい計算は省略したけれども、ともかく $\hat{M}_\theta$ と $\hat{M}_{\theta+\pi}$ は、射影演算子の性質を全て満たしているのだ。

> 《記号が重なっちゃった!》
>
> 最初に考えた射影演算子が $\hat{M}_0, \hat{M}_1$ で、いま新しく求めた射影演算子が $\hat{M}_\theta, \hat{M}_{\theta+\pi}$ である。ここまでは、まあ良い。さて、$\theta=0$ である場合、$\hat{M}_\theta$ は $\hat{M}_0$ に一致し、$\hat{M}_{\theta+\pi}$ は $\hat{M}_1$ に一致する。射影演算子の「添え字」になっている θ と $\theta+\pi$ に、直接 $\theta=0$ を「代入」して $\hat{M}_0, \hat{M}_\pi$ と書いてしまうと、$\hat{M}_0, \hat{M}_1$ との「記号の区別」が難しくなる。紛らわしい記法は避ける方が良いだろう。

さて、新しく定義した射影演算子による射影測定を考えてみよう。始状態 $|\psi\rangle = \alpha|0\rangle + \beta|1\rangle$ に対する、$\hat{M}_\theta$ と $\hat{M}_{\theta+\pi}$ の組み合わせによる射影測定は、規格化を考えずに表すと、2つの終状態

$$\hat{M}_\theta |\psi\rangle, \quad \text{あるいは} \quad \hat{M}_{\theta+\pi} |\psi\rangle \tag{3.41}$$

のいずれかを与える。そして、始状態を表す $|\psi\rangle$ が規格化されていれば、終状態の測定確率はそれぞれ

$$P_\theta = \langle\psi| \hat{M}_\theta |\psi\rangle, \quad P_{\theta+\pi} = \langle\psi| \hat{M}_{\theta+\pi} |\psi\rangle \tag{3.42}$$

と書ける。これは、式 (3.34) を一般化したものとなっている。特に、始状態が $|\psi\rangle = |0\rangle$ の場合に、測定確率を計算しておこう。(↓結果だけを示す↓)

$$P_\theta = \langle 0| \hat{M}_\theta |0\rangle = \left(\cos\frac{\theta}{2}\right)^2, \quad P_{\theta+\pi} = \langle 0| \hat{M}_{\theta+\pi} |0\rangle = \left(\sin\frac{\theta}{2}\right)^2 \tag{3.43}$$

例えば $\theta = -\pi/2$ の場合、$|-\pi/2\rangle$ が測定される確率と $|\pi/2\rangle$ が測定される確率は等しく $1/2$ になり、この測定は「乱数の発生」に使える。[*44]

[*44] 実は「記号が重なる問題」は、既に $|\theta\rangle$ を導入した時に発生していたのだ。$\theta = 0$ の場合は $|\theta=0\rangle$ と書くべきで、単純に $|0\rangle$ と書くべきではない。どちらも、結局は $|0\rangle$ であるという偶然の一致があるにせよ、良くないものは良くない。但し、$|\theta=\pi/2\rangle$ のように、誤解のしようがないものについては $|\pi/2\rangle$ と書く。

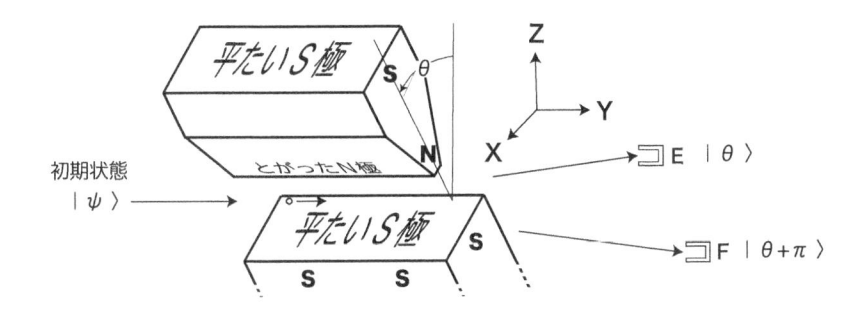

射影演算子 $\hat{M}_\theta$ と $\hat{M}_{\theta+\pi}$ を反映する測定が、物理的にはどのように実現され得るか、確認しておこう。一例として、慣れ親しんだ (?!) シュテルン・ゲルラッハの実験の場合について、図に描いてみた。始状態は $|\psi\rangle = \alpha|0\rangle + \beta|1\rangle$ を用意し、それを **角度 θ だけ傾けた** 磁石へと放り込む。この部分が、射影測定の操作となる。そして、終状態としては $|\theta\rangle$ か $|\theta+\pi\rangle$ か、いずれかの状態が観測される。このように、実験的な測定方法を選ぶごとに、その測定の過程が射影演算子によって記述されるわけだ。シュテルンゲルラッハの実験の場合、測定方法は「装置を置く角度」によって決定されている。

> 《同じ測定》
>
> 上図の実験で始状態を $|0\rangle = |\uparrow\rangle$ に選んだ場合を考え、「図の全体」を Y 軸の周りに $-\theta$ だけ回転してみよう。これは、始状態を
>
> $$|-\theta\rangle = \cos\frac{\theta}{2}|0\rangle - \sin\frac{\theta}{2}|1\rangle \tag{3.44}$$
>
> つまり S 極が $-\theta$ 方向に向いた状態に選んで、それを上下方向に向いた磁石に放り込んで $\hat{M}_0 = |0\rangle\langle 0|$ と $\hat{M}_1 = |1\rangle\langle 1|$ による測定を行うことと、物理的には同じ状況である。確率も確かに、式 (2.3), (3.43) と一致する。
>
> $$\langle-\theta|\hat{M}_0|-\theta\rangle = \langle-\theta|0\rangle\langle 0|-\theta\rangle = \left[\cos\frac{\theta}{2}\right]^2$$
>
> $$\langle-\theta|\hat{M}_1|-\theta\rangle = \langle-\theta|1\rangle\langle 1|-\theta\rangle = \left[\sin\frac{\theta}{2}\right]^2 \tag{3.45}$$

θ, ϕ 方向への射影演算子

状態 $|\psi\rangle = \alpha|0\rangle + \beta|1\rangle$ に対する測定には、式 (2.10) の辺りで考えた**ブロッホ球**上の「任意の一点」に対応する状態 $|\theta, \phi\rangle$ と、その反対方向 $|\theta + \pi, \phi\rangle$ を区別するものも考えることができる。この場合、射影演算子は

$$\hat{M}_{\theta,\phi} = |\theta, \phi\rangle\langle\theta, \phi|, \qquad \hat{M}_{\theta+\pi,\phi} = |\theta+\pi, \phi\rangle\langle\theta+\pi, \phi| \tag{3.46}$$

の2つで、状態 $|\theta, \phi\rangle$ と $|\theta+\pi, \phi\rangle$ の間の**直交性**を使って射影演算子が満たす条件 $\hat{M}_{\theta,\phi} + \hat{M}_{\theta+\pi,\phi} = \hat{I}$ を示せる。(←これまた宿題。) そして測定確率は

$$P_{\theta,\phi} = \langle\psi|\hat{M}_{\theta,\phi}|\psi\rangle, \qquad P_{\theta+\pi,\phi} = \langle\psi|\hat{M}_{\theta+\pi,\phi}|\psi\rangle \tag{3.47}$$

で与えられる。まあ、これらの式の確認も、式 (2.10) で与えた $|\theta, \phi\rangle$ の定義を地道に代入してゆけば、示すことができるのだ。

《意外と難しい推定問題》

量子測定によって、初期状態がどのような重ね合わせであったかを推定できるだろうか? まず、量子測定は**不可逆な操作**なので、一度だけの測定で始状態 $|\psi\rangle$ を推定することはできない。例えば $\hat{M}_\theta$ と $\hat{M}_{\theta+\pi}$ の組み合わせによる測定を行うと、終状態としては $|\theta\rangle$ 又は $|\theta+\pi\rangle$ (の定数倍) の、いずれかしか得ることができない。測定によって、元の $|\psi\rangle$ が破壊されてしまうからだ。

少し条件を緩めて、「同じ始状態 $|\psi\rangle$ を何度でも作ることができる」と仮定しよう。始状態を作った人は、$|\psi\rangle$ を「測定者」に何らかの手段で渡す。測定者は何回も $\hat{M}_{\theta,\phi}$ と $\hat{M}_{\theta+\pi,\phi}$ の組み合わせによる測定を繰り返し、確率 $P_{\theta,\phi}$ と $P_{\theta+\pi,\phi}$ を「繰り返しの回数に応じた」精度で求めることができる。これらを手掛かりにして、「**角度を変えつつ**」何度測定しても良いという条件の下で、測定者は始状態 $|\psi\rangle$ の素性を知ることが可能だ。

では、なるべく少ない回数の測定で、なるべく精度良く $|\psi\rangle$ を推定するには、どんな角度から、どういう測定を行って行くと良いのだろうか? これは難しい問題で、現在でも研究の第一線で論文がポツポツと発表されている。

《《《 測定して、また測定 》》》

　意味がある操作かどうかは別として、測定は続けて行うこともできる。例えば、始状態を $|\psi\rangle = |0\rangle$ に選んでおいて、まず $\theta = \pi/2$ に対応する測定を最初に行うとしよう。この場合、射影演算子は ($|+\rangle$ と $|-\rangle$ を使わずに表すと)

$$\hat{M}_\theta = \left[\frac{|0\rangle + |1\rangle}{\sqrt{2}}\right] \left[\frac{\langle 0| + \langle 1|}{\sqrt{2}}\right]$$

$$\hat{M}_{\theta+\pi} = \left[\frac{-|0\rangle + |1\rangle}{\sqrt{2}}\right] \left[\frac{-\langle 0| + \langle 1|}{\sqrt{2}}\right] \tag{3.48}$$

の組み合わせとなり、測定結果として $|\theta = \pi/2\rangle$ の方が "実現した" ならば、測定後の状態は次のように与えられる。(←規格化は無視した)

$$\hat{M}_\theta |0\rangle = \left[\frac{|0\rangle + |1\rangle}{\sqrt{2}}\right] \left[\frac{\langle 0| + \langle 1|}{\sqrt{2}}\right] |0\rangle = \frac{|0\rangle + |1\rangle}{2} \tag{3.49}$$

この「測定後の状態」を得る確率は $1/2$ だ。引き続いて、$\hat{M}_0 = |0\rangle\langle 0|$ と $\hat{M}_1 = |1\rangle\langle 1|$ の組み合わせによる測定を、状態 $\hat{M}_\theta |0\rangle$ に対して行おう。この 2 回目の測定の終状態も同様に計算できる。(←再び規格化を無視した)

$$\hat{M}_0 \frac{|0\rangle + |1\rangle}{2} = |0\rangle\langle 0| \left[\frac{|0\rangle + |1\rangle}{2}\right] = \frac{1}{2}|0\rangle$$

$$\hat{M}_1 \frac{|0\rangle + |1\rangle}{2} = |1\rangle\langle 1| \left[\frac{|0\rangle + |1\rangle}{2}\right] = \frac{1}{2}|1\rangle \tag{3.50}$$

右辺の係数はともに $1/2$ であり、2 度目の測定の結果として $|0\rangle$ を得る確率も $|1\rangle$ を得る確率も等しいわけだ。仮に "1" の方が得られたとすると、測定後の状態はもちろん $|1\rangle$ になる。(実に量子力学らしい結果だ。) 途中の経緯も含めて、4 つの場合を全て書いておこう。(← $\theta = \pi/2$ である。)

$$\hat{M}_0 \hat{M}_\theta |0\rangle = \frac{1}{2}|0\rangle, \qquad \hat{M}_0 \hat{M}_{\theta+\pi} |0\rangle = \frac{1}{2}|0\rangle$$

$$\hat{M}_1 \hat{M}_\theta |0\rangle = \frac{1}{2}|1\rangle, \qquad \hat{M}_1 \hat{M}_{\theta+\pi} |0\rangle = -\frac{1}{2}|1\rangle \tag{3.51}$$

もともとは、全く影も形もなかった $|1\rangle$ が、2 度の測定の後で得られることもあるわけだ。どうして、このような結果になったかというと、測定を行う度に **"それ以前の経緯" についての情報が全く失われてしまう** からだ。

> 非可換性

$\theta = \pi/2$ の場合の射影演算子 $\hat{M}_\theta$ と、もう1つの射影演算子 $\hat{M}_0$ を **相次いで状態に作用させる** 場合、その結果は演算子の順番によって変わって来る。[*45]例えば始状態 $|0\rangle$ に作用させる場合、$\hat{M}_0\,\hat{M}_\theta$ の順番の計算は式 (3.51) で確認してあって、結果として $\hat{M}_0\,\hat{M}_\theta\,|0\rangle = \frac{1}{2}|0\rangle$ を得ている。逆順ならば

$$\hat{M}_\theta\,\hat{M}_0 = \left[\frac{|0\rangle + |1\rangle}{\sqrt{2}}\right]\left[\frac{\langle 0| + \langle 1|}{\sqrt{2}}\right]|0\rangle\langle 0|0\rangle = \frac{1}{2}\Big(|0\rangle + |1\rangle\Big) \tag{3.52}$$

であり、確かに $\hat{M}_0\,\hat{M}_\theta\,|0\rangle$ とは結果が違っている。この違いは、射影演算子の積を比較することによって確認することも可能だ。

$$\hat{M}_\theta\,\hat{M}_0 = \left[\frac{|0\rangle + |1\rangle}{\sqrt{2}}\right]\left[\frac{\langle 0| + \langle 1|}{\sqrt{2}}\right]|0\rangle\langle 0| = \frac{1}{2}\Big(|0\rangle\langle 0| + |1\rangle\langle 0|\Big)$$

$$\hat{M}_0\,\hat{M}_\theta = |0\rangle\langle 0|\left[\frac{|0\rangle + |1\rangle}{\sqrt{2}}\right]\left[\frac{\langle 0| + \langle 1|}{\sqrt{2}}\right] = \frac{1}{2}\Big(|0\rangle\langle 0| + |0\rangle\langle 1|\Big) \tag{3.53}$$

このように、順番を **交換できない** 2つの演算子は **可換ではない**、または **非可換である** と言い表す習慣になっている。

《逆立ちして90度回る》

2つの操作、あるいは動作の「順番を入れ換える」と、結果が異なるのは珍しいことではない。立っている人に「右に90度回ってから、床に伏して下さい」とお願いするならば、右へ向かって伏した状態になる。一方、「床に伏してから、右に90度回って下さい」とお願いするならば、たぶん右耳を下にした状態で床に寝っ転がる状態になるだろう。この場合「右に回る」という動作と、「床に伏す」という動作が非可換なのである。

なお、「♡床に伏してください♡」というお願いは、相手と場所などの状況をよ〜く考えて行わないと、トンデモないトラブルを引き起こすかもしれないので、ご注意を。

[*45] $\hat{M}_0$ と $\hat{M}_1$ が「ひと組」の射影演算子、$\hat{M}_\theta$ と $\hat{M}_{\theta+\pi}$ も「ひと組」で、いま考えている $\hat{M}_0$ と $\hat{M}_\theta$ は「異なる組の射影演算子」であることに注意しておこう。

第4章　並んだ q-bit

ケット $|\psi\rangle = \frac{1}{\sqrt{2}}|0\rangle + \frac{1}{\sqrt{2}}|1\rangle$ で表される q-bit 状態 を初期状態として、射影演算子 $\hat{M}_0 = |0\rangle\langle 0|$ と $\hat{M}_1 = |1\rangle\langle 1|$ の組み合わせに対応する測定を行うと、測定結果として 0 か 1 が **ランダムに** 得られる。この測定を **繰り返す** と乱数が得られるのであった。

測定を繰り返す代わりに、実験装置をズラリと **並べて**、それぞれの装置で「一度だけ測定する」作業を行っても、同じように乱数が得られる。この場合、始状態 $|\psi\rangle$ も並べた ことに注目しよう。**並んだ q-bit** に対して、並んだ測定装置を使って、同時にあるいは次々と「並列して」測定を行なったと表現しても良い。q-bit を並べると何が "楽しい" のか、まず2つ並べる場合から、考え始めてみよう。

《《《 直積状態と計算基底 》》》

ある q-bit 状態 $|\psi\rangle_1$ と、もうひとつ **独立な** q-bit 状態 $|\phi\rangle_2$ があるとしよう。1 番目の q-bit か、2 番目かは「添え字」で区別する。[*46]

$$|\psi\rangle_1 = \alpha|0\rangle_1 + \beta|1\rangle_1, \qquad |\phi\rangle_2 = \gamma|0\rangle_2 + \delta|1\rangle_2 \tag{4.1}$$

それぞれの q-bit が「実際に実験を行う状況」で、どのように実現されるか？—— という詳細に立ち入ると「収集がつかなくなる」ので、ひとまずの所は q-bit が入った箱が2つあるとでも考えておくと良いだろう。その雰囲気を感じられるように、いまの状況を小さな (?!) 図に描いてみようか。

[*46] 1 と 2 の区別の添え字を $|\psi_1\rangle$ や $|\phi_2\rangle$ のようにケットの中に入れてしまう書き方もある。後の章で、この書き方を時々使う。

```
┌─────┐ ┌─────┐
│|ψ⟩₁ │ │|φ⟩₂ │    ← 全体で |Ψ⟩
└─────┘ └─────┘
```

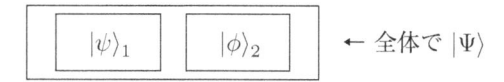

この 2 つの q-bit 状態が目の前に並んでいたら、それらを

- まとめて 1 つの物理状態 $|\Psi\rangle = |\psi\rangle_1 |\phi\rangle_2$ とみなす

ことが可能だ。並んだ状態 $|\psi\rangle_1$ と $|\phi\rangle_2$ を数式の上でも並べて書いたわけだ。

> **近くても離れていても：**
>
> 「目の前に並んだ」とは、どういう状況かというと、「とりあえず考慮に入れる範囲の空間の中」に収まっていることを意味している。たとえば手元に $|\psi\rangle_1$ があって、1 光年先に $|\phi\rangle_2$ があっても、双方を考察の対象とする限り、両方とも「目の前にある」のである。
>
> (但し、p. 12 で注意しておいたように、双方は **同じ慣性系** に乗っているとしよう)

式 (4.1) を $|\Psi\rangle = |\psi\rangle_1 |\phi\rangle_2$ に代入し、「並べた状態」を重ね合わせで

$$|\Psi\rangle = |\psi\rangle_1 |\phi\rangle_2 = \left(\alpha |0\rangle_1 + \beta |1\rangle_1\right)\left(\gamma |0\rangle_2 + \delta |1\rangle_2\right) \tag{4.2}$$

と書いてみよう。このように独立な状態を並べたものを、**直積状態** と呼ぶ。この「積」という言葉に惑わされてはいけない、数式を単に並べるだけだ。物理的には、1 番目の $|\psi\rangle_1$ と 2 番目の $|\phi\rangle_2$ が独立して並んでいるに過ぎないのだけれども、ともかく右辺を **展開** してみよう。*⁴⁷

$$|\psi\rangle_1 |\phi\rangle_2 = \alpha\gamma |0\rangle_1 |0\rangle_2 + \alpha\delta |0\rangle_1 |1\rangle_2 + \beta\gamma |1\rangle_1 |0\rangle_2 + \beta\delta |1\rangle_1 |1\rangle_2 \tag{4.3}$$

この右辺は 4 つの項の **重ね合わせ** になっていて、例えば第一項は重ね合わせの係数が $\alpha\gamma$ で、並んだ状態が $|0\rangle_1 |0\rangle_2$ であるものだ。右辺の各項に現れる $|0\rangle_1 |0\rangle_2$ や $|0\rangle_1 |1\rangle_2$ や $|1\rangle_1 |0\rangle_2$ や $|1\rangle_1 |1\rangle_2$ は、それぞれ直積状態であることに注目しておこう。

---

*⁴⁷ 式 (4.2) から、式 (4.3) へと変形できることは「用心深い人」には自明ではない。従って、ここで実は「展開計算の方法」自体を定義したというのが、数学的に整合の取れた考え方だと思う。物理学では、この辺りは得てして「いい加減」なものだ。

順番で区別する

ケットを幾つも並べる書き方は、見かけも煩雑だし、ノートに書き写すのも大変だ。少し簡単にしよう。ケット記号の中に複数の文字を書き込んで、左側が1番目の状態、右側が2番目の状態と約束するのだ。

$$|\Psi\rangle = |\psi\phi\rangle = \alpha\gamma|00\rangle + \alpha\delta|01\rangle + \beta\gamma|10\rangle + \beta\delta|11\rangle \tag{4.4}$$

このように書いてみると、ケット記号の中に **2進数** $00_{(2)}, 01_{(2)}, 10_{(2)}, 11_{(2)}$ が"見える"ようになる。ちょっと一般化しておこう。

《計算基底》

n 桁の2進数をケット記号の中に入れたもの (の集まり) を、n 桁の **計算基底** (Computational Basis) と呼ぶ。例えば $n=2$ の場合には、既に示した通り $|00\rangle, |01\rangle, |10\rangle, |11\rangle$ の4個の計算基底があり、$n=3$ であれば

$$|000\rangle, |001\rangle, |010\rangle, |011\rangle, |100\rangle, |101\rangle, |110\rangle, |111\rangle \tag{4.5}$$

の8個だ。n 桁ならば 2^n 個の計算基底がある。

ひとつひとつの q-bit が重ね合わせで表されていて、更に複数の q-bit の直積を用意できることが、量子コンピューターが「高速である」理由の1つになっている。例えば、$|0\rangle$ と $|1\rangle$ を等しい重みで重ね合わせた q-bit を3つ並べると

$$\begin{aligned}|\Psi\rangle &= \Big(|0\rangle_1 + |1\rangle_1\Big)\Big(|0\rangle_2 + |1\rangle_2\Big)\Big(|0\rangle_3 + |1\rangle_3\Big) \\ &= |000\rangle + |001\rangle + |010\rangle + |011\rangle + |100\rangle + |101\rangle + |110\rangle + |111\rangle\end{aligned} \tag{4.6}$$

となって、3桁の2進数全てを重ね合わせた状態になる。ある意味で、3桁の2進数全てをひとつの状態 $|\Psi\rangle$ で取り扱っているわけだ。このタイプの (?!) 重ね合わせを n 桁に拡張したもの (←ちょっと大げさか?)

$$|\Psi\rangle = \prod_{i=1}^{n}\Big(|0\rangle_i + |1\rangle_i\Big) \tag{4.7}$$

は、量子コンピューターで最も良く使われる状態の1つだ。重要な点は、この状態の準備に必要な時間は、せいぜい、桁数 n の定数倍にすぎないということだ。

> **ブラには注意**

ケットの中に文字を並べて書くことに慣れてしまうと、もう元には戻れないくらい便利だ。但し、状態の共役を取ったり内積を考えたりする時に、**ブラの順番**に少しだけ注意が必要だ。まず、添え字を使って「明示的に区別する」ならば、順番はどうでも良い。

$$\langle\Psi| = \Big(|\psi\rangle_1|\phi\rangle_2\Big)^\dagger = {}_2\langle\phi|{}_1\langle\psi| = {}_1\langle\psi|{}_2\langle\phi| \tag{4.8}$$

順不同とはいっても、**ノルム**、つまり自分自身との内積を計算する時には、どちらかというと内側から外側へと番号が揃うように書くことが多い。

$$\langle\Psi|\Psi\rangle = {}_2\langle\phi|{}_1\langle\psi|\psi\rangle_1|\phi\rangle_2 = {}_1\langle\psi|\psi\rangle_1\,{}_2\langle\phi|\phi\rangle_2 \tag{4.9}$$

直積状態の内積は「対応する番号のもの同士」の内積になることにも注意しておこう。[*48] 更に、ケットの中身の文字で対応が判別できる場合には番号を落としてしまって

$$\langle\phi|\langle\psi|\psi\rangle|\phi\rangle = \langle\psi|\psi\rangle\langle\phi|\phi\rangle \tag{4.10}$$

と書き表すこともある。この順番に書いておくとカッコが1つ減らせるからだ。(... 誤解を完全に避けたいのであれば、カッコを減らさない方が良いかもしれない。) もし左から右という順番に固執すると、下式のようにカッコが省略できなくなる。[*49]

$$\Big({}_1\langle\psi|{}_2\langle\phi|\Big)\Big(|\psi\rangle_1|\phi\rangle_2\Big) = {}_1\langle\psi|\psi\rangle_1\,{}_2\langle\phi|\phi\rangle_2 \tag{4.11}$$

一方で、**計算基底**のブラを考える時には $\big(|10\rangle\big)^\dagger = \langle 10|$ と、2進数の順番を「そのまま」にしておくのが普通だ。内積も、各桁ごとに取る。

$$\begin{aligned}&\langle 00|00\rangle = \langle 0|0\rangle\langle 0|0\rangle = 1, &&\langle 01|01\rangle = \langle 0|0\rangle\langle 1|1\rangle = 1\\&\langle 10|10\rangle = \langle 1|1\rangle\langle 0|0\rangle = 1, &&\langle 10|01\rangle = \langle 1|0\rangle\langle 0|1\rangle = 0\end{aligned} \tag{4.12}$$

これは、ブラやケットの中の2進数を、計算の途中経過や結果だと解釈する場合には、順番がひっくり返ると非常に見づらいからだ

[*48] ${}_2\langle\phi|\psi\rangle_1$ という組み合わせはあり得ない。

[*49] 同じ学問であっても、分野が異なると流儀も異なって来るものだ。量子力学をバンバン使う**量子化学**では、独自の記法や順番の約束事があって、予備知識なく物理学者が飛び込むと、戸惑うことも多い。

⟨⟨⟨ もつれた状態 ⟩⟩⟩

2桁の計算基底 $|00\rangle, |01\rangle, |10\rangle, |11\rangle$ の重ね合わせ $|\Psi\rangle$ と、その共役を取ったブラ $\langle\Psi|$ は、一般的に次の形で与えられる。

$$|\Psi\rangle = a_0|00\rangle + a_1|01\rangle + a_2|10\rangle + a_3|11\rangle$$
$$\langle\Psi| = \langle 00|a_0^* + \langle 01|a_1^* + \langle 10|a_2^* + \langle 11|a_3^* \tag{4.13}$$

重ね合わせの係数 a_0, a_1, a_2, a_3 は (全てが同時に 0 ではない) 複素数だ。計算基底には式 (4.12) で計算したように **直交性** がある。

$$\begin{aligned}
&\langle 00|00\rangle = 1, \quad \langle 00|01\rangle = 0, \quad \langle 00|10\rangle = 0, \quad \langle 00|11\rangle = 0, \\
&\langle 01|00\rangle = 0, \quad \langle 01|01\rangle = 1, \quad \langle 01|10\rangle = 0, \quad \langle 01|11\rangle = 0, \\
&\langle 10|00\rangle = 0, \quad \langle 10|01\rangle = 0, \quad \langle 10|10\rangle = 1, \quad \langle 10|11\rangle = 0, \\
&\langle 11|00\rangle = 0, \quad \langle 11|01\rangle = 0, \quad \langle 11|10\rangle = 0, \quad \langle 11|11\rangle = 1
\end{aligned} \tag{4.14}$$

この直交性を使うと、ノルムは次のように求められ、

$$\langle\Psi|\Psi\rangle = |a_0|^2 + |a_1|^2 + |a_2|^2 + |a_3|^2 \tag{4.15}$$

右辺の和が 1 である場合に、$|\Psi\rangle$ は **規格化** されている。(以下では、特に断らない限り、こうして重ね合わせで与えられる状態は規格化されているものだとしよう。)

さて、このように与えられる状態は、いつも直積状態であるとは限らない。それどころか、正確さを無視して表現するならば、

- ほとんどの場合に直積状態ではない、

とさえ言える。この事実は、反例を幾つか見れば、十分に理解できるだろう。その代表が、よく知られた4つの **ベル状態** (Bell State) $|\Phi^+\rangle, |\Phi^-\rangle, |\Psi^+\rangle, |\Psi^-\rangle$ だ。ベル状態を表す数式を、まとめて並べておこう。

《ベル状態》

$$|\Phi^+\rangle = \frac{|00\rangle + |11\rangle}{\sqrt{2}}, \qquad |\Psi^+\rangle = \frac{|01\rangle + |10\rangle}{\sqrt{2}},$$
$$|\Phi^-\rangle = \frac{|00\rangle - |11\rangle}{\sqrt{2}}, \qquad |\Psi^-\rangle = \frac{|01\rangle - |10\rangle}{\sqrt{2}} \tag{4.16}$$

例えば $|\Phi^+\rangle$ は、どう煮ても焼いても直積状態では書き表せない。

$$|\Phi^+\rangle = \frac{|0\rangle_1|0\rangle_2 + |1\rangle_1|1\rangle_2}{\sqrt{2}} \neq \left(\alpha|0\rangle_1 + \beta|1\rangle_1\right)\left(\gamma|0\rangle_2 + \delta|1\rangle_2\right) \quad (4.17)$$

ウソだと思ったら、右辺の係数 $\alpha, \beta, \gamma, \delta$ を調整して左辺が得られるかどうか試してみると良いだろう。(そんな調整は不可能である..) 直積でないということは、ある意味で

- 1 番目の q-bit と 2 番目の q-bit が **独立ではない**

と言えるだろう。[*50] このような状態を「もつれた」とか「からんだ」と言う意味を持つ「エンタングル」という言葉を使って、

- **エンタングルした** 状態 (**Entangled State**)

と呼ぶ習慣がある。

ベル状態 $|\Phi^+\rangle = \frac{1}{\sqrt{2}}\left(|0\rangle_1|0\rangle_2 + |1\rangle_1|1\rangle_2\right)$ の何が面白いのか、説明が必要だろう。$|\Phi^+\rangle$ は 1 番目も 2 番目も $|0\rangle$ である $|0\rangle_1|0\rangle_2$ か、あるいは双方とも $|1\rangle$ である $|1\rangle_1|1\rangle_2$ か、この 2 つの「そろった」状態の重ね合わせとなっている。従って、"1 番目の q-bit" に「何らかの量子操作」を行うと、それは "2 番目の q-bit のあり方" に影響を与えてしまうのだ、両者がどれだけ離れていたとしても。(→ 9 章) このような、**古典物理学的には説明できない相関** を持つ q-bit の一対を、EPR 対 (Einstein・Podolsky・Rosen 対) と呼ぶ。ついでに (?!) もう 1 つ、エンタングルした状態の例を挙げておこう。

> 《**GHZ 状態**》
>
> n 桁 $(n \geq 3)$ の重ね合わせ状態で、次の形
>
> $$|\Psi\rangle = \frac{1}{\sqrt{2}}\left(|00\ldots0\rangle + |11\ldots1\rangle\right) \quad (4.18)$$
>
> で与えられるものを **GHZ 状態** と呼ぶ。ベル状態 $|\Phi^+\rangle$ を拡張したものだと考えても良い。この状態もまた、エンタングルした状態である。

[*50] 直積では書けないのだから 1 番目の q-bit とか 2 番目の q-bit という呼び方に、幾分ならぬ抵抗があるのだけれども、そういう表現は良く目にするので、ここでも使った。

《《《 部分的な測定 》》》

どうやったら、エンタングルした状態が作れるのか？ という質問への答えは次章に回すとして、q-bit が 2 つ (以上) ある場合の測定について、考えておこう。具体的には、

- 2 q-bit 状態 $|\Psi\rangle = a_0|00\rangle + a_1|01\rangle + a_2|10\rangle + a_3|11\rangle$ に対する測定
- エンタングルしている場合には、測定にどんな影響が出るか？

— そんな問題を考える。但し、たとえ 1 つの q-bit に対してであっても、「無数の測定」が有り得たので、ここでは単純に "0" か "1" かを判別する測定に限定する。

さて、$|\Psi\rangle$ に含まれる計算基底 $|00\rangle, |01\rangle, |10\rangle, |11\rangle$ のそれぞれについて、「右側の桁」と「左側の桁」に分けて考えることができる。そして、

- 左右どちらか一方に測定の射影演算子を作用させること

… これが今から考えて行く「**部分的な測定**」である。このような測定は、量子コンピューターでは基本的な操作なので、続く後の章でも「何度も応用しながら」、少しずつ紹介して行くことになる。

左側の測定

左右のどちらから考え始めても良いので、まずは左側から始めよう。

- 左側 (= 1 番目) の q-bit が $|0\rangle_1$ であるか $|1\rangle_1$ であるかを区別する測定

は、つぎに与える **射影演算子のひと組** (ワンセット) で記述できるはずだ。

$$\hat{M}_0^{(1)} = \Big(|0\rangle_1\Big)\Big(_1\langle 0|\Big) = |0\rangle_1\langle 0|,$$
$$\hat{M}_1^{(1)} = \Big(|1\rangle_1\Big)\Big(_1\langle 1|\Big) = |1\rangle_1\langle 1| \tag{4.19}$$

1 番目の q-bit に対する測定なので、射影演算子の右肩に $^{(1)}$ と番号を付けておいた。[*51] 例えば $\hat{M}_0^{(1)}$ や $\hat{M}_1^{(1)}$ が $|00\rangle$ に作用する場合には、次のように計算を

[*51] $|0\rangle_1\langle 0|$ は、$|0\rangle\langle 0|_1$ や $_1|1\rangle\langle 1|_1$ や $|0\rangle\langle 0|^{(1)}$ と書いても良い。同じものを表す書き方が幾通りもあるのが、数学や物理の勉強のややこしい所だ。

進める。
$$\hat{M}_0^{(1)}|00\rangle = |0\rangle_1\langle 0|\Big(|0\rangle_1|0\rangle_2\Big) = \Big(|0\rangle_1\langle 0|0\rangle_1\Big)|0\rangle_2 = |0\rangle_1|0\rangle_2 = |00\rangle$$
$$\hat{M}_1^{(1)}|00\rangle = |1\rangle_1\langle 1|\Big(|0\rangle_1|0\rangle_2\Big) = \Big(|1\rangle_1\langle 1|0\rangle_1\Big)|0\rangle_2 = 0 \tag{4.20}$$

さっそく $\hat{M}_0^{(1)}$ と $\hat{M}_1^{(1)}$ を、$|\Psi\rangle$ に対する射影測定に使ってみよう。測定の結果として 0 を得たならば、その後の状態は (規格化を無視すると) 次のように求めることができる。

$$\begin{aligned}\hat{M}_0^{(1)}|\Psi\rangle &= |0\rangle_1\langle 0|\Big(a_0|00\rangle + a_1|01\rangle + a_2|10\rangle + a_3|11\rangle\Big) \\ &= a_0|00\rangle + a_1|01\rangle\end{aligned} \tag{4.21}$$

つまり、左側が $|0\rangle_1$ であるものだけが残る。これは直積状態

$$a_0|00\rangle + a_1|01\rangle = |0\rangle_1\Big(a_0|0\rangle_2 + a_1|1\rangle_2\Big) \tag{4.22}$$

であることに注意しよう。この測定結果に対応する確率も求めておく。

$$\begin{aligned}\langle\Psi|\hat{M}_0^{(1)}|\Psi\rangle &= \Big(\langle 00|a_0^* + \langle 01|a_1^* + \langle 10|a_2^* + \langle 11|a_3^*\Big)\Big(a_0|00\rangle + a_1|01\rangle\Big) \\ &= |a_0|^2 + |a_1|^2 = P_0^{(1)}\end{aligned} \tag{4.23}$$

但し、もとの $|\Psi\rangle$ は規格化されていると仮定した。

左側で 1 を測定結果として得たならば、同じような計算の結果として、今度は左側が $|1\rangle_1$ であるものが残り、測定後の状態は

$$\hat{M}_1^{(1)}|\Psi\rangle = a_2|10\rangle + a_3|11\rangle = |1\rangle_1\Big(a_2|0\rangle_2 + a_3|1\rangle_2\Big) \tag{4.24}$$

という直積状態となる。この測定結果を得る確率は次のとおりだ。

$$P_1^{(1)} = |a_2|^2 + |a_3|^2 \tag{4.25}$$

射影演算子 $\hat{M}_0^{(1)}$ と $\hat{M}_1^{(1)}$ を足し合わせると恒等演算子 $\hat{I}^{(1)}$ になるので、いま求めた確率を足し合わせると 1 になる。

$$\langle\Psi|\big(\hat{M}_0^{(1)} + \hat{M}_1^{(1)}\big)|\Psi\rangle = P_0^{(1)} + P_1^{(1)} = 1 \tag{4.26}$$

以上のように、左側の測定を行うと、測定の終状態は式 (4.22), (4.24) に示すように、いずれも直積状態となった。つまり、測定した左側の状態と、右側の状態が「単に並んでいるだけ」になり、測定後は **左右を分離して考える** ことがで

きる。ところで、この測定によって、右側の桁は何か、影響を受けただろうか？

> 右側の桁への影響

「左側の測定が終わった後で」右側に着目すると、その状態は次のように記述できる。

- 左側で 0 が測定されると、右側の状態は $a_0 \lvert 0 \rangle_2 + a_1 \lvert 1 \rangle_2$ (←式 (4.22))
- 左側で 1 が測定されると、右側の状態は $a_2 \lvert 0 \rangle_2 + a_3 \lvert 1 \rangle_2$ (←式 (4.24))

注目する点は、測定後の右側の状態が、左側の測定結果に「どれくらい依存しているか」だ。

最も影響が少ない場合 は、比例関係を満たす定数 c が存在する場合だ。

$$c\left(a_0 \lvert 0 \rangle_2 + a_1 \lvert 1 \rangle_2\right) = a_2 \lvert 0 \rangle_2 + a_3 \lvert 1 \rangle_2 \tag{4.27}$$

ケットに定数倍をかけても、それが表す量子状態は変化しない … この事実を思い出すと、式 (4.27) が成立する場合には $a_0 \lvert 0 \rangle_2 + a_1 \lvert 1 \rangle_2$ と $a_2 \lvert 0 \rangle_2 + a_3 \lvert 1 \rangle_2$ が同じ量子状態を表していることがわかる。つまり

- 左側の測定に関係なく、測定後の右側の状態が定まる

わけだ。実は、式 (4.27) が成立する場合には、測定前の状態 $\lvert \Psi \rangle$ が、既に左側と右側の直積状態であったのだ。つまり、もともと $\lvert \Psi \rangle$ はエンタングルしていなかった、ということになる。

影響が最も大きい場合、つまり **強くエンタングルしている場合** は、式 (4.22) の状態と式 (4.24) の「右半分の状態」が全く異なる場合だ。量子力学の言葉で「全く異なる」とは、状態が直交している (=内積がゼロである) ことだから、$a_0 \lvert 0 \rangle_2 + a_1 \lvert 1 \rangle_2$ と $a_2 \lvert 0 \rangle_2 + a_3 \lvert 1 \rangle_2$ が直交している場合に、

$$\left(\,_2\langle 0 \rvert a_0^* + \,_2\langle 1 \rvert a_1^*\right)\left(a_2 \lvert 0 \rangle_2 + a_3 \lvert 1 \rangle_2\right) = a_0^* a_2 + a_1^* a_3 = 0 \tag{4.28}$$

左側での測定の結果が、もっとも強く右側に反映される。たとえば、ベル状態 $\lvert \Phi^+ \rangle = \dfrac{\lvert 00 \rangle + \lvert 11 \rangle}{\sqrt{2}}$ の場合には $a_1 = a_2 = 0$ なので、まさにこの条件を満たしている。このように、

- エンタングルしていると、「どこかの部分」で行った量子操作の影響が、他

の部分に及んでしまう

ことを、頭の中に「しっかりと」入れておこう。[*52]

エンタングルしていないとか、強くエンタングルしているなど、強弱について議論したけれども、

- 科学的に「強い」「弱い」と表現する場合には、何かの数値が基準よりも大きいか小さいかを、ハッキリさせる必要がある。

従って、ここで「強い」「弱い」と表現するのは「実は全く良くないこと」かもしれない。10 章で **エンタングルメント・エントロピー** について学んだら、この辺りをもう一度読み返すと良いだろう。

⟨⟨⟨ 右側の測定、全体の測定 ⟩⟩⟩

再び始状態 $|\Psi\rangle = a_0|00\rangle + a_1|01\rangle + a_2|10\rangle + a_3|11\rangle$ に考えを戻して、これに対して右側 (2 番目) の q-bit が "0" であるか "1" であるかを判別する測定も考えてみよう。その目的は、

- 左側と右側の、2 つの測定のどちらを先に行うか?

という順番が、測定結果に影響するかどうかを調べることだ。右側の測定の計算方法は、左側と全く同様だ。射影演算子は

$$\hat{M}_0^{(2)} = |0\rangle_2\langle 0|, \qquad \hat{M}_1^{(2)} = |1\rangle_2\langle 1| \tag{4.29}$$

の組み合わせを使う。そして、測定後の状態は次のいずれかとなる。

$$\hat{M}_0^{(2)}|\Psi\rangle = |0\rangle_2\langle 0|\left(a_0|00\rangle + a_1|01\rangle + a_2|10\rangle + a_3|11\rangle\right)$$
$$= a_0|00\rangle + a_2|10\rangle = \left(a_0|0\rangle_1 + a_2|1\rangle_1\right)|0\rangle_2$$
$$\hat{M}_1^{(2)}|\Psi\rangle = a_1|01\rangle + a_3|11\rangle = \left(a_1|0\rangle_1 + a_3|1\rangle_1\right)|1\rangle_2 \tag{4.30}$$

測定後の状態が、直積で与えられることに、再び注意しておこう。そして、それぞれの終状態を得る確率は、次のように求められる。

[*52] これまで、大抵の場合は「頭の片隅に入れておこう」くらいの表現だったけれども、ここは「しっかりと入れておいて」欲しい。

$$P_0^{(2)} = |a_0|^2 + |a_2|^2, \qquad P_1^{(2)} = |a_1|^2 + |a_3|^2 \tag{4.31}$$

少々「くどい」けれども、$P_0^{(2)} + P_1^{(2)} = 1$ を満たすことに注意しておこう。

両側の測定

順番はともかくとして、左右の両方とも測定してしまったらどうだろうか？この場合、測定結果は "00", "01", "10", "11" の 4 通りのいずれかとなる。仮に、

- まず右側で "0" を測定結果として得た **後に** 左側で "1" を得た

ならば、測定が終わった時点での状態は次のように与えられる。

$$\hat{M}_1^{(1)}\bigl(\hat{M}_0^{(2)}|\Psi\rangle\bigr) = \hat{M}_1^{(1)}\Bigl(a_0|00\rangle + a_2|10\rangle\Bigr) = a_2|10\rangle \tag{4.32}$$

測定の順番が逆ならどうだろうか？

- まず左側で "1" を得た後で、右側で "0" を得た

ならば、その過程は次のように表すことになる。

$$\hat{M}_0^{(2)}\bigl(\hat{M}_1^{(1)}|\Psi\rangle\bigr) = \hat{M}_0^{(2)}\Bigl(a_2|10\rangle + a_3|11\rangle\Bigr) = a_2|10\rangle \tag{4.33}$$

確認した上での結論なのだけれども、結局のところ左右どちらから先に測定しても、結果は同じであるわけだ。いま考えている例では、

- 左右の測定の順番は **自由に入れ替えて良い**

ことがわかった。順番を **交換しても良い**、つまり演算子としての作用が変化しないことを、$\boxed{\hat{M}_1^{(1)} \text{ と } \hat{M}_0^{(2)} \text{ は 可換である}}$ と言い表す。[*53]

まとめると、左右両方とも測定する場合には、「どちらから先に測定しても結果は同じ」で、**両側の測定についての射影演算子** は、次のように片側の射影演算子の組み合わせ、つまり積で書くことができる。[*54]

$$\hat{M}_{00} = \hat{M}_0^{(1)}\hat{M}_0^{(2)} = |00\rangle\langle 00|, \qquad \hat{M}_{01} = \hat{M}_0^{(1)}\hat{M}_1^{(2)} = |01\rangle\langle 01|$$

[*53] 交換可能でなければ、p.58 で見た通り、**非可換である** と表現する。
[*54] 計算基底を使う時には、ブラの中身もケットの中身も同じ順番で書くのであった。$|01\rangle$ に対応するブラは $\langle 01|$ である。この点については誤解が生じ易いので、何度でも注意する。

$$\hat{M}_{10} = \hat{M}_1^{(1)} \hat{M}_0^{(2)} = |10\rangle\langle 10|, \qquad \hat{M}_{11} = \hat{M}_1^{(1)} \hat{M}_1^{(2)} = |11\rangle\langle 11| \tag{4.34}$$

それぞれに対応する測定確率は、次のように求められる。

$$P_{00} = \langle\Psi|\hat{M}_{00}|\Psi\rangle = |a_0|^2, \qquad P_{01} = \langle\Psi|\hat{M}_{01}|\Psi\rangle = |a_1|^2$$
$$P_{10} = \langle\Psi|\hat{M}_{10}|\Psi\rangle = |a_2|^2, \qquad P_{11} = \langle\Psi|\hat{M}_{11}|\Psi\rangle = |a_3|^2 \tag{4.35}$$

そして、状態 $|\Psi\rangle$ は規格化されていたので、確率の和は $P_{00}+P_{01}+P_{10}+P_{11}=1$ と 1 になる。

《《《 測定結果の共有 》》》

ベル状態の「使い道」を、ひとつ紹介しよう。4 つあるベル状態の中から、$|\Phi^+\rangle = \frac{1}{\sqrt{2}}\big(|00\rangle + |11\rangle\big)$ を **始状態** として選んだ場合、この本の冒頭で紹介した「**くじ引き結果の共有**」が可能となる。左側の q-bit を測定した場合に "0" を得る確率と "1" を得る確率を、式 (4.23), (4.25) に従って計算すると

$$P_0^{(1)} = \langle\Phi^+|\hat{M}_0^{(1)}|\Phi^+\rangle = \frac{1}{2}, \qquad P_1^{(1)} = \langle\Phi^+|\hat{M}_1^{(1)}|\Phi^+\rangle = \frac{1}{2} \tag{4.36}$$

で、それぞれ等しい。つまり、左側の (同様に右側の) q-bit を測定する作業は、

- "0" か "1" をランダムに選ぶ **くじ引き**

として使うことができる。

さて、左側の q-bit を測定した結果として得られる **終状態** は

$$\hat{M}_0^{(1)}|\Phi^+\rangle = \frac{1}{\sqrt{2}}|00\rangle, \qquad \hat{M}_1^{(1)}|\Phi^+\rangle = \frac{1}{\sqrt{2}}|11\rangle \tag{4.37}$$

と、単純な直積状態 $|00\rangle = |0\rangle_1|0\rangle_2$ または $|11\rangle = |1\rangle_1|1\rangle_2$ になる。左側で $|0\rangle_1$ を **測定した後** は右側も $|0\rangle_2$ であり、左側で $|1\rangle_1$ を **測定したならば** 右側も $|1\rangle_2$ となっている。左側の測定に「引き続いて」右側の測定を行うと、あるいは同様に右側の測定に「引き続いて」左側の測定を行うと、

- 左右の測定結果が同じ値となる

のである。左と右、それぞれの「部分」での測定を行っただけなのに、結果と

して互いの測定結果に相関 — **量子相関** — があるわけだ。[*55]

A 会場と B 会場

ベル状態の「左側の桁」と「右側の桁」を、物理的に **遠く離れた** 2 点へと配置することは可能だ。

- ある場所で作ったベル状態を、2 つに割って A 会場と B 会場に置く

— この準備さえしておけば、左側の A 会場で行った「くじ引き」の結果は、**瞬時に右側の B 会場でも共有される**。予めベル状態を N 個用意しておいて、このような「測定と共有」を N 回繰り返せば、N 桁のランダムな 2 進数を両会場で共有できるわけだ。... 両会場が互いに 1 光年離れていても。

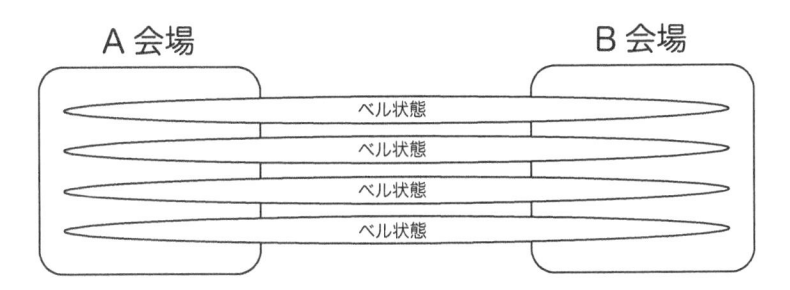

```
      A 会場                              B 会場
    ┌────────┐                        ┌────────┐
    │        ╲───────ベル状態───────╱         │
    │        ╲───────ベル状態───────╱         │
    │        ╲───────ベル状態───────╱         │
    │        ╲───────ベル状態───────╱         │
    └────────┘                        └────────┘
```

この「エンタングルした状態による、測定後の状態の共有」は、後で **量子テレポーテーション** を学ぶ時に、再び振り返ることになる。(→ 8 章) また、ベル状態が A 会場 B 会場に確実に配られている限り、その他の外部から「共有した乱数」を知り得ることはできない。この性質は、**暗号通信** を行おうとする場合に、大変便利である。**量子暗号** (→ 12 章) の中には、このようなベル状態の共有を利用する手法も存在する。

[*55] 「相関」という言葉は、物理学では (?!) いろいろな意味を持つ言葉なので、うかつに使わない方が良いかもしれない。例えば「強相関物理学」という研究分野があるのだけれども、その分野の研究者に「相関って何ですか？」と質問すると、答える人ごとに、微妙に回答のニュアンスが異なるのである。

《情報? という観点からの考察》

　ベル状態 $|\Phi^+\rangle$ を使った「くじ引き結果の共有」には、幾つか補足する点がある。実験の準備として $|\Phi^+\rangle$ を「適当に小さな実験装置」で作っておき、その「左半分と右半分」を距離 L だけ **隔たった場所** に配置しておくとしよう。

　　ベル状態の「左半分」　←－(距離 L)－→　ベル状態の「右半分」

この「隔てる作業」を行う際には、少なくとも左右の距離 L を光速 c で割った、L/c (の半分) よりも長い時間をかける必要がある。L が 1 光年であれば、準備も 1 年以上 (半年以上) かかるわけだ。

　さて、くじ引きの説明では、1 番目の q-bit の測定を「くじ引きの作業」と解釈し、2 番目の q-bit の測定を「情報の共有」と解釈した。福引ならば、1 番目が抽選会場、2 番目が福引券を持っている人の役割となる。ところが、2 番目の方から先に測定すると、抽選会場と「福引券の所有者」の役割が逆になってしまう。これは困ったな〜と思うかもしれない。しかし、よ〜く考えると、抽選会場なんか、必要ないことがわかる。**N 桁の GHZ 状態の各桁** を、N 人で分けて持っておけば、N それぞれ平等に「ランダムな番号」を共有することができるわけだ。

　実際的には **もうひと工夫必要** で、この N 人が「抽選の日」まで、自分が「分け持っている q-bit」を測定できないように守る仕組みも考えなければならない。(改造しようとすると壊れてしまうような「量子タイマー」でも作ると良いのだろうか?!) 量子情報や、量子コンピューターの世界でも ... でこそ ...「悪意を持った」あるいは「だれも意図しなかったような行いをする」人々の存在を、予め考えておくことが必要なのである。

第5章　量子操作と演算子

　ベル状態や GHZ 状態など、独立な q-bit の直積では表すことのできない、**エンタングルした状態** が、「測定」に対して面白い結果を与えることは、何となく見えて来た。量子コンピューターで行われる計算の多くは、何らかの形で「直積ではない状態」を準備して、測定により「計算結果」を得て終わるのだ。[*56]計算の手順のうち、多くは「測定の直前の状態の準備」に費やされる。では、そのような「測定の始状態」は、どうやって用意するのだろうか? 並んだ q-bit を、ソロバンの玉を弾くように、自由に操作する、そんな事ができれば ....

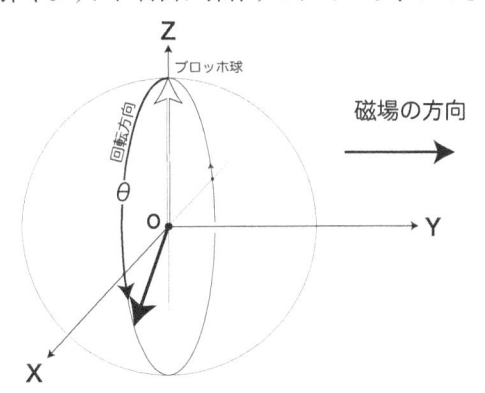

　状態の操作という「実験物理的な話」をする時には、「q-bit を表現する仕組み」のひとつであった、銀原子などの **原子磁石** としての振る舞いに、ほんの少し立ち戻ってみるのが良いかもしれない。実は、S 極が真上 (Z 方向) を向いている状態の原子磁石に、横向き —— たとえば Y 方向 —— に磁場をかけると、図に描いたように、S 極の向きはクルクルと XZ 平面内を"回る"ことが知られて

[*56] Measurement based quantum computation という、最初から最後までひたすら測定ばかり行う、ちょっと変わった (?!) 量子コンピューターの計算方法もある。

いる。回転軸は Y 軸となり、ちょうど磁場の方向を向いているわけだ。この現象は **ラーモア歳差運動** と呼ばれるものだ。

この歳差運動を原理から説明するには「角運動量と電磁気学の知識」が必要となる。これは長い話なので、詳しく述べるのはパスしよう。ここではともかく、磁場が存在する場合に、S 極の方向が時間とともに変化して行くことを、理由抜きに認めてしまおう。覚えておくべきことは

- 磁場を一定時間作用させて、状態の変化を引き起こす

という操作が可能である、そんな事実のみである。**この現象を起点として、「量子状態の時間変化」についての一般的な枠組みを探ることにする。**

> 《物理系は選ばない》
>
> q-bit を実現する物理的な仕組みは電気的なもの、磁気的なもの、光学的なもの、機械的なもの、実に様々なので、原子磁石は「一例にすぎない」と考えておくと良い。大切なことは、(磁場などの) **外部条件を一時的に変化させることによって** q-bit の状態を変化させられるということだ。

⟪⟪⟪ 時間発展方程式 ⟫⟫⟫

Y 軸のまわりに回転する状態を式に書いて表すには、Z 軸から測って

- X 軸の方向へと角度 θ だけ S 極の向きが傾いた状態 $|\theta\rangle$

が必要となる。これは、式 (2.9) で与えたとおり $|\theta\rangle = \cos\dfrac{\theta}{2}|0\rangle + \sin\dfrac{\theta}{2}|1\rangle$ という重ね合わせであった。いま、横向きの磁場の影響により、角度 θ が時間とともに変化して行く状況を考えているので、時刻 t と θ の関係を $\theta(t)$ と、関数の形で明示しておこう。さて、角度の **時間変化率** である **角速度** ω は、時刻 t による微分[*57]

$$\omega = \lim_{\Delta t \to 0} \frac{\theta(t + \Delta t) - \theta(t)}{\Delta t} = \frac{d}{dt}\theta(t) \tag{5.1}$$

[*57] 「微分は苦手です」という方も、ご心配なく。量子コンピューターの教科書に、微分や積分はほとんど登場しない。知っておいた方が better ではあるのだけれども。

を使って表される。角速度 ω は磁場の強さに比例することが知られていて、磁場が変化しない場合には (時間の原点を適当に調節すれば→) $\theta(t) = \omega t$ と表すことができる。これを式 (2.9) に代入して、$|\theta(t)\rangle$ を重ね合わせで表そう。

$$|\theta(t)\rangle = \cos\frac{\theta(t)}{2}|0\rangle + \sin\frac{\theta(t)}{2}|1\rangle = \cos\frac{\omega}{2}t|0\rangle + \sin\frac{\omega}{2}t|1\rangle \quad (5.2)$$

このように、状態が時刻変化して行くことを、**時間発展** と呼ぶこともある。いま示した $|\theta(t)\rangle$ のように、時間発展の下では **重ね合わせの係数** が時間とともに変化して行くのだ。

> 《時刻と時間》
>
> 「時刻」と「時間」の区別は紛らわしいものだ。何か物事が起きた、その瞬間に「時計を見た針の読み」が時刻 t で、時間というのは 2 つの時刻 t と $t' > t$ の間で "経過した時間" $t' - t$ を指す。ある時刻 t_0 から **現在までの** 経過時間は、自然にどんどん増えて行くから、それに伴う状態の変化を **時間発展** と呼んだわけだ。(「時刻発展」という用語は存在しない。「時刻間隔」は、時刻と時刻の間なので、特に問題ないように思うのだけれども、あまり用いない)

変化するものがあれば、何でも時刻 t で微分してみたくなるものだ。[*58] くるくると回る状態 $|\theta(t)\rangle$ そのものの時間変化率、つまり時間微分も計算しておこう。「数」ではなくて、状態 $|\theta(t)\rangle$ の微分とは何かというと、これも次のように「微分の定義」に代入して求めたものだ。

$$\frac{d}{dt}|\theta(t)\rangle = \lim_{\Delta t \to 0}\frac{|\theta(t+\Delta t)\rangle - |\theta(t)\rangle}{\Delta t} \quad (5.3)$$

右辺の極限 $\Delta t \to 0$ を取って、左辺の微分を与えるわけだ。そもそも $|0\rangle$ や $|1\rangle$ は「変化しないケット」なので、微分が関わって来るのは、結局のところ重ね合わせの係数だけとなる。

$$\begin{aligned}\frac{d}{dt}|\theta(t)\rangle &= \left(\frac{d}{dt}\cos\frac{\omega}{2}t\right)|0\rangle + \left(\frac{d}{dt}\sin\frac{\omega}{2}t\right)|1\rangle \\ &= -\frac{\omega}{2}\sin\frac{\omega}{2}t\,|0\rangle + \frac{\omega}{2}\cos\frac{\omega}{2}t\,|1\rangle\end{aligned} \quad (5.4)$$

[*58] 古典力学は、Newton によって力学に微分が導入された後に、目まぐるしく発展した。

得られる「微分」は、再び「物理的な状態を表す」重ね合わせとなる。[*59]

時間発展と演算子

ここで、式 (5.4) の右辺の表し方を「いじって」みる。右辺を、もとの $|\theta(t)\rangle$ に **演算子が作用した形** で書いてみるのである。(←直後に検算する)

$$\frac{d}{dt}|\theta(t)\rangle = \frac{\omega}{2}\Big[|1\rangle\langle 0| - |0\rangle\langle 1|\Big]\Big[\cos\frac{\omega}{2}t\,|0\rangle + \sin\frac{\omega}{2}t\,|1\rangle\Big]$$

$$= \frac{\omega}{2}\Big[|1\rangle\langle 0| - |0\rangle\langle 1|\Big]|\theta(t)\rangle \tag{5.5}$$

式 (5.4) と式 (5.5) の右辺同士が等しいことは、式 (5.5) の右辺の積を 4 つの項に展開して、内積 $\langle 1|0\rangle = \langle 0|1\rangle = 0$ 及び $\langle 0|0\rangle = \langle 1|1\rangle = 1$ などの計算を通じて示す。大切な式なので、念のために検算しておこう。

$$\frac{d}{dt}|\theta(t)\rangle = \frac{\omega}{2}|1\rangle\langle 0|\Big[\cos\frac{\omega}{2}t\,|0\rangle\Big] + \frac{\omega}{2}|1\rangle\langle 0|\Big[\sin\frac{\omega}{2}t\,|1\rangle\Big]$$

$$- \frac{\omega}{2}|0\rangle\langle 1|\Big[\cos\frac{\omega}{2}t\,|0\rangle\Big] - \frac{\omega}{2}|0\rangle\langle 1|\Big[\sin\frac{\omega}{2}t\,|1\rangle\Big]$$

$$= -\frac{\omega}{2}\sin\frac{\omega}{2}t\,|0\rangle + \frac{\omega}{2}\cos\frac{\omega}{2}t\,|1\rangle \tag{5.6}$$

ここまで来れば、式変形のゴールは近い。ひとつ定数を導入しよう。

《プランク定数 h と、ディラック定数 $\hbar$》

量子力学 を学ぶ者は必ず遭遇する、最も基本的な物理量のひとつが、

- **プランク定数**　$h = 6.626... \times 10^{-34}$ [J s] (ジュール秒)

である。この定数は **角運動量** や、解析力学に登場する **作用** (←ラグランジアンを時間積分したもの) と同じ次元を持つ量だ。これを 2π で割った

- **ディラック定数**　$\hbar = \dfrac{h}{2\pi} = 1.054... \times 10^{-34}$ [J s] (ジュール秒) (エッチバー)

も、よく使われる。量子力学の教科書を開くと、あちこちの数式に h や $\hbar$ が顔を出すものだ。(どちらかというと $\hbar$ の方をよく使う)

[*59] $|\theta(t)\rangle$ の **時間微分** とは表現することはあっても、$|\theta(t)\rangle$ の「導関数 (?!)」と呼ぶことはない。式 (5.4) の右辺は、関数ではなくて、ケット (の重ね合わせ) であるからだ。

さて、理由はともかくとして、式 (5.5) の両辺に $i\hbar$ をかけてみる。

$$i\hbar \frac{d}{dt}\left|\theta(t)\right\rangle = i\hbar \frac{\omega}{2}\Big[|1\rangle\langle 0| - |0\rangle\langle 1|\Big]\left|\theta(t)\right\rangle = \hat{H}\left|\theta(t)\right\rangle \tag{5.7}$$

最後に出てきた演算子 $\hat{H}$ は、等号の左右を見比べればわかるように

$$\hat{H} = i\frac{\hbar\omega}{2}|1\rangle\langle 0| - i\frac{\hbar\omega}{2}|0\rangle\langle 1| = \frac{\hbar\omega}{2}\Big(i|1\rangle\langle 0| - i|0\rangle\langle 1|\Big) \tag{5.8}$$

という形で与えられる **演算子** だ。角速度の次元は s^{-1} なので、$\hbar\omega$ の次元は J（ジュール）、つまりエネルギーの次元となる。ここで導出した $\hat{H}$ のように、時刻 t の状態に作用して、

- 状態の"時刻変化"（の率）を与える演算子

を **ハミルトニアン** と呼ぶ。[*60]

> 《解析力学とハイゼンベルグ形式》
>
> もともと **ハミルトニアン** は、解析力学で習う「ハミルトンの変分原理」で登場する、古典力学的な量を指す用語だった。この変分原理より導かれる「解析力学のハミルトン形式」(正準形式) は、量子力学の発展に役立ち、特に **ハイゼンベルグ表示** (あるいはハイゼンベルグ形式) を使って記述した量子力学と、良く対応することが知られている。

「回転」する状態 $|\theta(t)\rangle$ に限らず、より一般的に、時刻 t とともに変化して行く状態を $|\Psi(t)\rangle$ と書くことにしよう。その状態がどのようなものであっても、次の **時間発展方程式** に従って時刻変化して行くことが知られている。

$$i\hbar \frac{d}{dt}\left|\Psi(t)\right\rangle = \hat{H}\left|\Psi(t)\right\rangle \tag{5.9}$$

右辺の $\hat{H}$ はもちろん、$|\Psi(t)\rangle$ に作用するハミルトニアンで、考える対象や状況・環境によって、それぞれ与えられるものだ。このように、物理系の時刻変化をケット（やブラ）の時刻変化で表す量子力学の形式を **シュレディンガー表示** と呼ぶ習慣になっている。[*61]

[*60] 解析力学や 4 元数の研究で有名な W.R. Hamilton (1805-1865) は、まさか自分の名前が量子力学の世界で毎日のように唱えられるとは、思いもしなかったことだろう。

[*61] ついでに紹介すると、相互作用表示という量子力学の表し方もある。

⟪⟪⟪ 時刻 t_0 から時刻 t へ ⟫⟫⟫

「状態の変化からハミルトニアン $\hat{H}$ を見つける」という観点で話を進めて来たけれども、逆に

- ハミルトニアン $\hat{H}$ が、状態 $|\Psi(t)\rangle$ の時刻変化を定める

と考えることもできる。「$\hat{H}$ の状態への働き」を、少し追ってみよう。以下では、ハミルトニアン $\hat{H}$ は (少なくとも時間発展を追って行く最中には) 時刻に関係なく一定の演算子であるとする。

さて、ある時刻 t_0 の状態を $|\Psi(t_0)\rangle$ と書いて表そう。その後の時刻 $t > t_0$ の状態 $|\Psi(t)\rangle$ は、どう表されるだろうか? 実は、時刻 t_0 から t までの**時間発展**は、「形式的」なものでよければ

$$|\Psi(t)\rangle = \exp\left[-i\frac{\hat{H}}{\hbar}(t-t_0)\right]|\Psi(t_0)\rangle \tag{5.10}$$

と書いて表すことができる。[*62] 右辺に出て来る、演算子 $\hat{H}$ を含む指数関数は、後から何度も登場するので $\hat{U}(t-t_0)$ と書くことにしよう。

$$\hat{U}(t-t_0) = \exp\left[-i\frac{\hat{H}}{\hbar}(t-t_0)\right] = \sum_{\ell=0}^{\infty}\frac{1}{\ell!}\left[-i\frac{\hat{H}}{\hbar}(t-t_0)\right]^{\ell} \tag{5.11}$$

このように、演算子の指数関数はテイラー級数で定義されるものだ。[*63]

まず、$|\Psi(t)\rangle = \hat{U}(t-t_0)|\Psi(t_0)\rangle$ が時間発展方程式を満たしていることを確認しておこう。式 (5.10) の両辺に $i\hbar$ をかけて、時刻 t で微分する。t_0 は定数なので微分には関係ないことに注意しよう。(↓式は眺めるだけで良い↓)

$$\begin{aligned}i\hbar\frac{d}{dt}|\Psi(t)\rangle &= i\hbar\frac{d}{dt}\hat{U}(t-t_0)|\Psi(t_0)\rangle = i\hbar\frac{d}{dt}\exp\left[-i\frac{\hat{H}}{\hbar}(t-t_0)\right]|\Psi(t_0)\rangle \\ &= i\hbar\frac{d}{dt}\sum_{\ell=0}^{\infty}\frac{1}{\ell!}\left[-i\frac{\hat{H}}{\hbar}(t-t_0)\right]^{\ell}|\Psi(t_0)\rangle \\ &= i\hbar\sum_{\ell=1}^{\infty}\left(-i\frac{\hat{H}}{\hbar}\right)\frac{\ell}{\ell!}\left[-i\frac{\hat{H}}{\hbar}(t-t_0)\right]^{\ell-1}|\Psi(t_0)\rangle\end{aligned}$$

[*62] ここで、$\exp[x]$ は**指数関数** e^x を表している。式 (5.10) は、ハミルトニアン自身が時間的に変化する場合には、もう少し難儀な (?!) 数式となる。

[*63] テイラー級数に詳しくない方は、「面倒な式は眺めるだけ」でも良いだろう。

$$= \hat{H} \sum_{\ell=1}^{\infty} \frac{1}{(\ell-1)!} \left[-i\frac{\hat{H}}{\hbar}(t-t_0) \right]^{\ell-1} |\Psi(t_0)\rangle \quad (\ell-1 \to m)$$

$$= \hat{H} \sum_{m=0}^{\infty} \frac{1}{m!} \left[-i\frac{\hat{H}}{\hbar}(t-t_0) \right]^{m} |\Psi(t_0)\rangle$$

$$= \hat{H}\,\hat{U}(t-t_0)\,|\Psi(t_0)\rangle = \hat{H}\,|\Psi(t)\rangle \tag{5.12}$$

計算の途中で、和を取る添え字を ℓ から $m = \ell - 1$ に置き換えた。

以上で示したように、適当に **時間発展の初期状態** $|\Psi(t_0)\rangle$ を用意して、$\hat{U}(t-t_0)$ を作用させると、時刻 t の状態 $|\Psi(t)\rangle = \hat{U}(t-t_0)|\Psi(t_0)\rangle$ が得られるわけだ。従って $\hat{U}(t-t_0)$ は

- $|\Psi(t_0)\rangle$ に作用し、時間を $t - t_0$ 進め、$|\Psi(t)\rangle$ を与える演算子

と解釈することもできる。この点を、「量子コンピューターの観点」から眺めると **q-bit の操作** という考え方が生まれるのだ。

《演算子 $\hat{U}(t-t_0)$ の性質》

(a) $t = t_0$ の場合には $\hat{U}(t-t_0) = \hat{U}(0) = \hat{I}$ と **恒等演算子** になる。

(b) $\hat{U}(t_0 - t)$ は $\hat{U}(t - t_0)$ の **逆演算子** で、$\hat{U}(t-t_0)\hat{U}(t_0-t) = \hat{I}$ が成立する。定義式 (5.10) と指数関数の性質から、示すことができる。

(c) $\hat{U}(t-t_0)$ を時刻 t で微分すると、時間発展方程式と「同じ見かけの式」

$$i\hbar \frac{d}{dt} \hat{U}(t-t_0) = \hat{H}\,\hat{U}(t-t_0) \tag{5.13}$$

が得られる。但し、この式は両辺とも演算子である。

(d) t_0 での微分は、地道にテイラー展開して計算すると、次のようになる。

$$-i\hbar \frac{d}{dt_0} \hat{U}(t-t_0) = \hat{U}(t-t_0)\,\hat{H} \tag{5.14}$$

左辺の符号が、式 (5.13) とは異なることに注意しておこう。

(ここでは $\hat{H}$ が時間に関係なく一定だと仮定しておいたので、$\hat{U}(t-t_0)$ と $\hat{H}$ は **可換** だ。従って、式 (5.13) と式 (5.14) の右辺の順番は、あまり気にしなくても良い。... 2つの式は、ハミルトニアンが時間変化する場合でも通用する順番で書いておいた。)

⟪⟪⟪ q-bit の操作 ⟫⟫⟫

初期時刻 t_0 に、ブロッホ球 (p.39 参照) 上の一点に対応する、q-bit の状態 $|\Psi(t_0)\rangle = \alpha|0\rangle + \beta|1\rangle$ があるとする。これを、図の Y 軸を回転軸として「角度 φ だけ回した状態」へと変化させてみよう。

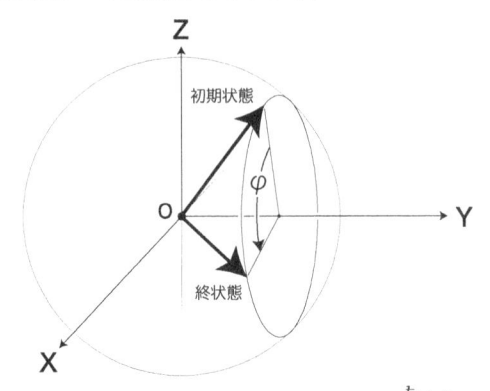

Y 軸まわりの回転を"引き起こす"式 (5.8) の $\hat{H} = \dfrac{\hbar\omega}{2}\Big(i|1\rangle\langle 0| - i|0\rangle\langle 1|\Big)$ を $\hat{H}_Y$ と書き表すことにしようか。角度 φ の **回転操作を行う** には、Y 軸方向に $\omega(t - t_0) = \varphi$ を満たす時間 $T = t - t_0 = \varphi/\omega$ だけ、一定の強さの磁場をかければ良い。[*64] この場合の時間発展は、演算子

$$\begin{aligned}
\hat{U}(t - t_0) &= \exp\left[-i\frac{\hat{H}_Y}{\hbar}(t - t_0)\right] \\
&= \exp\left[-i\frac{1}{\hbar}\frac{\hbar\omega}{2}\Big(i|1\rangle\langle 0| - i|0\rangle\langle 1|\Big)(t - t_0)\right] \\
&= \exp\left[-i\frac{\omega(t - t_0)}{2}\Big(i|1\rangle\langle 0| - i|0\rangle\langle 1|\Big)\right] \\
&= \exp\left[\frac{\varphi}{2}\Big(|1\rangle\langle 0| - |0\rangle\langle 1|\Big)\right]
\end{aligned} \tag{5.15}$$

で表される。指数関数の計算が難しそうに見えるけれども、関係式

$$\begin{aligned}
\Big(|1\rangle\langle 0| - |0\rangle\langle 1|\Big)^2 &= \Big(|1\rangle\langle 0| - |0\rangle\langle 1|\Big)\Big(|1\rangle\langle 0| - |0\rangle\langle 1|\Big) \\
&= |1\rangle\langle 0|1\rangle\langle 0| - |1\rangle\langle 0|0\rangle\langle 1| - |0\rangle\langle 1|1\rangle\langle 0| + |0\rangle\langle 1|0\rangle\langle 1|
\end{aligned}$$

[*64] 磁場は電磁石で発生させ、時間 T の間だけ電流を流すのである。角速度 ω は、磁場の強さに比例しているので、磁場を作用させる時間 T は、磁場が強いほど短くて済む。

$$= -|0\rangle\langle 0| - |1\rangle\langle 1| = -\hat{I} \tag{5.16}$$

が成立することに気づけば、指数関数のテイラー展開を **偶数次** の項と **奇数次** の項に分けて計算を進めることができる。(↓式は眺めるだけで良い↓)

$$\exp\left[\frac{\varphi}{2}\Big(|1\rangle\langle 0| - |0\rangle\langle 1|\Big)\right] = \sum_{\ell=0}^{\infty} \frac{1}{\ell!} \left[\frac{\varphi}{2}\Big(|1\rangle\langle 0| - |0\rangle\langle 1|\Big)\right]^{\ell}$$

$$= \sum_{\ell=0,2,4,6}^{\infty} \frac{1}{\ell!} \left[\frac{\varphi}{2}\Big(|1\rangle\langle 0| - |0\rangle\langle 1|\Big)\right]^{\ell} + \sum_{\ell=1,3,5,7}^{\infty} \frac{1}{\ell!} \left[\frac{\varphi}{2}\Big(|1\rangle\langle 0| - |0\rangle\langle 1|\Big)\right]^{\ell}$$

$$= \sum_{\ell=0,2,4,6}^{\infty} \frac{(-1)^{\ell/2}}{\ell!} \left[\frac{\varphi}{2}\right]^{\ell} \hat{I} + \sum_{\ell=1,3,5,7}^{\infty} \frac{(-1)^{(\ell-1)/2}}{\ell!} \left[\frac{\varphi}{2}\right]^{\ell} \Big(|1\rangle\langle 0| - |0\rangle\langle 1|\Big)$$

$$= \cos\frac{\varphi}{2}\,\hat{I} + \sin\frac{\varphi}{2}\,\Big(|1\rangle\langle 0| - |0\rangle\langle 1|\Big) \tag{5.17}$$

最後の等式では、**三角関数のテイラー展開** の公式を使った。

$$\cos x = 1 - \frac{x^2}{2!} + \frac{x^4}{4!} - \frac{x^6}{6!} + \cdots, \quad \sin x = x - \frac{x^3}{3!} + \frac{x^5}{5!} - \frac{x^7}{7!} + \cdots \tag{5.18}$$

... まあ、細かい計算はどうでも良い。初期状態 $\alpha|0\rangle + \beta|1\rangle$ に、この **回転操作** を行うと「状態変化」が起きる。これを "知る" ことが大切だ。

$$\left[\cos\frac{\varphi}{2}\,\hat{I} + \sin\frac{\varphi}{2}\,\Big(|1\rangle\langle 0| - |0\rangle\langle 1|\Big)\right]\Big(\alpha|0\rangle + \beta|1\rangle\Big)$$

$$= \Big(\alpha\cos\frac{\varphi}{2} - \beta\sin\frac{\varphi}{2}\Big)|0\rangle + \Big(\alpha\sin\frac{\varphi}{2} + \beta\cos\frac{\varphi}{2}\Big)|1\rangle \tag{5.19}$$

特に、$\varphi = \pi$ の場合には、操作の結果として単純な形の **終状態** が得られる。

$$\Big(|1\rangle\langle 0| - |0\rangle\langle 1|\Big)\Big(\alpha|0\rangle + \beta|1\rangle\Big) = -\beta|0\rangle + \alpha|1\rangle \tag{5.20}$$

また、初期状態として $\alpha=1, \beta=0$ の $|\Psi(t_0)\rangle = |0\rangle$ を選んでおいて、$\varphi = \theta$ の回転を行うと、何度も眺めた式 (2.9) の $|\theta\rangle$ になる。

$$\left[\cos\frac{\theta}{2}\,\hat{I} + \sin\frac{\theta}{2}\,\Big(|1\rangle\langle 0| - |0\rangle\langle 1|\Big)\right]|0\rangle = \cos\frac{\theta}{2}|0\rangle + \sin\frac{\theta}{2}|1\rangle \tag{5.21}$$

角度を $\varphi = \theta = \frac{\pi}{2}$ と選ぶならば、$\cos\frac{\pi}{4} = \sin\frac{\pi}{4} = \frac{1}{\sqrt{2}}$ なので、操作の結果として式 (5.21) より $\frac{|0\rangle + |1\rangle}{\sqrt{2}} = |+\rangle$ を得る。

⟪⟪ X, Y, Z 軸まわりの回転 ⟫⟫

Y 軸まわりの回転から、ハミルトニアン $\hat{H}_Y = \dfrac{\hbar\omega}{2}\Big(i\,|1\rangle\langle 0| - i\,|0\rangle\langle 1|\Big)$ を得て、これを使った **量子操作** を考えた。Z 軸や、X 軸まわりの回転についても、同じようにハミルトニアンとの対応がある。どの回転についても、「原点から回転軸が伸びる方向へと **右螺子** を回す方向に回転する」場合を考えることにする。まず、回転の様子を図で確認しよう。左が Z 軸まわりの回転の例 (式 (5.22) 参照) で、右が X 軸まわりの例 (式 (5.25) 参照) だ。

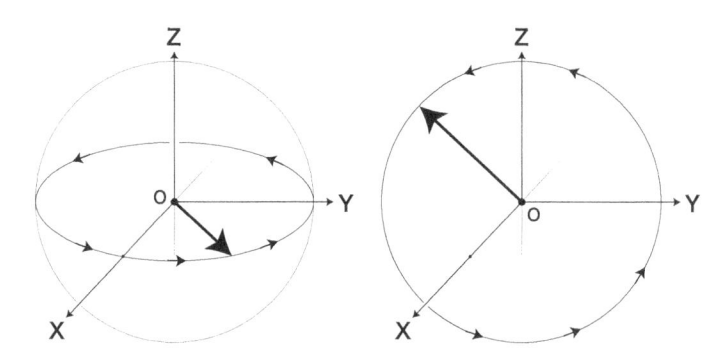

ブロッホ球上の θ, ϕ 方向を向いた状態は、式 (2.10) で **理由の説明抜き** に

- $|\theta, \phi\rangle = e^{-i\phi/2}\cos\dfrac{\theta}{2}|0\rangle + e^{i\phi/2}\sin\dfrac{\theta}{2}|1\rangle$ と表される

ことを、**与えて** おいた。この式を信じるならば、XY 平面へと横倒し ($\theta = \dfrac{\pi}{2}$) になって Z 軸まわりを角速度 ω で回転する状態は、

$$|\tfrac{\pi}{2}, \omega t\rangle = \dfrac{e^{-i\omega t/2}}{\sqrt{2}}|0\rangle + \dfrac{e^{i\omega t/2}}{\sqrt{2}}|1\rangle \tag{5.22}$$

と表されることになる。この場合、重ね合わせの係数 $\alpha = e^{-i\omega t/2}/\sqrt{2}$ と $\beta = e^{i\omega t/2}/\sqrt{2}$ は **絶対値** が $|\alpha| = |\beta| = 1/\sqrt{2}$ と等しく、複素数の **位相** のみが時刻とともに変化して行くのだ。

時刻 t で微分してハミルトニアンを見つけてみよう。

$$\begin{aligned} i\hbar\dfrac{d}{dt}|\tfrac{\pi}{2}, \omega t\rangle &= \dfrac{\hbar\omega}{2}\left[\dfrac{e^{-i\omega t/2}}{\sqrt{2}}|0\rangle - \dfrac{e^{i\omega t/2}}{\sqrt{2}}|1\rangle\right] \\ &= \dfrac{\hbar\omega}{2}\Big(|0\rangle\langle 0| - |1\rangle\langle 1|\Big)|\tfrac{\pi}{2}, \omega t\rangle \end{aligned} \tag{5.23}$$

こうして、Z軸を角速度 ω でまわる運動のハミルトニアンは、次のように与えられることがわかった。

$$\hat{H}_Z = \frac{\hbar\omega}{2}\Big(|0\rangle\langle 0| - |1\rangle\langle 1|\Big) \tag{5.24}$$

X軸をまわる運動も、同じように取り扱おう。回転軸が X 軸なので、$\phi = -\frac{\pi}{2}$ で、考える状態は次のとおりとなる。

$$|\omega t, -\frac{\pi}{2}\rangle = e^{i\pi/4}\cos\frac{\omega t}{2}|0\rangle + e^{-i\pi/4}\sin\frac{\omega t}{2}|1\rangle \tag{5.25}$$

さて「お決まりの」ハミルトニアンは? $i = e^{i\pi/2}$ に注意して式変形すると

$$i\hbar\frac{d}{dt}|\omega t, -\frac{\pi}{2}\rangle = -\frac{i\hbar\omega}{2}e^{i\pi/4}\sin\frac{\omega t}{2}|0\rangle + \frac{i\hbar\omega}{2}e^{-i\pi/4}\cos\frac{\omega t}{2}|1\rangle$$

$$= \frac{\hbar\omega}{2}\Big(|0\rangle\langle 1| + |1\rangle\langle 0|\Big)|\omega t, -\frac{\pi}{2}\rangle \tag{5.26}$$

となるので、ハミルトニアンは次のとおり得られる。

$$\hat{H}_X = \frac{\hbar\omega}{2}\Big(|0\rangle\langle 1| + |1\rangle\langle 0|\Big) \tag{5.27}$$

以上のようにして得られた $\hat{H}_X, \hat{H}_Y, \hat{H}_Z$ を表す式の中に、よく使われる**パウリ演算子** $\hat{\sigma}_X, \hat{\sigma}_Y, \hat{\sigma}_Z$ と、**スピン演算子** $\hat{s}_X, \hat{s}_Y, \hat{s}_Z$ が含まれている。ここで、まとめて紹介しておこう。[*65]

《パウリ演算子とスピン演算子》

$$\hat{\sigma}_X = |1\rangle\langle 0| + |0\rangle\langle 1|, \quad \hat{s}_X = \frac{\hbar}{2}\hat{\sigma}_X$$

$$\hat{\sigma}_Y = i|1\rangle\langle 0| - i|0\rangle\langle 1|, \quad \hat{s}_Y = \frac{\hbar}{2}\hat{\sigma}_Y$$

$$\hat{\sigma}_Z = |0\rangle\langle 0| - |1\rangle\langle 1|, \quad \hat{s}_Z = \frac{\hbar}{2}\hat{\sigma}_Z \tag{5.28}$$

[*65] 量子情報や量子コンピューターの「業界」の用語や記号は、伝統的な物理学 (?!) と異なっていることがある。いま紹介した **パウリ演算子** も、量子情報では $\hat{X}, \hat{Y}, \hat{Z}$ と書き表す。空間座標としての X, Y, Z は量子情報には登場しないので、このように簡略化しても混同することが無いわけだ。

⟨⟨⟨ パウリ演算子の交換関係 ⟩⟩⟩

パウリ演算子には、知っておくと便利な「関係式」が幾つかある。まず、パウリ演算子はどれも、それ自身を 2 乗すると恒等演算子 $\hat{I}$ になる。

$$\hat{\sigma}_X \hat{\sigma}_X = \hat{\sigma}_Y \hat{\sigma}_Y = \hat{\sigma}_Z \hat{\sigma}_Z = \hat{I} = |0\rangle\langle 0| + |1\rangle\langle 1| \tag{5.29}$$

例えば $\hat{\sigma}_Z$ の 2 乗を計算してみよう。

$$\begin{aligned}\hat{\sigma}_Z \hat{\sigma}_Z &= \Big(|0\rangle\langle 0| - |1\rangle\langle 1|\Big)\Big(|0\rangle\langle 0| - |1\rangle\langle 1|\Big) \\ &= |0\rangle\langle 0|0\rangle\langle 0| - |0\rangle\langle 0|1\rangle\langle 1| - |1\rangle\langle 1|0\rangle\langle 0| + |1\rangle\langle 1|1\rangle\langle 1| \\ &= |0\rangle\langle 0| + |1\rangle\langle 1| = \hat{I} \end{aligned} \tag{5.30}$$

$\hat{\sigma}_Y \hat{\sigma}_Y$ や $\hat{\sigma}_Z \hat{\sigma}_Z$ についても同様に、恒等演算子を簡単に導ける。(←演習問題)

異なるパウリ演算子は、互いに **非可換** であることにも注目しよう。例えば、次の式

$$\hat{\sigma}_Z \hat{\sigma}_X = \Big(|0\rangle\langle 0| - |1\rangle\langle 1|\Big)\Big(|1\rangle\langle 0| + |0\rangle\langle 1|\Big) = -|1\rangle\langle 0| + |0\rangle\langle 1| \tag{5.31}$$

で表される $\hat{\sigma}_Z \hat{\sigma}_X$ は、積の順番を逆にした $\hat{\sigma}_X \hat{\sigma}_Z$ とは符号が逆だ。

$$\hat{\sigma}_X \hat{\sigma}_Z = \Big(|1\rangle\langle 0| + |0\rangle\langle 1|\Big)\Big(|0\rangle\langle 0| - |1\rangle\langle 1|\Big) = |1\rangle\langle 0| - |0\rangle\langle 1| \tag{5.32}$$

積の順番の違いは、状態に演算子を作用させる順番の違いでもある。**どれぐらい異なるか?** を調べる目的で、式 (5.31) と式 (5.32) の差を取ってみよう。

$$\hat{\sigma}_Z \hat{\sigma}_X - \hat{\sigma}_X \hat{\sigma}_Z = 2\Big(-|1\rangle\langle 0| + |0\rangle\langle 1|\Big) = 2i\Big(i|1\rangle\langle 0| - i|0\rangle\langle 1|\Big) = 2i\,\hat{\sigma}_Y \tag{5.33}$$

同じように、他の組み合わせについても地道に計算してみよう。

$$\hat{\sigma}_X \hat{\sigma}_Y - \hat{\sigma}_Y \hat{\sigma}_X = 2i\,\hat{\sigma}_Z, \qquad \hat{\sigma}_Y \hat{\sigma}_Z - \hat{\sigma}_Z \hat{\sigma}_Y = 2i\,\hat{\sigma}_X \tag{5.34}$$

計算結果に、何か規則性を見つけることができただろうか? [*66]このような「差」は、交換カッコと呼ばれる記号で、スッキリ表現できる。

[*66] $\hat{\sigma}_X, \hat{\sigma}_Y, \hat{\sigma}_Z$ に恒等演算子 $\hat{I}$ を加えたものは、「四元数」と呼ばれる、4 つひと組の不思議な (?!) 数の元 (の表現) でもある。これもまた **ハミルトン卿** の業績のひとつである。

> 《交換括弧と交換関係》
> 　2つの演算子 $\hat{A}$ と $\hat{B}$ に対する、**交換括弧**（こうかんかっこ）と呼ばれる記号を導入する。
> $$[\hat{A}, \hat{B}] = \hat{A}\hat{B} - \hat{B}\hat{A} \tag{5.35}$$
> 右辺が左辺の定義である。この交換括弧は、何らかの意味で演算子であり、例えばそれを $\hat{C}$ と書いてみよう。
> $$[\hat{A}, \hat{B}] = \hat{C} \tag{5.36}$$
> 式 (5.36) を演算子 $\hat{A}$ と $\hat{B}$ の（演算子 $\hat{C}$ によって定められる）**交換関係** と呼ぶ。

交換括弧を使って、式 (5.33) と式 (5.34) をまとめよう。

$$[\hat{\sigma}_X, \hat{\sigma}_Y] = 2i\hat{\sigma}_Z, \quad [\hat{\sigma}_Y, \hat{\sigma}_Z] = 2i\hat{\sigma}_X, \quad [\hat{\sigma}_Z, \hat{\sigma}_X] = 2i\hat{\sigma}_Y \tag{5.37}$$

そして、スピン演算子 $\hat{s}_X, \hat{s}_Y, \hat{s}_Z$ の交換関係も、次のように

$$[\hat{s}_X, \hat{s}_Y] = i\hbar\hat{s}_Z, \quad [\hat{s}_Y, \hat{s}_Z] = i\hbar\hat{s}_X, \quad [\hat{s}_Z, \hat{s}_X] = i\hbar\hat{s}_Y \tag{5.38}$$

と、規則的に書くことができる。この関係は特に、**角運動量の交換関係** と呼ばれるもので、量子力学で角運動量を取り扱う際には「避けて通れない」交換関係だ。

ところで、式 (5.31) で求めた $\hat{\sigma}_Z\hat{\sigma}_X$ には、既に $\hat{\sigma}_Y$ が隠れている。

$$\hat{\sigma}_Z\hat{\sigma}_X = -|1\rangle\langle 0| + |0\rangle\langle 1| = i\Big(i|1\rangle\langle 0| - i|0\rangle\langle 1|\Big) = i\hat{\sigma}_Y = -\hat{\sigma}_X\hat{\sigma}_Z \tag{5.39}$$

同じように、次の関係式も導くことができる。

$$\hat{\sigma}_X\hat{\sigma}_Y = i\hat{\sigma}_Z = -\hat{\sigma}_Y\hat{\sigma}_X, \quad \hat{\sigma}_Y\hat{\sigma}_Z = i\hat{\sigma}_X = -\hat{\sigma}_Z\hat{\sigma}_Y \tag{5.40}$$

> 《反交換括弧》　「順序を変えた演算子の積」の足し算 $\hat{A}\hat{B} + \hat{B}\hat{A}$ を表す、**反交換括弧** $\{\hat{A}, \hat{B}\}$ という記号がある。

この記号を使って、パウリ演算子の **反交換関係** も見せておこう。

$$\{\hat{\sigma}_X, \hat{\sigma}_Y\} = 0, \quad \{\hat{\sigma}_Y, \hat{\sigma}_Z\} = 0, \quad \{\hat{\sigma}_Z, \hat{\sigma}_X\} = 0 \tag{5.41}$$

⟨⟨⟨ スピン演算子・パウリ演算子と回転 ⟩⟩⟩

Y 軸まわりの角度 φ の回転操作は、$\exp\left[\dfrac{\varphi}{2}\Big(|1\rangle\langle 0|-|0\rangle\langle 1|\Big)\right]$ で与えられることを式 (5.15)-(5.17) で確認しておいた。この回転は、スピン演算子やパウリ演算子を使って書くと、式の形を覚え易い。

$$\exp\left[-i\frac{\varphi}{\hbar}\hat{s}_Y\right]=\exp\left[-i\frac{\varphi}{2}\hat{\sigma}_Y\right]=\exp\left[-i\frac{\varphi}{2}\Big(i|1\rangle\langle 0|-i|0\rangle\langle 1|\Big)\right]$$

$$=\cos\frac{\varphi}{2}\hat{I}-i\sin\frac{\varphi}{2}\Big(i|1\rangle\langle 0|-i|0\rangle\langle 1|\Big)=\cos\frac{\varphi}{2}\hat{I}-i\sin\frac{\varphi}{2}\hat{\sigma}_Y \quad (5.42)$$

特に $\varphi=\pi$ の時に、この操作は $-i\hat{\sigma}_Y$ で表されることになり、係数の $-i$ を除いて考えるならば、次のように「まとめる」ことができる。

- Y 軸まわりの角度 π の回転は $\hat{\sigma}_Y$ の作用と同等である

全体にかかる係数 $-i$ は、最終的に q-bit に対する測定を行う時には、測定確率に影響を与えない (→ 6 章) ので、ほとんどの状況で無視しても良い。

Z 軸まわりの角度 φ の回転操作も計算して見せておこう。

$$\exp\left[-i\frac{\varphi}{\hbar}\hat{s}_Z\right]=\exp\left[-i\frac{\varphi}{2}\hat{\sigma}_Z\right]=\exp\left[-i\frac{\varphi}{2}\Big(|0\rangle\langle 0|-|1\rangle\langle 1|\Big)\right]$$

$$=\cos\frac{\varphi}{2}\hat{I}-i\sin\frac{\varphi}{2}\Big(|0\rangle\langle 0|-|1\rangle\langle 1|\Big)=\cos\frac{\varphi}{2}\hat{I}-i\sin\frac{\varphi}{2}\hat{\sigma}_Z$$

$$=e^{-i\varphi/2}|0\rangle\langle 0|+e^{i\varphi/2}|1\rangle\langle 1| \quad (5.43)$$

この結果は式 (5.17) と同じように、テイラー展開を使って導くことができる。[*67] 特に $\varphi=\pi$ の場合には、全体にかかる係数 $-i$ を除いて

- Z 軸まわりの角度 π の回転は $\hat{\sigma}_Z$ の作用と同等である

と、まとめることができる。q-bit への作用も確認しておこう。

$$\Big(e^{-i\varphi/2}|0\rangle\langle 0|+e^{i\varphi/2}|1\rangle\langle 1|\Big)\Big(\alpha|0\rangle+\beta|1\rangle\Big)=\alpha e^{-i\varphi/2}|0\rangle+\beta e^{i\varphi/2}|1\rangle$$

$$(5.44)$$

[*67] また長い計算を見る利益もあまりないので、導出は省略しよう。実は、$\hat{\sigma}_X$ も $\hat{\sigma}_Y$ も $\hat{\sigma}_Z$ も、それぞれの 2 乗、3 乗は似た振る舞いをするので、添え字を X, Y, Z と順に入れ替えるだけで、正しい式が得られるのだ。

> 《一周すると符号が逆に》
>
> ちょっと面白いことに、$\varphi = 2\pi$、つまりグルリと一周まわすと、式 (5.44) の係数の指数関数は $e^{-i\pi} = e^{i\pi} = -1$ なので、元の $\alpha |0\rangle + \beta |1\rangle$ を -1 倍した $-\alpha |0\rangle - \beta |1\rangle$ が得られる。全体にかかる係数は、あまり気にしなくても良いものではあるのだけれども、
>
> - 係数まで含めて考えると、一周しても完全には元に戻らない
>
> という、量子力学特有の不思議さがある。この「-1 倍」は、より一般的に
>
> - ベリー (Berry) 位相、あるいは幾何学的位相
>
> という枠組みで数学的に取り扱うことも可能だ。うまく実験装置を組み立てれば、実測することもできる。

X 軸まわりについても、同じように確認しておこうか。

$$\exp\left[-i\frac{\varphi}{\hbar}\hat{s}_X\right] = \exp\left[-i\frac{\varphi}{2}\hat{\sigma}_X\right] = \exp\left[-i\frac{\varphi}{2}\left(|1\rangle\langle 0| + |0\rangle\langle 1|\right)\right]$$
$$= \cos\frac{\varphi}{2}\hat{I} - i\sin\frac{\varphi}{2}\left(|1\rangle\langle 0| + |0\rangle\langle 1|\right) = \cos\frac{\varphi}{2}\hat{I} - i\sin\frac{\varphi}{2}\hat{\sigma}_X \quad (5.45)$$

またまた $\varphi = \pi$ の場合に着目しよう。この場合の回転は $-i\hat{\sigma}_X$ の作用で表されることがわかる。

- X 軸まわりの角度 π の回転は $\hat{\sigma}_X$ の作用と同等である

実際に、$\alpha |0\rangle + \beta |1\rangle$ に作用させてみよう。

$$\exp\left[-i\frac{\pi}{\hbar}\hat{s}_X\right]\left(\alpha |0\rangle + \beta |1\rangle\right) = -i\hat{\sigma}_X\left(\alpha |0\rangle + \beta |1\rangle\right)$$
$$= -i\left(\alpha |1\rangle + \beta |0\rangle\right) \quad (5.46)$$

終状態に付く係数 $-i$ を取り除けば、この操作は初期状態の $\alpha |0\rangle + \beta |1\rangle$ の

- $|0\rangle$ と $|1\rangle$ を入れ換える

ことに相当している。この入れ換え操作は、量子コンピューターの実際の計算過程で良く使われるので、覚えられるならば、ここで覚えておこう。

⟨⟨⟨ アダマール変換 ⟩⟩⟩

X, Y, Z 軸まわりの回転操作を説明してきた。同じように、

- 座標軸以外の方向を向いた軸に対する q-bit の回転操作

も「パウリ演算子の組み合わせ」を使って、好きなように行うことができる。原点から、図に示した点 $(x, y, z) = (a, b, c)$ へ向けて引いた線を回転軸に選ぶことにしよう。

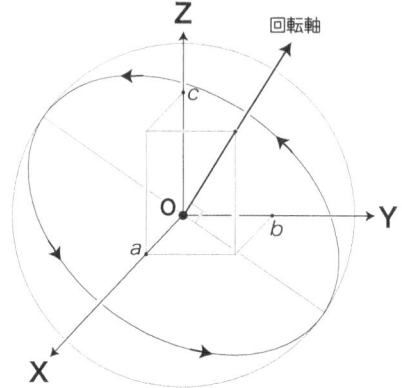

ここで、$a^2 + b^2 + c^2 = 1$ となるように a, b, c を選んでおくことにする。[*68] これを係数として、パウリ演算子を足し合わせてみる。[*69]

$$\hat{\sigma} = a\,\hat{\sigma}_X + b\,\hat{\sigma}_Y + c\,\hat{\sigma}_Z \tag{5.47}$$

こうして得た演算子 $\hat{\sigma}$ もまた、2 乗は恒等演算子 $\hat{I}$ となる。確認しよう。

$$\begin{aligned}\hat{\sigma}^2 &= \left(a\,\hat{\sigma}_X + b\,\hat{\sigma}_Y + c\,\hat{\sigma}_Z\right)^2 \\ &= a^2 \hat{I} + b^2 \hat{I} + c^2 \hat{I} + 2ab\,\{\hat{\sigma}_X, \hat{\sigma}_Y\} + 2bc\,\{\hat{\sigma}_Y, \hat{\sigma}_Z\} + 2ca\,\{\hat{\sigma}_Z, \hat{\sigma}_X\} \\ &= \left(a^2 + b^2 + c^2\right) \hat{I} = \hat{I}\end{aligned} \tag{5.48}$$

途中の計算で、式 (5.41) で導入したパウリ演算子の **反交換関係** を使った。この、2 乗が恒等演算子を与える事実から、パウリ演算子 $\hat{\sigma}_Y$ などで行ってきた「指数関数の計算」が同じように行える。

[*68] (a, b, c) は回転軸方向を示す単位ベクトルである。また、a, b, c を **方向余弦** と呼ぶ。

[*69] このように、パウリ演算子を「ベクトルの単位元」のように扱うことができる。ハミルトンは彼の後半生で、この研究に没頭したと伝わる。

$$\exp\left[-i\frac{\varphi}{2}\hat{\sigma}\right] = \cos\frac{\varphi}{2}\hat{I} - i\sin\frac{\varphi}{2}\hat{\sigma} \tag{5.49}$$

たぶん、誰もが推測するように、この演算子は

- (a, b, c) 方向へ伸びる回転軸まわりの、角度 φ の回転

である。実際にそうなっていることは、幾つかの状態 $|\Psi\rangle = \alpha|0\rangle + \beta|1\rangle$ に、式 (5.49) の演算子を作用させて、確かめることも可能だ。ただ、計算が煩雑なだけで、X, Y, Z 軸まわりの回転と「たいした違いはない」ので、この計算の確認は、読者の皆さんに預けることにしよう。

45 度傾いた軸

さて、$a = c = 1/\sqrt{2}$, $b = 0$ の場合を考えてみよう。この場合は、回転軸が Z 軸から X 軸の方向へと $\frac{\pi}{4}$ (45 度) だけ傾いていて、

$$\hat{\sigma} = \frac{1}{\sqrt{2}}(\hat{\sigma}_X + \hat{\sigma}_Z) = \frac{1}{\sqrt{2}}\Big(|0\rangle\langle 0| + |1\rangle\langle 0| + |0\rangle\langle 1| - |1\rangle\langle 1|\Big) \tag{5.50}$$

というパウリ演算子の組み合わせが回転を引き起こす。そして回転角が $\varphi = \pi$ の場合、その作用は $-i\hat{\sigma}$ で表されることになる。

例によって全体にかかる係数 $-i$ を無視して、ケット $|\Psi\rangle = \alpha|0\rangle + \beta|1\rangle$ に対する $\hat{\sigma}$ の作用だけを考えると、それは

$$\hat{\sigma}|\Psi\rangle = \frac{1}{\sqrt{2}}\Big(|0\rangle\langle 0| + |1\rangle\langle 0| + |0\rangle\langle 1| - |1\rangle\langle 1|\Big)\Big(\alpha|0\rangle + \beta|1\rangle\Big)$$

$$= \frac{\alpha+\beta}{\sqrt{2}}|0\rangle + \frac{\alpha-\beta}{\sqrt{2}}|1\rangle \tag{5.51}$$

と書くことができる。これを特に **アダマール変換** (Hadamard transformation) と呼ぶ。[*70]この変換は、(ハミルトニアン $\hat{H}$ と記号が重なるけれども) 演算子 $\hat{H}$ で表されることが多い。

[*70] アダマール変換は、フーリエ変換と関係の深い変換で、ここで取り上げたのは最も単純な場合だ。n 個の q-bit が並んだ **計算基底** に作用するアダマール変換も、式 (5.50)-(5.51) の拡張として与えることができる。

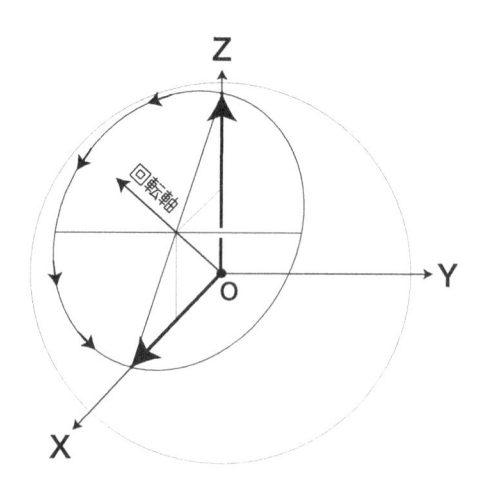

アダマール変換は、ブロッホ球の北極に相当する状態 $|0\rangle$ を、X 軸上の **横倒しになった状態** へと変換する働きがある。この関係は図を見れば明らかだけれども、式 (5.51) で $\alpha = 1, \beta = 0$ と選んでおくと、アダマール変換 $\hat{H}$ (←さっきまでの σ) を受けた後の状態は

$$\hat{H}|0\rangle = \frac{1}{\sqrt{2}}|0\rangle + \frac{1}{\sqrt{2}}|1\rangle \tag{5.52}$$

となって、確かに X 軸方向に倒れた状態 $|+\rangle$ となる。量子コンピューターでは、

- Z 方向に **立った** 状態から、**横倒しの状態** を得る
- 逆に、横倒しの状態を Z 方向に **立った** 状態に戻す

などの操作のためにアダマール変換を用いることが良くある。

第6章　固有値と固有状態

ひとつの q-bit を表す量子力学的な状態に、磁場をかけるなど、物理的な操作を行うと、対応するハミルトニアン $\hat{H}$ に従って状態は時間発展して行き、その結果として「新しい状態」へと変化する。そして、結局のところ

- **状態変化** は、パウリ演算子など演算子の作用で表現できる

のであった。では、パウリ演算子などを状態に作用させると、状態は必ず変化するのだろうか? いや、そうとも限らない。例えば恒等演算子 $\hat{I}$ は、どんな状態 $|\Psi\rangle$ に作用させても、その結果は $\hat{I}|\Psi\rangle = |\Psi\rangle$ と、元の状態から全く変化しない。「変化しない状態と演算子の組み合わせ」は、他にもある。

まずは、$\hat{\sigma}_Z = |0\rangle\langle 0| - |1\rangle\langle 1|$ から。実は、状態 $|0\rangle$ や $|1\rangle$ に、$\hat{\sigma}_Z$ を作用させても、「せいぜい **係数がかかる** だけ」の変化しかない。

$$\hat{\sigma}_Z |0\rangle = \Big(|0\rangle\langle 0| - |1\rangle\langle 1|\Big)|0\rangle = |0\rangle\langle 0|0\rangle - |1\rangle\langle 1|0\rangle = |0\rangle$$
$$\hat{\sigma}_Z |1\rangle = \Big(|0\rangle\langle 0| - |1\rangle\langle 1|\Big)|1\rangle = |0\rangle\langle 0|1\rangle - |1\rangle\langle 1|1\rangle = -|1\rangle \tag{6.1}$$

この例の中に、演算子の「固有状態と固有値」を見ることができる。

《固有値と固有状態》

演算子 $\hat{A}$ が、ある特定の状態 $|\Psi\rangle$ に作用する際に、「係数以外の変化がない」場合、つまり次の、**固有方程式** が満たされる場合、

$$\hat{A}|\Psi\rangle = \lambda|\Psi\rangle \tag{6.2}$$

右辺の係数 λ を演算子 $\hat{A}$ の **固有値** と呼び、$|\Psi\rangle$ を $\hat{A}$ の (固有値 λ に対応する) **固有ケット** あるいは、**固有状態** と呼ぶ。

演算子には、一般に複数の「固有値と固有状態の組み合わせ」が存在するのが普通だ。演算子と固有状態の対応関係を示す目的で、固有状態を表すケット記号を $|\Psi_\lambda\rangle$, $|\Psi(\lambda)\rangle$, $|\lambda\rangle$, そして $|A_\lambda\rangle$ などで示すこともある。

式 (6.1) の例では、$|0\rangle$ と $|1\rangle$ という、ひと桁の **計算基底** が固有状態になっていた。$\hat{\sigma}_Z$ は、計算基底を固有状態として持つ演算子なのだ。他のパウリ演算子についても、固有値と固有状態の組み合わせを調べよう。

$$\hat{\sigma}_X \frac{|0\rangle + |1\rangle}{\sqrt{2}} = \left(|1\rangle\langle 0| + |0\rangle\langle 1| \right) \frac{|0\rangle + |1\rangle}{\sqrt{2}} = \frac{|0\rangle + |1\rangle}{\sqrt{2}}$$

$$\hat{\sigma}_X \frac{|0\rangle - |1\rangle}{\sqrt{2}} = \left(|1\rangle\langle 0| + |0\rangle\langle 1| \right) \frac{|0\rangle - |1\rangle}{\sqrt{2}} = -\frac{|0\rangle + |1\rangle}{\sqrt{2}}$$

$$\hat{\sigma}_Y \frac{|0\rangle + i|1\rangle}{\sqrt{2}} = \left(i|1\rangle\langle 0| - i|0\rangle\langle 1| \right) \frac{|0\rangle + i|1\rangle}{\sqrt{2}} = \frac{|0\rangle + i|1\rangle}{\sqrt{2}}$$

$$\hat{\sigma}_Y \frac{|0\rangle - i|1\rangle}{\sqrt{2}} = \left(i|1\rangle\langle 0| - i|0\rangle\langle 1| \right) \frac{|0\rangle - i|1\rangle}{\sqrt{2}} = -\frac{|0\rangle - i|1\rangle}{\sqrt{2}} \tag{6.3}$$

このように、$\hat{\sigma}_X$ も $\hat{\sigma}_Y$ も、$\hat{\sigma}_Z$ と同様に $\lambda = 1$ と $\lambda = -1$ の、2つの固有値と、それぞれに対応する固有状態を持つ。

θ, ϕ 方向の固有方程式

実は、式 (5.47) で与えた $\hat{\sigma} = a\hat{\sigma}_X + b\hat{\sigma}_Y + c\hat{\sigma}_Z$ も、実数の係数が $a^2 + b^2 + c^2 = 1$ を満たす場合、固有値 $\lambda = \pm 1$ を持つことが示せる。特に、$a = \sin\theta\cos\phi$, $b = \sin\theta\sin\phi$, $c = \cos\theta$ の場合を考えて $\hat{\sigma}_{\theta\phi}$ と書くと、

$$\hat{\sigma}_{\theta\phi} = \sin\theta\cos\phi \, \hat{\sigma}_X + \sin\theta\sin\phi \, \hat{\sigma}_Y + \cos\theta \, \hat{\sigma}_Z \tag{6.4}$$

式 (2.10) で与えた $|\theta, \phi\rangle = e^{-i\phi/2}\cos\dfrac{\theta}{2}|0\rangle + e^{i\phi/2}\sin\dfrac{\theta}{2}|1\rangle$ が $\lambda = 1$ に対応する固有状態、$|\theta + \pi, \phi\rangle = -e^{-i\phi/2}\sin\dfrac{\theta}{2}|0\rangle + e^{i\phi/2}\cos\dfrac{\theta}{2}|1\rangle$ が $\lambda = -1$ に対応する固有状態となる。固有方程式は、次の通りだ。

$$\hat{\sigma}_{\theta\phi}|\theta, \phi\rangle = |\theta, \phi\rangle, \qquad \hat{\sigma}_{\theta\phi}|\theta + \pi, \phi\rangle = -|\theta + \pi, \phi\rangle \tag{6.5}$$

さて、次のページで、少しだけ用語を学ぼう。[71]

---

[71] 規格化 $\langle\theta, \phi|\theta\phi\rangle = \langle\theta + \pi, \phi|\theta + \pi, \phi\rangle = 1$ と、直交関係 $\langle\theta, \phi|\theta + \pi, \phi\rangle = 0$ も思い出しておく、あるいは再び検算しておくと、良いだろう。

《演算子の対角表示》

恒等演算子 $\hat{I} = |0\rangle\langle 0| + |1\rangle\langle 1|$ や、$\hat{\sigma}_Z = |0\rangle\langle 0| - |1\rangle\langle 1|$ を見ると、右辺の各項は「固有状態のブラとケットを並べたもの」の和になっている。もう少し一般的に書くと、演算子が **互いに直交する** $|\Psi_\lambda\rangle$ を使って

$$\hat{A} = \sum_\lambda \lambda |\Psi_\lambda\rangle\langle\Psi_\lambda| = \sum_\lambda |\Psi_\lambda\rangle \lambda \langle\Psi_\lambda| \tag{6.6}$$

という形で表せる場合、これを演算子 $\hat{A}$ の **対角表示** と呼ぶ。

(但し、演算子の中には、このように対角な形には表示できないものもある。)

もし、演算子 $\hat{A}$ が持つ固有値 λ が全て異なり、

- 固有値 λ に対応する固有状態(固有ケット) $|\Psi_\lambda\rangle$ が $\langle\Psi_\lambda|\Psi_\lambda\rangle = 1$ と **規格化** されている
- $\lambda \neq \lambda'$ の場合に $\langle\Psi_\lambda|\Psi_{\lambda'}\rangle = 0$ という **直交性** がある

つまり **規格直交である** (正規直交である) ならば、対角表示された $|\Psi_\lambda\rangle$ が固有方程式を満たすことが、簡単に明示できる。

$$\hat{A}|\Psi_\lambda\rangle = \sum_{\lambda'} \lambda' |\Psi_{\lambda'}\rangle\langle\Psi_{\lambda'}|\Psi_\lambda\rangle = \lambda |\Psi_\lambda\rangle \tag{6.7}$$

固有ケットが互いに直交しているかどうかは、次の節で調べよう。

《固有値の縮退》

恒等演算子 $\hat{I} = |0\rangle\langle 0| + |1\rangle\langle 1|$ の場合、「固有方程式の解」は **少なくとも** 2つあって、$\hat{I}|0\rangle = |0\rangle$ と $\hat{I}|1\rangle = |1\rangle$ が成立する。この場合、固有値は、2つとも $\lambda = 1$ である。このように、複数の固有値が同じ値を持つ場合には、固有値に **縮退がある**、あるいは、固有値が **縮退している** と言い表す。

等しい固有値に対応する **固有ケット** 同士の重ね合わせもまた、その固有値に対応する固有ケットになっている。例えば恒等演算子 $\hat{I}$ の場合、任意のケット $|\psi\rangle = \alpha|0\rangle + \beta|1\rangle$ が $\hat{I}$ の固有ケットである。

⟪⟪⟪ 演算子の期待値と、エルミート共役 ⟫⟫⟫

　パウリ演算子の固有状態を眺めていると、ある事実に気づくかもしれない。例えば $\hat{\sigma}_Z$ の固有状態 $|0\rangle$ と $|1\rangle$ は、内積を取ると $\langle 0|1\rangle = 0$ なので、互いに直交している。$\hat{\sigma}_Y$ と $\hat{\sigma}_Z$ についても同じ様に、固有状態が直交していることを、簡単な計算で示すことができる。まとめておこう。

- $\hat{\sigma}_X$ の固有状態 $\dfrac{|0\rangle + |1\rangle}{\sqrt{2}}$ と $\dfrac{|0\rangle - |1\rangle}{\sqrt{2}}$ は互いに直交している。
- $\hat{\sigma}_Y$ の固有状態 $\dfrac{|0\rangle + i|1\rangle}{\sqrt{2}}$ と $\dfrac{|0\rangle - i|1\rangle}{\sqrt{2}}$ は互いに直交している。
- $\hat{\sigma}_Z$ の固有状態 $|0\rangle$ と $|1\rangle$ は互いに直交している。

$\hat{\sigma}_Y$ の固有状態は、重ね合わせの係数に **純虚数** i が含まれているので、内積の計算を行う時に、ブラ側を **複素共役** の $-i$ に変えておくことを忘れないようにしよう。

　式 (5.47) で考えたパウリ演算子の「線形結合」$\hat{\sigma}$ や、式 (5.50) で与えたアダマール演算子 $\hat{H}$ に対する固有状態もまた、同じように直交している。このように固有状態が互いに直交するのは、パウリ演算子が **自己共役** という性質を満たすからなのだ。まずは、演算子の **ブラに対する作用** と、演算子の **共役** から説明して行こう。(「共役」は「きょうやく」または「きょうえき」と読む。)

ブラに対する演算子の作用

　どんな演算子も、ケットだけではなく、ブラにも作用できる。状態を表すケット $|\Psi\rangle$ に対して、ある演算子 $\hat{A}$ が作用した結果、新しい状態 $|\Phi\rangle = \hat{A}|\Psi\rangle$ になったとする。[*72] この $|\Phi\rangle$ と、$\langle\Psi| = \bigl(|\Psi\rangle\bigr)^\dagger$ の内積を考えよう。

$$\langle\Psi|\Phi\rangle = \langle\Psi|\bigl(\hat{A}|\Psi\rangle\bigr) = \langle\Psi|\hat{A}|\Psi\rangle = \bigl(\langle\Psi|\hat{A}\bigr)|\Psi\rangle \tag{6.8}$$

このように、積の区切り方を変えて眺めることによって、$\langle\Psi|\hat{A}|\Psi\rangle$ はブラ $\langle\Psi|\hat{A}$ と、元のケット $|\Psi\rangle$ の内積とみなすこともできる。このようにして、演

[*72] "新聞報道の少年 A" のように、演算子一般についての話をする場合には、演算子 $\hat{A}$ とか、演算子 $\hat{O}$ などの記号をテキスト〜に使う。状態も $|\Psi\rangle$ だとか $|\Phi\rangle$ とか、行き当たりばったりにギリシア文字を拾って来るのが通例だ。

算子 $\hat{A}$ のブラ $\langle\Psi|$ への **右からの作用** を定めることができる。*73 わかり易い例の1つとして、$\hat{A} = |1\rangle\langle 0|$ の場合を考えてみよう。この演算子のブラやケットに対する作用は、単純に内積で書いてしまえる。

$$\langle\Psi|\hat{A} = \langle\Psi|1\rangle\langle 0|, \qquad \hat{A}|\Psi\rangle = |1\rangle\langle 0|\Psi\rangle \tag{6.9}$$

これまでに説明した射影演算子も、パウリ演算子も、同じようにブラとケットの組み合わせ (の足し算) で書かれていたことを思い出しただろうか?!

エルミート共役

$|\Phi\rangle = \hat{A}|\Psi\rangle$ の共役を考えよう。それは単に $\bigl(|\Phi\rangle\bigr)^\dagger = \langle\Phi|$ と、ブラ $\langle\Phi|$ なのだけれども、$\langle\Psi|$ に **右から作用して** $\langle\Phi|$ を与える演算子が存在する。

$$\langle\Phi| = \langle\Psi|\hat{A}^\dagger \tag{6.10}$$

どんな $|\Psi\rangle$ についても、この関係を満たすような演算子 $\hat{A}^\dagger$ が1つ存在し、これを演算子 $\hat{A}$ の **エルミート共役** あるいは単に **共役** と呼ぶ。そして、

- $\hat{A}$ と $\hat{A}^\dagger$ が等しい場合、演算子 $\hat{A}$ は **自己共役** である

と表現する。例えば恒等演算子 $\hat{I}$ は自己共役である。

以上の「共役の説明」ではピンと来ないかもしれないので、演算子 $\hat{A}$ が q-bit の状態 $|\Psi\rangle = \alpha|0\rangle + \beta|1\rangle$ に作用する場合を考えてみよう。1つの q-bit に作用する演算子 $\hat{A}$ は、一般に次の形で表すことができる。

$$\hat{A} = a|0\rangle\langle 0| + b|0\rangle\langle 1| + c|1\rangle\langle 0| + d|1\rangle\langle 1| \tag{6.11}$$

係数 a, b, c, d は、一般には複素数で与えられる。これを $|\Psi\rangle = \alpha|0\rangle + \beta|1\rangle$ に作用させてみよう。結果として、次の状態 (ケット) が得られる

$$|\Phi\rangle = \hat{A}|\Psi\rangle = (a\alpha + b\beta)|0\rangle + (c\alpha + d\beta)|1\rangle \tag{6.12}$$

理由は後回しにするとして、$\hat{A}$ の共役 $\hat{A}^\dagger$ は、次のように与えられる。

$$\begin{aligned}\hat{A}^\dagger &= a^*|0\rangle\langle 0| + b^*|1\rangle\langle 0| + c^*|0\rangle\langle 1| + d^*|1\rangle\langle 1|\\ &= a^*|0\rangle\langle 0| + c^*|0\rangle\langle 1| + b^*|1\rangle\langle 0| + d^*|1\rangle\langle 1|\end{aligned} \tag{6.13}$$

---

*73 線形代数を知っている人は、ブラを横ベクトルに、演算子を行列に、ケットを縦ベクトルに対応づけて考えると、理解し易いだろう。

その理由は、いま与えた $\hat{A}^\dagger$ を $\langle\Psi| = \langle 0|\,\alpha^* + \langle 1|\,\beta^*$ に作用させてみればわかる。右からの作用に注意しながら計算を進めると

$$\langle\Psi|\hat{A}^\dagger = \Big(\langle 0|\,\alpha^* + \langle 1|\,\beta^*\Big)\Big(a^*\,|0\rangle\langle 0| + b^*\,|1\rangle\langle 0| + c^*\,|0\rangle\langle 1| + d^*\,|1\rangle\langle 1|\Big)$$
$$= \langle 0|\,(\alpha^* a^* + \beta^* b^*) + \langle 1|\,(\alpha^* c^* + \beta^* d^*) \tag{6.14}$$

を得る。式 (6.12) と (6.14) を比べると、互いの係数が「複素共役」になっているので、式 (6.13) で与えた $\hat{A}^\dagger$ は、関係式 (6.10) を満たしていることが確認できた。特に $\hat{A}$ が自己共役である場合、係数は次の関係

$$a = a^*, \qquad b = c^*, \qquad c = b^*, \qquad d = d^* \tag{6.15}$$

を満たしていることが、式 (6.11) と式 (6.13) を見比べるとわかる。つまり a と d は実数になっているわけだ。[*74]

《ブラ、ケットとエルミート共役》

エルミート共役の取り扱いに、少し慣れておこうか。何でもいいので、ケット $|\varphi\rangle$ とブラ $\langle\phi|$ を持って来て、複素数の係数 z をかけた $z\,|\varphi\rangle\langle\phi|$ という形の演算子 $\hat{A}$ を作ろう。その共役は、

- それぞれの共役を取って、順番をひっくりかえしたもの

になる ― と覚えておくと良い。数式で示しておこう。

$$(\hat{A})^\dagger = (z\,|\varphi\rangle\langle\phi|)^\dagger = (|\varphi\rangle\,z\,\langle\phi|)^\dagger = (\langle\phi|)^\dagger z^* (|\varphi\rangle)^\dagger = |\phi\rangle\,z^*\,\langle\varphi|$$
$$= z^*\,|\phi\rangle\langle\varphi| \tag{6.16}$$

ブラはケットに、ケットはブラに、そして係数は **複素共役** になるわけだ。演算子が、幾つかの項の「足しあわせ」になっている場合は、項ごとに「式 (6.16) に従って」共役を計算して行けば良い。

[*74] 演算子を線形代数の「行列」で表す **行列表示** という方法がある。自己共役な演算子の行列表示は **エルミート行列** となり、その **対角成分** は実数である。ただ、この本では、スペースの節約と、混乱を避ける (?!) 目的で、演算子の **行列表示** や、ブラ・ケットの **スピノル表示** は導入しないでおく。

⟨⟨⟨ 自己共役な演算子と測定 ⟩⟩⟩

$\boxed{\text{自己共役な演算子 } \hat{A} = \hat{A}^\dagger \text{ の固有状態は、互いに直交している}}$ —— このことは簡単に証明できる。2つの異なる固有値 λ と λ' についての固有方程式と、それぞれの共役を、まず書いておこう。

$$\hat{A}|\Psi_\lambda\rangle = \lambda|\Psi_\lambda\rangle, \quad \langle\Psi_\lambda|\hat{A}^\dagger = \langle\Psi_\lambda|\lambda^*$$
$$\hat{A}|\Psi_{\lambda'}\rangle = \lambda'|\Psi_{\lambda'}\rangle, \quad \langle\Psi_{\lambda'}|\hat{A}^\dagger = \langle\Psi_{\lambda'}|\lambda'^* \tag{6.17}$$

演算子 $\hat{A}$ は自己共役なので、右側に示したブラについての関係式は、$\hat{A}^\dagger$ を $\hat{A}$ と書いても良い。さて、ここで次の内積を考えてみる。

$$\lambda'^*\langle\Psi_{\lambda'}|\Psi_\lambda\rangle = \left(\langle\Psi_{\lambda'}|\hat{A}\right)|\Psi_\lambda\rangle = \langle\Psi_{\lambda'}|\hat{A}|\Psi_\lambda\rangle = \lambda\langle\Psi_{\lambda'}|\Psi_\lambda\rangle \tag{6.18}$$

一番左端と右端の差を取ってみよう。

$$(\lambda'^* - \lambda)\langle\Psi_{\lambda'}|\Psi_\lambda\rangle = 0 \tag{6.19}$$

はじめに $\lambda' \neq \lambda$ を仮定していたので、この式は $\langle\Psi_{\lambda'}|\Psi_\lambda\rangle = 0$、つまり $|\Psi_\lambda\rangle$ と $|\Psi_{\lambda'}\rangle$ が直交していることを示しているわけだ。また、式 (6.18) で $\lambda' = \lambda$ の場合を考えると、$\hat{A} = \hat{A}^\dagger$ の固有値 λ が実数であることもわかる。

$\boxed{\text{射影測定}}$

自己共役[*75]な演算子 $\hat{A}$ の固有状態 $|\Psi_\lambda\rangle$ を、全て $\langle\Psi_\lambda|\Psi_\lambda\rangle = 1$ と規格化しておくことにする。これらの固有状態を使って、固有値 λ それぞれに対応する**射影演算子**を作ることができる。(← 3 章参照)

$$\hat{M}_\lambda = |\Psi_\lambda\rangle\langle\Psi_\lambda| \tag{6.20}$$

次のように、射影演算子の性質も直ちに確認できる。

$$\hat{M}_\lambda\hat{M}_\lambda = |\Psi_\lambda\rangle\langle\Psi_\lambda|\Psi_\lambda\rangle\langle\Psi_\lambda| = |\Psi_\lambda\rangle\langle\Psi_\lambda| = \hat{M}_\lambda$$
$$\hat{M}_\lambda\hat{M}_{\lambda'} = |\Psi_\lambda\rangle\langle\Psi_\lambda|\Psi_{\lambda'}\rangle\langle\Psi_{\lambda'}| = 0 \quad (\text{但し } \lambda \neq \lambda') \tag{6.21}$$

これら、「固有値 λ に対応する射影演算子 $\hat{M}_\lambda$ の組」に対応する測定を、

$\boxed{\text{演算子 } \hat{A} \text{ を対角とする測定}}$ と呼ぶ。測定を行う「始状態」を表すケット $|\Phi\rangle$

[*75] 用語として紛らわしいのだけれども、自己共役な演算子のことを、単に「エルミート共役な演算子」と表現することも、よくある。

があって、これが規格化されている場合 $\langle \Phi | \Phi \rangle = 1$ を考えよう。測定を行うと、結果として次の確率で、測定値 λ を (それぞれ) 得ることになる。

$$P_\lambda = \langle \Phi | \hat{M}_\lambda | \Phi \rangle \tag{6.22}$$

λ とは異なる測定値 λ' は、確率 $P_{\lambda'} = \langle \Phi | \hat{M}_{\lambda'} | \Phi \rangle$ で得ることになる。測定のイメージ (?!) を、「絵に描く」とこんな感じだろう。測定装置の針は λ を示したり λ' を示したりで、幾つかの特定の値のみを示すわけだ。

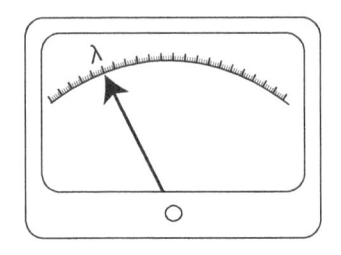

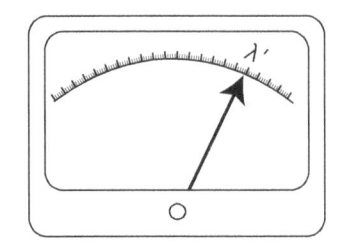

何度でも同じ始状態 $|\Phi\rangle$ が用意できる場合に、測定を繰り返すことによって、測定値の平均を求めることもできる。その値は **加重平均**

$$\sum_\lambda \lambda P_\lambda = \sum_\lambda \lambda \langle \Phi | \hat{M}_\lambda | \Phi \rangle = \sum_\lambda \langle \Phi | \left(\lambda | \Psi_\lambda \rangle \langle \Psi_\lambda | \right) | \Phi \rangle = \langle \Phi | \hat{A} | \Phi \rangle \tag{6.23}$$

の形で表すことも可能だ。計算の途中で、演算子の対角表示 $\hat{A} = \sum_\lambda \lambda |\Psi_\lambda\rangle\langle\Psi_\lambda|$ (←式 (6.6) 参照) を式変形に使った。この平均値は、演算子 $\hat{A}$ の **期待値** と呼ばれ、$\langle \hat{A} \rangle$ と簡単に表されることもある。あるいは測定状態を明示して $\langle \hat{A} \rangle_\Phi$ と書き表すこともある。

- 期待値 $\langle \hat{A} \rangle$ が「1 回の測定の結果」として得られる訳ではない

ことには注意しておこう。いま考えている射影測定では、測定値として得られるのは、あくまでも固有値 λ のいずれかなのだ。期待値 $\langle \hat{A} \rangle$ は、何度も何度も測定を繰り返した後で、ようやく「平均値」として求められるものなのである。

⟪⟪⟪ 定常状態 ⟫⟫⟫

物理系の「時間発展」はハミルトニアン $\hat{H}$ によって定められているのであった。ハミルトニアンの固有状態が、どのように時間発展するか、考えてみよう。$\hat{H}$ は自己共役な演算子で、その固有値はエネルギーの次元を持つ量だ。これを **エネルギー固有値** と呼び、記号 ε や E で表す習慣になっている。これに習うと、固有方程式は

$$\hat{H}|\Psi_\varepsilon\rangle = \varepsilon|\Psi_\varepsilon\rangle \tag{6.24}$$

と表すことになる。エネルギー固有値 ε を測定する、つまりハミルトニアンを対角とする測定は、特に **エネルギー対角な測定** と呼ばれる。また、期待値 $\langle\hat{H}\rangle$ は **エネルギー期待値** と言い表す。[*76]

さて、時刻 t_0 で初期状態が $|\Psi_\varepsilon\rangle$ であれば、その後の状態は

$$|\Psi_\varepsilon(t)\rangle = e^{-i\varepsilon t/\hbar}|\Psi_\varepsilon\rangle \tag{6.25}$$

と表すことができる。この事実は、式 (5.11) から導くことも可能だけれども、ここでは時間発展方程式が満たされることを、直接確認しておこう。

$$\begin{aligned}i\hbar\frac{d}{dt}|\Psi_\varepsilon(t)\rangle &= i\hbar\frac{d}{dt}e^{-i\varepsilon t/\hbar}|\Psi_\varepsilon\rangle \\ &= e^{-i\varepsilon t/\hbar}\varepsilon|\Psi_\varepsilon\rangle = e^{-i\varepsilon t/\hbar}\hat{H}|\Psi_\varepsilon\rangle = \hat{H}|\Psi_\varepsilon(t)\rangle\end{aligned} \tag{6.26}$$

このように、「エネルギー固有状態」の時間発展は $e^{-i\varepsilon t/\hbar}$ という **位相因子** の時刻変化で表すことができ、本質的には時刻 t_0 での状態 $|\Psi_\varepsilon\rangle$ から変化しない。このような意味で、式 (6.25) の $|\Psi_\varepsilon(t)\rangle$ を **定常状態** と呼ぶ。

最後に、定常状態に対応するブラも書いておこう。

$$\langle\Psi_\varepsilon(t)| = \langle\Psi_\varepsilon|e^{i\varepsilon t/\hbar} \tag{6.27}$$

これは、時間発展方程式の共役を取ったもの

$$-i\hbar\frac{d}{dt}\langle\Psi_\varepsilon(t)| = \langle\Psi_\varepsilon(t)|\hat{H} \tag{6.28}$$

を満たしている。時間があったら、代入して確かめてみると良いだろう。

[*76] ...と書いておいて何なのだけれども、量子コンピューターの学習で「エネルギー」について考える機会は、あまり多くない。量子コンピューターを実際に作ろうとする時には、たっぷりとエネルギーについて考えることになるだろう。

《シュレディンガー方程式》

量子力学の基本的な方程式というと、何を差し置いても (?!) **シュレディンガー方程式** に触れない訳には行かない。それは、こんな方程式だ。

$$i\hbar \frac{\partial}{\partial t} \Psi(\mathbf{r},t) = \left[-\frac{\hbar^2}{2m} \nabla^2 + V(\mathbf{r}) \right] \Psi(\mathbf{r},t) \tag{6.29}$$

しかし、量子コンピューターの教科書で、この方程式に深入りすることは、あまりない。なぜならば、シュレディンガー方程式の説明だけで、本が一冊、埋め尽くされてしまうからだ。まあ、量子力学について、興味を持つ人も多いと思うので、概略くらいには触れておこう。

シュレディンガー方程式は、1つの粒子の運動状態を記述する **波動関数** $\Psi(\mathbf{r},t)$ が満たす方程式で、複素数の値を取る波動関数は内積で与えられるものだ。

$$\Psi(\mathbf{r},t) = \langle \mathbf{r} | \Psi_t \rangle \tag{6.30}$$

ここで $|\mathbf{r}\rangle$ は「位置 $\mathbf{r}$ に粒子が存在する状態を表すケットで、$|\Psi_t\rangle$ は時刻 t での (粒子を含む系の)「量子力学的な状態」を表している。時間発展方程式 (5.9) の左側から $\langle \mathbf{r} |$ で内積を取ってみると

$$\langle \mathbf{r} | \left(-i\hbar \frac{\partial}{\partial t} | \Psi_t \rangle \right) = \langle \mathbf{r} | \left(\hat{H} | \Psi_t \rangle \right) \tag{6.31}$$

左辺はそのまま $-i\hbar \frac{\partial}{\partial t} \langle \mathbf{r} | \Psi_t \rangle = -i\hbar \frac{\partial}{\partial t} \Psi(\mathbf{r},t)$ と、シュレディンガー方程式の左辺になっていることがわかる。右辺は、ハミルトニアン $\hat{H}$ が

$$\hat{H} = \frac{\hat{p}^2}{2m} + \hat{V} \tag{6.32}$$

と、運動エネルギーに対応する演算子 $\hat{p}^2/2m$ と、ポテンシャルエネルギーに対応する演算子 $\hat{V}$ の和で書かれる場合に、式 (6.29) の右辺の形まで (...少しいろいろと計算して...) 変形することができる。こういう訳で、シュレディンガー方程式を見たら、まあそれは、時間発展方程式 (5.9) の「別の表し方」だと思っていれば良いだろう。

第7章　量子ゲートと量子回路

　日頃使っている普通のコンピューター、つまり古典コンピューターは、**電気回路** (電子回路) を使って作動している。その設計図には、もちろん **回路図** も含まれている。大昔は、コンピューターを使う利用者が、回路図を直接見て、動作をシッカリと理解してから、プログラムを組んで利用したものだ。いま、そんな話をすると笑われるに決まっているのだけれども …

　量子コンピューターはどうだろうか? 同じように、量子コンピューターにも「回路図に相当するもの」を描くことができる。そして現在のところ、量子コンピューターの利用者は、**回路図を理解しなければならない** (!) のである。(冗談はともかく、) 簡単な具体例をあげて、

- 回路図記号を使った、量子力学的な状態操作の表し方

を学んで行くことにする。まずは、1つの q-bit に対する、幾つかの単純な操作から考え始めよう。

　量子コンピューターを使った計算は、ある定まった **始状態** から始まるのが普通だ。[*77] 始状態は $|0\rangle$ や $|1\rangle$ のような簡単に表せる (?!) 状態であることもあれば、$\alpha|0\rangle + \beta|1\rangle$ のように重ね合わせである場合もある。ともかく、始状態を $|\Psi\rangle$ と書こう。ここから計算が始まるという意味を込めて、「量子回路の回路図」(量子回路図) では次のように始状態を書き表す。

$$|\Psi\rangle \text{───}$$

[*77] ホントは「始状態の準備」から考え始める必要があるのだけれども、そこには立ち入らないでおこう。何故ならば、そこへひとたび踏み込むと「状態の準備の準備」という、**たまねぎの皮むき議論** に迷い込んでしまうからだ。なお、**量子アニーリング型** の量子コンピューターは例外的に (?!)、初期状態が何であるかは大して重要ではない。

単に、ケット記号の右側に棒を引っ張っただけだ。この棒は、恒等演算子 $\hat{I}$ の作用であると考えても良い。つまり、何もせずに、引いた線の「先にあるもの」を始状態に作用させる、その意味を示すのがこの横線だ。ソロバンや電卓を使って計算をする場合には、

- 初期状態は 0 の状態である。(←ご破算では、とかゼロ・クリアした状態)

... 同じように **量子計算** でも、どちらかと言うと状態 $|0\rangle$ から計算を開始することが多い。この場合、量子回路図では次のように描く。

$$|0\rangle \text{―――}$$

さて、量子計算には始まりがあれば、終わりもある。電卓や、そろばんの計算では、結果を「読んだ」時が計算の終わりである。最も基本的には、

- 測定を行った時点で、計算の「それぞれのステップ」が完了する

か、あるいは計算が終了する。例えば、式 (6.20) で考えた射影演算子の組 $\hat{M}_\lambda$ を使って測定を行う場合、その回路は次のように表される。

$$\text{―――}\boxed{\hat{M}_\lambda}$$

あるいは、四角の中に「メーターの目盛りと針」を書き入れて、測定するという "臨場感" を出すこともある。図は全て、左から右へと読んで行くわけだ。この書き方に従うと、始状態 $|\Psi\rangle$ を「そのまま」測定する過程は

$$|\Psi\rangle \text{―――}\boxed{\hat{M}_\lambda}$$

と表されることになる。測定の結果として、ある固有値 λ を得たとすると、その過程は、式の上では $\hat{M}_\lambda |\Psi\rangle$ と表されるので、回路図と式では、演算子とケットの左右が逆になるわけだ。最初は戸惑うかもしれないけれども、回路図を「右から左へ」と書くのは面倒なことなので、左から右へと書く習慣が定着している。ついでながら、測定を $\text{―――}\boxed{\hat{M}}$ と、少しだけ簡単に表すこともある。

⟨⟨⟨ 量子ゲート ⟩⟩⟩

量子力学では、状態 $|\Psi\rangle$ に作用するものは演算子 $\hat{A}$ であった。この、演算子 $\hat{A}$ の作用を「回路図の素子の働き」とみなしたものが、量子コンピューターに登場する **量子素子** あるいは **量子ゲート** だ。こんな回路図で描く。

$$\text{———}\boxed{\hat{A}}\text{———}$$

古典コンピューターがトランジスターなどの素子や、これを組み合わせた古典ゲートから構成されている事を「真似た」わけだ。[*78]

古典コンピューターの話をもう少し続けると、最も単純な計算操作 (あるいは演算) のひとつは、

- 0 を入力したら 1 を、1 を入力したら 0 を出力する **論理否定**

である。量子コンピューターに、「対応するもの」があるだろうか? とりあえず、「似た動作をするもの」はある。パウリ演算子の $\hat{\sigma}_X = |1\rangle\langle 0| + |0\rangle\langle 1|$ は、$\hat{\sigma}_Z$ の固有状態である $|0\rangle$ や $|1\rangle$ に作用するならば

$$\hat{\sigma}_X|0\rangle = |1\rangle, \qquad \hat{\sigma}_X|1\rangle = |0\rangle \tag{7.1}$$

と、$|0\rangle$ と $|1\rangle$ を **反転させる** 働きを持っている。従って $\hat{\sigma}_X$ を「論理否定の量子ゲート」とか、**NOT ゲート** と呼ぶ。また、$\hat{\sigma}_X$ の作用は回路図で

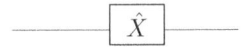

$$\text{———}\boxed{\hat{X}}\text{———}$$

と描く。記号の種類が増えると混乱を招き易いので —$\boxed{\hat{\sigma}_X}$— と描きたいのだけれども、既に —$\boxed{\hat{X}}$— が定着してしまっているので、慣用に従う。[*79] また、この量子素子は「$\hat{X}$ ゲート」とも呼ばれる。

[*78] 1つの **古典ゲート** は、トランジスターを数個から数十個ほど組み合わせて作る。一方、1つの量子ゲートは、それほど複雑な構造は持たないのが通例だ。

[*79] 量子情報、量子コンピューターの「業界」では、伝統的な「物理業界」とは少し違った用語を用いることがある。この $\hat{X}$ という書き方もその1つで、著者としては物理学で慣れ親しんだ $\hat{\sigma}_X$ で通したいのだけれども、読者の不利益になるかもしれないので「慣用」に従った。

パウリ演算子 $\hat{\sigma}_Y = i|1\rangle\langle 0| - i|0\rangle\langle 1|$ も、論理否定に似た働きを持っている。
$$\hat{\sigma}_Y|0\rangle = i|1\rangle, \qquad \hat{\sigma}_Y|1\rangle = -i|0\rangle \tag{7.2}$$
純虚数の係数 i や $-i$ が付く点を除いて、$|0\rangle$ と $|1\rangle$ を反転させる動作は $\hat{\sigma}_X$ と似ていると「言えなくもない」。この $\hat{\sigma}_Y$ は「$\hat{Y}$ ゲート」とも呼ばれ、

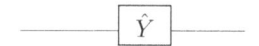

$$\text{———}\boxed{\hat{Y}}\text{———}$$

と回路図で表す。ここまで話したら、次は $\hat{\sigma}_Z = |0\rangle\langle 0| - |1\rangle\langle 1|$ の番だ。

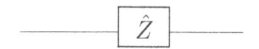

$$\text{———}\boxed{\hat{Z}}\text{———}$$

この「$\hat{Z}$ ゲート」は、$\hat{\sigma}_Z|0\rangle = |0\rangle$ および $\hat{\sigma}_Z|1\rangle = -|1\rangle$ という作用を持ち、$|1\rangle$ に「-1 の符号」を付ける働きを持っている。

時々使われるのが、**位相ゲート** だ。これは、$\hat{\theta} = |0\rangle\langle 0| + e^{i\theta}|1\rangle\langle 1|$ で与えられる演算子の作用で、回路図では

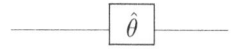

$$\text{———}\boxed{\hat{\theta}}\text{———}$$

と表す。$\theta = 0$ の場合には、これは恒等演算子 $\hat{I}$ に一致し、$\theta = \pi$ の場合には $\hat{\sigma}_Z$ に一致する。

アダマール (Hadamard) 演算子は、頭文字の H を使って $\hat{H}$ で表す習慣がある。ハミルトニアン $\hat{H}$ の記号と「全く同じ」なのだけれども、量子回路の中にハミルトニアンが登場することは無いので、混乱する心配はない。アダマール演算子 $\hat{H} = \dfrac{1}{\sqrt{2}}\Big(|0\rangle\langle 0| + |1\rangle\langle 0| + |0\rangle\langle 1| - |1\rangle\langle 1|\Big)$ の作用も、同じように

$$\text{———}\boxed{\hat{H}}\text{———}$$

と、**アダマール・ゲート** として表す。

《《《 ユニタリー・ゲート 》》》

演算子 $\hat{I}, \hat{\sigma}_X, \hat{\sigma}_Y, \hat{\sigma}_Z, \hat{H}$ など、前節で取り扱った演算子には、

- 状態のノルムを変えない

という特徴がある。例えば $|\Phi\rangle = \hat{\sigma}_X |\Psi\rangle$ の場合、演算子 $\hat{\sigma}_X$ が自己共役で $\hat{\sigma}_X{}^\dagger = \hat{\sigma}_X$ を満たすことと、関係式 $(\hat{\sigma}_X)^2 = \hat{I}$ を使うと

$$\langle \Phi | \Phi \rangle = \langle \Psi | \hat{\sigma}_X{}^\dagger \hat{\sigma}_X | \Psi \rangle = \langle \Psi | \hat{I} | \Psi \rangle = \langle \Psi | \Psi \rangle \tag{7.3}$$

が成立し、ノルム $\langle \Phi | \Phi \rangle$ はノルム $\langle \Psi | \Psi \rangle$ と等しいことがわかる。このように、ノルムを変えない演算子を **ユニタリー演算子** と呼ぶ。また、

- $|\Psi\rangle$ に対して **ユニタリー操作** $\hat{U} = \hat{\sigma}_X$ を行った結果 $|\Phi\rangle$ を得る

という表現もよく使われる。

ユニタリー(unitary)演算子は、一般に記号 $\hat{U}$ で表すことが多い。ノルムを変えない条件 $\langle \Psi | \hat{U}^\dagger \hat{U} | \Psi \rangle = \langle \Psi | \Psi \rangle$ が、どんな $|\Psi\rangle$ に対してでも成立するので、$\hat{U}$ が次の関係式を満たすことが導ける。

$$\hat{U}^\dagger \hat{U} = \hat{I} \tag{7.4}$$

これは、$\hat{U}^\dagger$ が $\hat{U}$ の **逆演算子** $\hat{U}^{-1}$ であることを意味している。

《逆演算子》

演算子 $\hat{A}$ と $\hat{B}$ の積が $\hat{A}\hat{B} = \hat{I} = \hat{B}\hat{A}$ と恒等演算子となる場合、$\hat{B}$ を $\hat{A}$ の **逆演算子** と呼び、記号 $\hat{A}^{-1}$ で表す。つまり $\hat{A}\hat{A}^{-1} = \hat{I} = \hat{A}^{-1}\hat{A}$ だ。

この演算子 $\hat{U}$ に対応する量子ゲートは、次のように回路で表し、

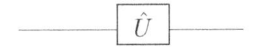

$$\text{―――}\boxed{\hat{U}}\text{―――}$$

これを演算子 $\hat{U}$ による **ユニタリー・ゲート** と呼ぶ。逆演算子との積が恒等演算子を与える、関係式 $\hat{U}\hat{U}^{-1} = \hat{I}$ は、次のように図示できる。[*80]

[*80] 式の上と、回路図では左右が逆になることに注意しよう。

$$\underline{\quad}\boxed{\hat{U}^{-1}}\underline{\quad}\boxed{\hat{U}}\underline{\quad} = \underline{\quad\quad\quad}$$

今まで見て来た $\boxed{\hat{X}}$ も $\boxed{\hat{Y}}$ も $\boxed{\hat{Z}}$ も $\boxed{\hat{H}}$ も、それぞれユニタリーゲートであったわけだ。また、これら 4 つの量子ゲートは特に、2 回作用させると恒等演算になるという特徴を持っている。$\hat{X}$ ゲートを 2 回作用させる図は、式の上では $(\hat{\sigma}_X)^2 = \hat{I}$ なので、

$$\underline{\quad}\boxed{\hat{X}}\underline{\quad}\boxed{\hat{X}}\underline{\quad} = \underline{\quad\quad\quad}$$

と描くことになる。これは、$\hat{\sigma}_X$ の逆演算子が「自分自身」であるからだ。

$$\hat{\sigma}_X^{-1} = \hat{\sigma}_X = \hat{\sigma}_X^{\dagger} \tag{7.5}$$

パウリ演算子 $\hat{\sigma}_Y, \hat{\sigma}_Z$ についても同様に、2 回の作用は恒等作用となる。

時間発展はユニタリー

パウリ演算子がユニタリーであるのは何故だろうか？ もちろん、「計算してみたら、ユニタリーだった」というのは、文句のつけようがない説明だ。ただ、もう少し「もっともらしい説明」はないだろうか？ 例えば、「ブロッホ球上の状態ケット」を回転させるという

- 量子力学的な状態の時間発展に、パウリ演算子が対応している

— そんな事実を見せるのも、良いかもしれない。(式 (5.42)-(5.45) 参照。) まず、時間発展方程式 $i\dfrac{d}{dt}|\Psi(t)\rangle = \hat{H}|\Psi(t)\rangle$ に従って時間変化して行く状態 $|\Psi(t)\rangle$ のノルムは変化しない。これは、

- ハミルトニアンが $\hat{H}^{\dagger} = \hat{H}$ を満たす **自己共役な演算子** である

ことから説明できる。(しばらく、記号 $\hat{H}$ を **ハミルトニアン** を表す記号として使う。) 式 (5.11) では、時刻 t_0 から t への

- 時間発展を導く演算子 $\hat{U}(t - t_0) = e^{-i\hat{H}(t-t_0)/\hbar}$

を求めておいた。これが実は、必ずユニタリーになることを、まず示そう。指数関数はテイラー展開で定義されているので、共役 $\left[\hat{U}(t-t_0)\right]^\dagger$ を計算する時には、展開の各項の共役を取れば良い。

$$\left[\hat{U}(t-t_0)\right]^\dagger = \left(\sum_\ell \left[-i\frac{\hat{H}}{\hbar}(t-t_0)\right]^\ell\right)^\dagger = \sum_\ell \left[i\frac{\hat{H}^\dagger}{\hbar}(t-t_0)\right]^\ell$$
$$= \sum_\ell \left[i\frac{\hat{H}}{\hbar}(t-t_0)\right]^\ell = e^{i\hat{H}(t-t_0)/\hbar} \tag{7.6}$$

計算の途中で、係数 $-i$ が複素共役 $(-i)^\dagger = i$ になったことにも注意しよう。いま求めた $\left[\hat{U}(t-t_0)\right]^\dagger$ と $\hat{U}(t-t_0)$ の積を取ると、恒等演算子 $\hat{I}$ となる。

$$\left[\hat{U}(t-t_0)\right]^\dagger \hat{U}(t-t_0) = e^{i\hat{H}(t-t_0)/\hbar} e^{-i\hat{H}(t-t_0)/\hbar} = \hat{I} \tag{7.7}$$

この計算を、指数関数の性質から直感的に理解できれば、それで良いのだけれども、演算子 $\hat{H}$ が指数に含まれているので「怪しい」と感じるかもしれない。そういう疑いを持つ場合にはテイラー展開にまで戻るのが無難で、実際に式 (7.7) の指数関数を展開してみると、**可換性** (↓ m や n は整数)

$$\left[\hat{H}^m, \hat{H}^n\right] = 0 \tag{7.8}$$

により、ほとんど全ての展開項が打ち消しあって、結局は式 (7.7) が満たされることが容易に示せる。(←宿題にする。) こうして、$\hat{U}(t-t_0)$ がユニタリー演算子であることが確認できた。

式 (7.7) が成立することを示す際には、$\hat{H}$ が自己共役であること (自己共役性) しか使っていないので、式 (5.42)-(5.45) で計算したように

- 自己共役な演算子 (の $-i$ 倍) の指数関数で与えられる演算子

もまた、ユニタリーとなる。ちなみに、式 (5.42)-(5.45) では、パウリ演算子自身が、「自身の指数関数に $-i$ をかけ合わせた形で書ける」こと

$$\exp\left[-i\frac{\pi}{2}\hat{\sigma}_{\rm X}\right] = -i\,\hat{\sigma}_{\rm X}, \qquad (\hat{\sigma}_{\rm Y} \text{ や } \hat{\sigma}_{\rm Z} \text{ も同様}) \tag{7.9}$$

を示しておいたのだった。(↑両辺ともユニタリーである。)

《《《 乱数発生の回路図 》》》

回路図の描き方にも慣れて来た (?!) ので、1 桁の **量子乱数** を作り出す操作 (→ 2 章) を量子回路で表してみよう。その準備のために、ここでもう 1 つ覚えておきたい記号が、$\hat{\sigma}_X$ の $\lambda = 1$ に対応する固有状態 $|+\rangle$ と、$\lambda = -1$ に対応する固有状態 $|-\rangle$ だ。もう一度、式で明示しておこう。

$$|+\rangle = \frac{|0\rangle + |1\rangle}{\sqrt{2}}, \qquad |-\rangle = \frac{|0\rangle - |1\rangle}{\sqrt{2}} \tag{7.10}$$

さて、関係式 $\hat{\sigma}_X |+\rangle = |+\rangle$ と $\hat{\sigma}_X |-\rangle = -|-\rangle$ は、次のように図示できる。

$$|+\rangle \longrightarrow \boxed{\hat{X}} \longrightarrow |+\rangle$$

$$|-\rangle \longrightarrow \boxed{\hat{X}} \longrightarrow -|-\rangle$$

右端の $-|-\rangle$ の符号 -1 が回路の動作に本質的ではない場合には、符号を省略することもある。このように、「出力」である右端に、ゲートを作用させた後の状態を表すケット記号を書き込むことも多い。[*81]

さて、始状態を $|0\rangle$ に選び、そこへアダマール演算子 $\hat{H}$ を作用させると、式 (5.52) で示したとおり $|+\rangle = \hat{H} |0\rangle = \frac{|0\rangle + |1\rangle}{\sqrt{2}}$ を得る。

$$|0\rangle \longrightarrow \boxed{\hat{H}} \longrightarrow |+\rangle$$

乱数の発生は実に単純なことで、この $|+\rangle$ に対して

$$|0\rangle \longrightarrow \boxed{\hat{H}} \longrightarrow \boxed{\hat{M}}$$

と、$\hat{\sigma}_Z$ を対角とする射影測定を行うだけだ。念のために復習すると、$\hat{\sigma}_Z$ の固有値も $\lambda = 1$ と $\lambda = -1$ で、

- 射影演算子 $\hat{M}_1 = |0\rangle\langle 0|$ と $\hat{M}_{-1} = |1\rangle\langle 1|$ の「セット」で

[*81] 但し、このように出力が「ケットで書ける」には、対応する出力の状態が、他の部分とエンタングルしていない必要がある。

射影測定が記述できるのであった。測定の結果としては

- $\lambda = 1$ を得る、つまり終状態が $|0\rangle$ である ··· (乱数は $0_{(2)}$)
- $\lambda = -1$ を得る、つまり終状態が $|1\rangle$ である ··· (乱数は $1_{(2)}$)

のいずれかを、等しい確率 $\langle+|\hat{M}_1|+\rangle = \langle+|\hat{M}_{-1}|+\rangle = 1/2$ で得る。

2桁の乱数、つまり $00_{(2)}, 01_{(2)}, 10_{(2)}, 11_{(2)}$ の、4つの2進数から1つを無作為に選びたければ、「ひと桁の乱数を2回つくれば良い」ので、上の量子回路を2度使えば目的が達成できる。同じようなことなのだけれども、実はもうひとつ方法がある。上の量子回路を2つ並べれば良いのだ。

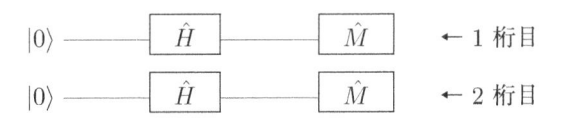

$|0\rangle$ ── $\hat{H}$ ── $\hat{M}$ ── ← 1桁目

$|0\rangle$ ── $\hat{H}$ ── $\hat{M}$ ── ← 2桁目

右端に並んだ測定 ─ $\hat{M}$ を行う、その直前の状態を数式で表すと

$$\hat{H}_1\hat{H}_2|00\rangle = (\hat{H}_1|0\rangle_1)(\hat{H}_2|0\rangle_2) = |+\rangle_1|+\rangle_2 = \frac{|0\rangle_1 + |1\rangle_1}{\sqrt{2}}\frac{|0\rangle_2 + |1\rangle_2}{\sqrt{2}}$$
$$= \frac{1}{2}(|00\rangle + |01\rangle + |10\rangle + |11\rangle) \tag{7.11}$$

となる。[*82] これは、既に式 (4.7) で求めておいた、「全ての計算基底の、等しい重率での重ね合わせ」そのものだ。

- 重率が等しい重ね合わせに対して測定を行うから、結果が乱数となる

と言い表すこともできるだろう。

N 桁の乱数が欲しかったら、同じように N 個の回路を縦に並べるだけだ。このように、並べるだけで充分である理由は、最後に測定する前の状態が、式 (4.7) や式 (7.11) で示したように直積状態だからである。乱数発生を目的として描いた量子回路では、q-bit の間が「エンタングルしていない」のである。

[*82] 演算子やケットに順番をつける時に、左から 1, 2, 3 と数えるか、「桁数の数え方に揃えて」右から 1, 2, 3 と数えるか、悩ましい所なのだけれども、ここでは左から数えることにした。

⟨⟨⟨ 制御 $\hat{U}$ ゲート ⟩⟩⟩

直積状態が始状態として与えられた条件の下で、直積では表現できない「エンタングルした状態」を作るには、

- 「2つの q-bit の状態」に作用する **2 入力、2 出力の量子ゲート**

が必要になる。例えば、2つの q-bit の直積状態 $|00\rangle = |0\rangle_1|0\rangle_2$ に演算子を作用させて、(直積では表現できない) **ベル状態** の1つを得ることはできるだろうか? このような

- エンタングルさせる量子操作

は、それぞれの q-bit にバラバラに演算子を作用させても実現できない。2つの入力と2つの出力を持つ、「分割することのできない量子ゲート」が必要となる。図に描いてみよう。図中では、2つの q-bit を 1 番目、2 番目と番号で区別した。[*83] また、「大きな四角」が量子ゲートを表している。入力は、上で取り上げた $|00\rangle$ の場合を書き込んでみた。出力がどうなるかは、ゲートの種類によりけりだ。

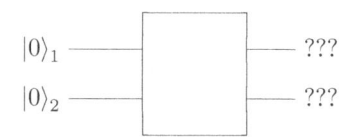

$|0\rangle_1$ ——□—— ???
$|0\rangle_2$ ——□—— ???

このような量子ゲートの中でも、後ほど説明する C-NOT ゲートなどを含む、「制御 $\hat{U}$ ゲート」と呼ばれるものは特に重要だ。この場合、**入出力の q-bit** は名前を付けて、その機能を区別する。[*84]

- 1 番目は $|0\rangle_1$ や $|1\rangle_1$ を組み合わせて表し、**制御ビット** (control bit) と呼ぶ。
- 2 番目は $|0\rangle_2$ や $|1\rangle_2$ を組み合わせて表し、**ターゲットビット** (target bit) と呼ぶ。

[*83] エンタングルしているかもしれない状態に対して、1 番目、2 番目の q-bit という直積状態を彷彿とさせる言葉遣いをするのは少し抵抗があるのだけれども、他にうまい表現方法があるわけでもない。

[*84] この「区別」は、$\hat{\sigma}_z$ を対角とする表示を強く意識したもので、まるで古典コンピューターの素子を眺めているかのようだ。

そして、制御 $\hat{U}$ ゲートを数式で記述する場合、「部品として登場する演算子」は、以下の 2 種類である。

- 1 番目 (制御ビット) に作用する射影演算子 $|0\rangle_1\langle 0|$ と $|1\rangle_1\langle 1|$
- 2 番目 (ターゲットビット) に作用する恒等演算子 $\hat{I}_2$ または、ユニタリー演算子 $\hat{U}_2$

これらを、次の形で組み合わせたもの

$$\hat{G} = |0\rangle_1\langle 0|\,\hat{I}_2 \;+\; |1\rangle_1\langle 1|\,\hat{U}_2 \tag{7.12}$$

が **制御 $\hat{U}$ ゲート** を表す演算子である。右辺の機能が「目で見てわかり易いように」、制御 $\hat{U}$ ゲートを表す記号は制御ビット側に黒丸を、ターゲットビット側に ─$\boxed{\hat{U}}$─ を描き、これらを縦線で結ぶことになっている。

制御ビット ──────●──────
ターゲットビット ────$\boxed{\hat{U}}$────

このように導入された制御 $\hat{U}$ ゲートの、計算基底に対する働きを確認しておこう。2 桁の計算基底 $|00\rangle, |01\rangle, |10\rangle, |11\rangle$ それぞれに作用させた終状態は、次のように与えられる。

$$\begin{aligned}
\hat{G}|00\rangle &= \bigl(|0\rangle_1\langle 0|\,\hat{I}_2 \;+\; |1\rangle_1\langle 1|\,\hat{U}_2\bigr)|0\rangle_1|0\rangle_2 = |0\rangle_1\hat{I}_2|0\rangle_2 = |0\rangle_1|0\rangle_2 \\
\hat{G}|01\rangle &= \bigl(|0\rangle_1\langle 0|\,\hat{I}_2 \;+\; |1\rangle_1\langle 1|\,\hat{U}_2\bigr)|0\rangle_1|1\rangle_2 = |0\rangle_1\hat{I}_2|1\rangle_2 = |0\rangle_1|1\rangle_2 \\
\hat{G}|10\rangle &= \bigl(|0\rangle_1\langle 0|\,\hat{I}_2 \;+\; |1\rangle_1\langle 1|\,\hat{U}_2\bigr)|1\rangle_1|0\rangle_2 = |1\rangle_1\hat{U}_2|0\rangle_2 \\
\hat{G}|11\rangle &= \bigl(|0\rangle_1\langle 0|\,\hat{I}_2 \;+\; |1\rangle_1\langle 1|\,\hat{U}_2\bigr)|1\rangle_1|1\rangle_2 = |1\rangle_1\hat{U}_2|1\rangle_2
\end{aligned} \tag{7.13}$$

この動作を、次のように言葉でまとめることも可能だ。[85]

- 制御ビットが $|0\rangle_1$ ならば、ターゲットビットは「そのまま素通し」。
- 制御ビットが $|1\rangle_1$ ならば、ターゲットビットに $\hat{U}$ を作用させる。

入力が重ね合わせである場合には、それぞれの項に式 (7.13) のように作用する。

---

[85] 入力が2つの q-bit の直積状態とは限らないので、あまり正確な表現ではない。

《制御 $\hat{U}$ ゲートを導く時間発展》

制御 $\hat{U}$ ゲートを得るにはどうしたら良いだろうか? ひとつ、

- 量子状態を時間発展させる形で制御 $\hat{U}$ ゲートを与える

という例を示そう。下の式の左辺を、$\hat{I}_1 = |0\rangle_1\langle 0| + |1\rangle_1\langle 1|$ に注意しつつテイラー展開すると、右辺にまとめることができる。

$$\exp\left[-i\frac{\varphi}{2}|1\rangle_1\langle 1|\hat{\sigma}_{X2}\right] = |0\rangle_1\langle 0|\hat{I}_2 \qquad (7.14)$$
$$+ |1\rangle_1\langle 1|\left(\cos\frac{\varphi}{2}\hat{I}_2 - i\sin\frac{\varphi}{2}\hat{\sigma}_{X2}\right)$$

区別のために、式中で 2 番目の q-bit に作用する演算子には、添え字の 2 を付けておいた。左辺は式 (5.11) で考えたように「自己共役な演算子」の $-i$ 倍の「指数関数の形」で書かれているので、時間発展を引き起こす演算子とみなせる。一方で、式 (7.14) の右辺からは

- 1 番目の q-bit が $|1\rangle$ である場合のみ、2 番目の q-bit を X 軸のまわりに角度 φ だけ回転させる操作

を表していることが読み取れる。特に回転させる角度が $\varphi = \pi$ の場合、式 (7.14) は「制御 $-i\hat{\sigma}_{X2}$ ゲート」を表すことになる。

$$\exp\left[-i\frac{\pi}{2}|1\rangle_1\langle 1|\hat{\sigma}_{X2}\right] = |0\rangle_1\langle 0|\hat{I}_2 - i|1\rangle_1\langle 1|\hat{\sigma}_{X2} \qquad (7.15)$$

ついでに、式 (7.15) の左側から、1 番目の q-bit に角度 $\theta = \pi/2$ である位相ゲート (← p.104) を作用させてみよう。

$$\left(|0\rangle_1\langle 0| + i|1\rangle_1\langle 1|\right)\left(|0\rangle_1\langle 0|\hat{I}_2 - i|1\rangle_1\langle 1|\hat{\sigma}_{X2}\right)$$
$$= |0\rangle_1\langle 0|\hat{I}_2 + |1\rangle_1\langle 1|\hat{\sigma}_{X2} \qquad (7.16)$$

こうして得られた「制御 $\hat{\sigma}_{X2}$ ゲート」は重要なものなので、次の節で、もう少し詳しく調べよう。

⟪⟪ C-NOT ゲートと Toffoli ゲート ⟫⟫

制御 $\hat{U}$ ゲートのうちで、ターゲットビットに働く演算子 $\hat{U}_2$ がパウリ演算子 $\hat{\sigma}_X$ である場合を考えよう。

$$\hat{G} = |0\rangle_1\langle 0|\hat{I}_2 + |1\rangle_1\langle 1|\hat{\sigma}_{X2} \tag{7.17}$$

この演算子が表す量子ゲートを **制御 NOT ゲート**（controlled not gate）、または用語を短縮して **C-NOT ゲート** と呼ぶ。計算基底 $|00\rangle, |01\rangle, |10\rangle, |11\rangle$ への作用は

$$\hat{G}|00\rangle = |00\rangle, \quad \hat{G}|01\rangle = |01\rangle, \quad \hat{G}|10\rangle = |11\rangle, \quad \hat{G}|11\rangle = |10\rangle \tag{7.18}$$

となることが、式 (7.13) に $\hat{U} = \hat{\sigma}_X$ を代入すれば確認できるだろう。制御ビットが $|1\rangle$ の場合に、ターゲットビットを反転させるのである。[*86] 対応する回路図は、次のように描く。

```
制御ビット     ──────●──────
                     │
ターゲットビット ─────⊕──────
```

ターゲットビットに対する $\hat{\sigma}_X$ の作用は ─ $\boxed{\hat{\sigma}_X}$ ─ と書いても良いのだけれど、より単純に ─⊕─ で表す習慣になっている。

《足し算の記号》

記号 $\oplus$ は、「繰り上がりを無視した」2 進数の足し算

$$0 \oplus 0 = 0, \quad 0 \oplus 1 = 1, \quad 1 \oplus 0 = 1, \quad 1 \oplus 1 = 0 \tag{7.19}$$

を意味している。$1_{(2)} + 1_{(2)} = 10_{(2)}$ となる所の、2 桁目を取り去ってしまった計算なのだ。計算基底を使って考える限り、C-NOT は入力された制御ビットとターゲットビットの足し算 $\oplus$ を行い、ターゲットビットに出力するものだと、表現しても良いだろう。

[*86] 繰り返しになるけれども、「制御ビットが $|1\rangle$ の場合に」という書き方は、厳密さを欠いているものだ。入力は 2 つあって、その間がエンタングルしていれば、何をもって「$|1\rangle$ の場合」と呼べば良いか、微妙な所があるからだ。

式 (7.18) を眺めると、制御ビットは C-NOT ゲートを素通りして、「初期状態がそのまま出力される」ように見える。しかし、この直感は、あまり正しくない。反例をあげよう。制御ビットが $|+\rangle_1$、ターゲットビットが $|-\rangle_2$ である場合に、C-NOT ゲートの作用を計算すると、次の結果を得る。

$$\hat{G}|+-\rangle = \Big(|0\rangle_1\langle 0|\hat{I}_2 + |1\rangle_1\langle 1|\hat{\sigma}_{X2}\Big)\frac{|0\rangle_1 + |1\rangle_1}{\sqrt{2}}\frac{|0\rangle_2 - |1\rangle_2}{\sqrt{2}}$$

$$= |0\rangle_1\hat{I}_2\Big(\frac{|0\rangle_2 - |1\rangle_2}{2}\Big) + |1\rangle_1\hat{\sigma}_{X2}\Big(\frac{|0\rangle_2 - |1\rangle_2}{2}\Big)$$

$$= \frac{1}{2}|0\rangle_1\big(|0\rangle_2 - |1\rangle_2\big) + \frac{1}{2}|1\rangle_1\big(|1\rangle_2 - |0\rangle_2\big)$$

$$= \frac{|0\rangle_1 - |1\rangle_1}{\sqrt{2}}\frac{|0\rangle_2 - |1\rangle_2}{\sqrt{2}} = |-\rangle_1|-\rangle_2 = |--\rangle \qquad (7.20)$$

この場合、制御ビットが $|+\rangle_1$ から $|-\rangle_1$ に変化して、ターゲットビットは $|-\rangle_2$ のまま変化しない。式 (7.18) とは、変化する側が異なるわけだ。ただ、ここで持ち出した例は入力・出力ともに **直積状態** であるという、実は「かなり変わった例」であり、一般的には C-NOT への入力が直積であるとは限らないし、C-NOT からの出力が直積で書けるとも限らない。

ベル状態を作る

C-NOT が、直積状態をエンタングルした状態に変換する例を見てみよう。入力する状態を、直積状態 $|+\rangle_1|0\rangle_2 = |+0\rangle$ に選ぶのだ。C-NOT ゲートを「通ったあと」に得られるものは何だろうか？

$$\hat{G}|+0\rangle = \Big(|0\rangle_1\langle 0|\hat{I}_2 + |1\rangle_1\langle 1|\hat{\sigma}_{X2}\Big)\frac{|0\rangle_1 + |1\rangle_1}{\sqrt{2}}|0\rangle_2$$

$$= |0\rangle_1\hat{I}_2\frac{|0\rangle_2}{\sqrt{2}} + |1\rangle_1\hat{\sigma}_{X2}\frac{|0\rangle_2}{\sqrt{2}}$$

$$= \frac{1}{\sqrt{2}}|0\rangle_1|0\rangle_2 + \frac{1}{\sqrt{2}}|1\rangle_1|1\rangle_2 = \frac{1}{\sqrt{2}}\big(|00\rangle + |11\rangle\big) \qquad (7.21)$$

右辺は、「どう煮ても焼いても」直積状態にはならない、ベル状態 (式 (4.16) 参照) のひとつだ。回路図でも示しておこう。

第 7 章　量子ゲートと量子回路　115

```
|+⟩ ──────●──────
          │
|0⟩ ──────⊕──────     出力はベル状態
```

いま描いた回路図を少し拡張すると、GHZ 状態も得ることができる。下図の回路に $|+00\rangle$ を入力すると、出力は 3 桁の GHZ 状態 $\dfrac{|000\rangle + |111\rangle}{\sqrt{2}}$ となる。確認してみると良いだろう。

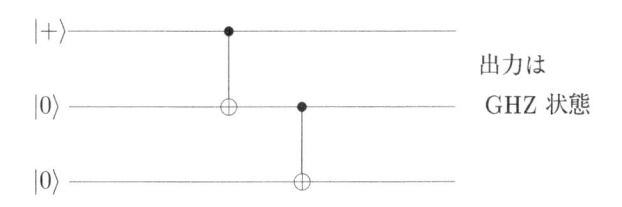

```
|+⟩ ──────●───────────
          │
|0⟩ ──────⊕─────●─────      出力は
                │           GHZ 状態
|0⟩ ────────────⊕─────
```

Toffoli ゲート

C-NOT ゲートを少し拡張した Toffoli（トフォリ）ゲートも、量子コンピューターの回路図にはよく出て来る。[*87] これは 3 本の入力と 3 本の出力を持つ量子ゲートで、この 3 本はそれぞれ

- 「2 本組み」の制御ビットと、一本のターゲットビット

に分けて考える。これに対応して考える演算子は、

- 制御ビットに働く射影演算子 $|00\rangle\langle 00|, |01\rangle\langle 01|, |10\rangle\langle 10|, |11\rangle\langle 11|$
- ターゲットビットに働く $\hat{I}_3$ あるいは $\hat{\sigma}_{X3}$

で、Toffoli ゲートの作用は次のように表される。

$$\hat{G} = |00\rangle\langle 00|\hat{I}_3 + |01\rangle\langle 01|\hat{I}_3 + |10\rangle\langle 10|\hat{I}_3 + |11\rangle\langle 11|\hat{\sigma}_{X3} \tag{7.22}$$

2 つの制御ビットが $|11\rangle$ の場合、データビットを反転させる働きを持つ訳だ。

[*87] ... と書いたけれども、この本の中では、Tofolli ゲートが出てくるのは、これ限りだ。

回路図としては、次のように描くことになっている。

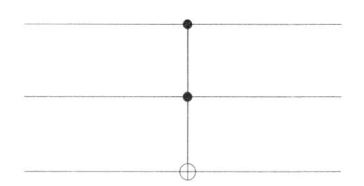

さて、証明も説明も抜きだけれども、Toffoli ゲートは **万能性** と呼ばれる性質を持っている。**古典コンピューターであれば** どんな回路でも、この Toffoli ゲートだけを組み合わせて造り上げることが、原理的には可能なのだ。

... ただし、「可能である」ということは、あまり本気に受け取らない方が良い。場合によっては、バカバカしいほど数多くの Toffoli ゲートを使う必要が出て来るからだ。「原理的には」という文句は、こんな苦しい場合の言い訳文句としてよく使われる。

〈〈〈 数学の記号の小部屋 〉〉〉

C-NOT ゲートや Toffoli ゲートで導入した記号 $\oplus$ は式 (7.19) のように「繰り上がりを考えない 2 進数の足し算」を表していた。例えば 4 桁の足し算 $1001_{(2)} + 0011_{(2)} = 1100_{(2)}$ の「ひと桁目だけ」を抜き出すと、$1 \oplus 1 = 0$ になっている。

$$***1_{(2)} + ***1_{(2)} = ***0_{(2)} \tag{7.23}$$

この $\oplus$ は、古典コンピューターの世界で

- **排他論理和**(はいたろんりわ) とか **XOR**(えっくすおあ) と呼ばれて来たもの

である。この $\oplus$ のように、計算の — 特に古典計算の — 論理を表すには便利な **数学記号** が他にもあるので、これを機会に (?!) まとめて覚えることにしよう。

否定

論理否定 とか、単に **否定** とか、NOT と呼ばれる、0 と 1 を反転する記号があって、「反転したい部分」の上に横線を引く。

$$\bar{0} = 1, \qquad \bar{1} = 0 \tag{7.24}$$

p.103 で既に考えたように、演算子 $\hat{\sigma}_\mathrm{X}$ は $\hat{\sigma}_\mathrm{X}|0\rangle = |1\rangle$, $\hat{\sigma}_\mathrm{X}|1\rangle = |0\rangle$ という作用をするので、1 桁の計算基底に NOT として働くともみなせる。

論理積と論理和

"&" という記号、あるいは "·" で表される次の計算 (∼ 演算) もある。

$$0 \,\&\, 0 = 0, \quad 0 \,\&\, 1 = 0, \quad 1 \,\&\, 0 = 0, \quad 1 \,\&\, 1 = 1 \tag{7.25}$$

これは記号 & の左右にある数の「かけ算」を表すもので、**論理積** または AND と呼ばれるものだ。これは、排他論理和で無視した **繰り上がりの桁** を与えることにも注意しよう。続いて、記号 "|" で表される **論理和** または OR と呼ばれる計算も紹介しておこう。[88]

$$0 \,|\, 0 = 0, \quad 0 \,|\, 1 = 1, \quad 1 \,|\, 0 = 1, \quad 1 \,|\, 1 = 1 \tag{7.26}$$

【計算演習】

$(a \oplus b) \oplus (a \,\&\, b)$ が $a \,|\, b$ と等しいことを示しなさい。 ↓答え↓

$(0 \oplus 0) \oplus (0 \,\&\, 0) = 0 \oplus 0 = 0, (0 \oplus 1) \oplus (0 \,\&\, 1) = 1 \oplus 0 = 1,$
$(1 \oplus 0) \oplus (1 \,\&\, 0) = 1 \oplus 0 = 1, (1 \oplus 1) \oplus (1 \,\&\, 1) = 0 \oplus 1 = 1$

以上に述べた AND, OR, NOT, XOR は、古典コンピューターで扱われて来た **論理演算** の例で、計算基底に対する作用を通じて、量子コンピューターにも同じ概念を導入することができる。

古典コンピューターは、(効率のことを度外視して述べるならば) AND, OR, NOT, XOR などを組み合わせた **論理回路** によって構成されている。そう述べて、現在の「ふつうの計算機」の仕組みを **全て語ったこと** にしよう。さて、おおよそこの本の半分に到達した所で、量子コンピューターの理解に必要な基礎はおおよそ

---

[88] 普通の饅頭 "0" と、毒の入った饅頭 "1" があって、2 個食べた時に「何も起きない」か「毒にあたる」かを表すのが論理和だ、そんな説明もアリだろう。

会得した。これから先は、応用と、更に進んだ (?!) 知識を学んで行こう。

> 《量子回路と測定だけで、どんな量子コンピューターでも作れるの?》
>
> ... これは難しい質問だ。原理的には「作れる」と答えるべきだろう。しかし、我々が日常的に使っている古典コンピューターでも、回路の他に
>
> - メモリーやディスクのような補助的な装置
>
> が沢山必要となるから、現実的な意味では、たぶん、「色々と他にも必要となりますよ」と答えておくべきなのだろう。
>
> 古典コンピューターには、**チューリングマシン** という動作原理のモデルがある。メモリーなどの **記憶装置** の存在を仮定しておいて、コンピューターの回路をどれくらい単純にできるか、突き詰めたものだ。これは実に素朴な、オモチャのようなモデルだけれども、
>
> - どんなプログラムでも実行可能な **万能計算機**
>
> なのである。(... 万能? なのである ...) 古典コンピューターでは、チューリングマシンまでの単純化が可能だ。
>
> チューリングマシンに、量子力学の知識を詰め込んだ **量子チューリングマシン** というものも、既に考えられている。「量子コンピューターの簡潔なモデル」として、名前だけでも覚えておくと良いだろう。(なお、世の中には、こんな「万能計算機」を使っても、判定できない数学的な問題も、山ほど存在する。「万能」とは、名前に偽りアリ、かもしれない。)

第8章　量子テレポーテーション

「**通信**」が、コンピューターの世界で重要であることは言うまでもない。電子メールが届くのも、パソコンや携帯端末で色々な情報を閲覧できるのも、通信あってのことだ。(近い将来に目にするであろう?!) 量子コンピューターの世界でも同じように、q-bit で表される **量子情報** を送り届けることが、最も基本的な技術となる... だろう。[*89] そういう訳もあって、1つの q-bit について、

- ある状態 $|\psi\rangle = \alpha|0\rangle + \beta|1\rangle$ を、ある利用者 (または場所) A から、別の利用者 (または場所) B に、(量子回路を使って?!)「送り届ける」問題

を考えてみよう。(無理矢理、図に描いてみる↓↓)

$$\boxed{\text{利用者 A}} \quad \rangle\!\rangle\!\rangle\!\rangle \; |\psi\rangle \; \rangle\!\rangle\!\rangle\!\rangle\!\rangle \quad \boxed{\text{利用者 B}}$$

この問題の設定では、利用者 A と利用者 B が $|\psi\rangle$ について「何かを知っているかどうか」は問わないことにする。また、$|\psi\rangle$ がどんな状態であっても、つまり

- 係数 α と係数 β がどのような値であったとしても

利用者 A から利用者 B へと、状態を送り届けられる方法を考えることにしよう。量子コンピューターを用いる場合には、このように「考える問題の条件」を、ウルサイくらい細かく定めてから、問題解決へと進む。[*90]

[*89] 「量子情報」とは何か、この本ではあまり掘り下げないけれども、おおよその意味は「量子状態に含まれている、あるいは含めることのできる情報」だと言える。

[*90] 注意深く条件を与えておかないと、「問題にすらならない」ような、馬鹿げた思考の迷路に迷い込んでしまう危険に満ちているのだ。用心しておこう。

《アリスとボブ》

　利用者 A から利用者 B へ —— と「無味乾燥な書き方」では面白味がないので、量子コンピューターの世界では、よくアリス (**Alice**) からボブ (**Bob**) へという表現を使う。

$$\boxed{\text{アリス A}}^{\text{Alice}} \ \rangle\rangle\rangle\rangle\ |\psi\rangle\ \rangle\rangle\rangle\rangle\rangle\ \boxed{\text{ボブ B}}^{\text{Bob}}$$

それより沢山の場所が登場する場合は、順に C チャーリー 又は キャロル、D ディヴ、E エレン、F フランク と続ける。但し、悪意を持った攻撃者や、盗聴者は イヴ と呼ぶのが普通だ。楽園でリンゴを食べてしまったからか、というのがもっぱらの説なのだけれども ...

《《《 コピーはできない 》》》

　アリス (=利用者 A) からボブ (=利用者 B) へと、状態 $|\psi\rangle = \alpha|0\rangle + \beta|1\rangle$ を送り届ける確実な方法は

- アリスが $|\psi\rangle$ を「箱に詰めて」、その箱を誰かがボブに送る

ことだろう。箱詰めした状態 $|\psi\rangle$ を移動する際に、「箱をガタガタ揺らしたりして」状態が別のものに変化するような、そんなヘマをやらかさない限り、確かにボブのもとへと $|\psi\rangle$ が届く。この「情報の運搬作業」を行うと、アリスがボブに向かって箱を送り出したその時点で、アリスの手元から $|\psi\rangle$ が失われてしまう。アリスが用心深いならば、$|\psi\rangle$ を手元に残したまま、ボブへと $|\psi\rangle$ のコピー を送り出そうとするだろう。

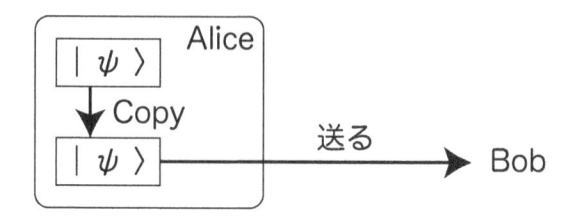

仮に、このコピーが可能であるとしようか。アリスが最初から持っている状態 $|\psi\rangle$ は「区別のため」に添え字を付けて、$|\psi\rangle_1$ と表そう。アリスが試みるのは、次のような作業だ。

- 状態 $|\psi\rangle_1 = \alpha |0\rangle_1 + \beta |1\rangle_1$ と、全く同じ「重ね合わせの係数」を持つ状態 $|\psi\rangle_2 = \alpha |0\rangle_2 + \beta |1\rangle_2$ を作りだす **コピー作業**

あるいは、次の直積状態を 得ようとジタバタする、と表現しても良い。

$$|\psi\rangle_1 |\psi\rangle_2 = (\alpha |0\rangle_1 + \beta |1\rangle_1)(\alpha |0\rangle_2 + \beta |1\rangle_2) \tag{8.1}$$

この作業が可能であれば、コピーである $|\psi\rangle_2$ の方を箱詰めして、ボブに送り届ければ、転送は完了する。こんな **コピー操作** は存在するのだろうか?

「試験問題のコピー」などを「コピーマシン」でコピーする時には、まず何も印刷されていない「白紙」を用意する必要がある。同じように考えると、まず「白紙」に対応する状態、例えば $|0\rangle_2$ があって、

- コピー前の状態 $|\psi\rangle_1 |0\rangle_2$ を、コピー後の $|\psi\rangle_1 |\psi\rangle_2$ に変換する

... そんな「定まった量子操作」が存在するか、しないか、という問題を、いまここで考えていることになる。[*91]

C-NOT ではダメ

まず、古典的石頭思考 (?!) に頼ると、式 (7.17) で与えた C-NOT ゲート $\hat{G}$ が、コピー操作を表しているような気がする。例えば、$\hat{G} |0\rangle_1 |0\rangle_2 = |0\rangle_1 |0\rangle_2$ と $\hat{G} |1\rangle_1 |0\rangle_2 = |1\rangle_1 |1\rangle_2$ が成立するからだ。($\hat{G}$ が2つの q-bit に作用することを、思い出しただろうか。) この関係だけを見ると、C-NOT ゲートは

- $|0\rangle_1$ が与えられたならば「コピー用紙」$|0\rangle_2$ を $|0\rangle_2$ のままとし、
- $|1\rangle_1$ が与えられたならば「コピー用紙」$|0\rangle_2$ を $|1\rangle_2$ へと反転する

働きを持っていて、操作の結果として得られる終状態は「ぞろ目の」直積状態

[*91] コピー用紙の状態は、$|1\rangle_2$ を選ぼうと、「$|0\rangle_2$ と $|1\rangle_2$ の重ね合わせ」を選ぼうと、どのように準備しても良いのだけれども、問題設定を「一般性を失わないよう」簡潔にする目的で、特に $|0\rangle_2$ を選んだ。要点は、$|\psi\rangle$ に関係なく、常に同じ状態を「白紙」として用意することだ。

$|0\rangle_1|0\rangle_2$ または $|1\rangle_1|1\rangle_2$ になっている。ここまでは、「コピー操作の条件」として定めておいた式 (8.1) を満たしている。この事情を回路図にも描いて、確認しておこう。

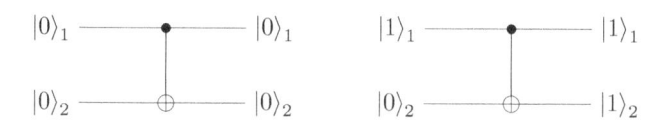

しかし、いつもいつも、そう上手く行くとは限らない。与えられた状態が、重ね合わせ $|\psi\rangle_1 = \alpha|0\rangle_1 + \beta|1\rangle_1$ である場合を考えると、C-NOT ゲートは次のように状態を変化させる。

$$\hat{G}\left(\alpha|0\rangle_1 + \beta|1\rangle_1\right)|0\rangle_2 = \alpha\hat{G}|0\rangle_1|0\rangle_2 + \beta\hat{G}|1\rangle_1|0\rangle_2$$
$$= \alpha|0\rangle_1|0\rangle_2 + \beta|1\rangle_1|1\rangle_2 \qquad (8.2)$$

こうして得られた終状態 $\alpha|0\rangle_1|0\rangle_2 + \beta|1\rangle_1|1\rangle_2$ は、α あるいは β がゼロである場合を除いて、式 (8.1) で表される直積状態ではない。要するに、C-NOT ゲートは「与えられた任意の状態を複製するような、コピーマシンとしては働かない」わけである。

どう工夫してもダメ

C-NOT がダメでも、他のユニタリー操作 $\hat{U}$ を適当に持って来れば、

$$\hat{U}|\psi\rangle_1|0\rangle_2 = \hat{U}\left(\alpha|0\rangle_1 + \beta|1\rangle_1\right)|0\rangle_2 = \alpha\hat{U}|0\rangle_1|0\rangle_2 + \beta\hat{U}|1\rangle_1|0\rangle_2$$
$$= ??? = \left(\alpha|0\rangle_1 + \beta|1\rangle_1\right)\left(\alpha|0\rangle_2 + \beta|1\rangle_2\right) = |\psi\rangle_1|\psi\rangle_2 \qquad (8.3)$$

という変換ができるんじゃぁないじゃろ〜か？ — このように邪推 (?!) してみるのも楽しい。仮にそんな $\hat{U}$ の存在を仮定しておこう。[*92] ひとたび式 (8.3) のコピー作業が終わったならば、今度は $|\psi\rangle_1$ とは異なる状態 $|\phi\rangle_1$ を用意して、もう一度コピーしよう。コピー操作 $\hat{U}$ を作用させると、次のような関係も成立するはずだ。

[*92] 「仮に … としよう」という言葉が出てくると、大抵の場合、その後に続くのは「矛盾を示す」ことによる **背理法** を使った証明だ。

$$\hat{U}|\phi\rangle_1|0\rangle_2 = \hat{U}\left(\alpha'|0\rangle_1 + \beta'|1\rangle_1\right)|0\rangle_2$$
$$= \left(\alpha'|0\rangle_1 + \beta'|1\rangle_1\right)\left(\alpha'|0\rangle_2 + \beta'|1\rangle_2\right) = |\phi\rangle_1|\phi\rangle_2 \qquad (8.4)$$

実は、2つの式 (8.3) と (8.4) が **両立しないこと** は、容易に証明できてしまう。左辺同士、つまり $\hat{U}|\psi\rangle_1|0\rangle_2$ と $\hat{U}|\phi\rangle_1|0\rangle_2$ の内積は、ユニタリー性 $\hat{U}^\dagger \hat{U} = \hat{U}^{-1}\hat{U} = \hat{I}$ を思い出すと (←式 (7.4) 参照)

$$_2\langle 0|_1\langle \psi|\hat{U}^\dagger \hat{U}|\phi\rangle_1|0\rangle_2 = \left(_2\langle 0|_1\langle \psi|\right)\left(|\phi\rangle_1|0\rangle_2\right)$$
$$= {_2\langle 0|0\rangle_2} \; {_1\langle \psi|\phi\rangle_1} = {_1\langle \psi|\phi\rangle_1} \qquad (8.5)$$

と、求められる。一方で、右辺同士、つまり $|\psi\rangle_1|\psi\rangle_2$ と $|\phi\rangle_1|\phi\rangle_2$ の内積は、

$$\left(_2\langle \psi|_1\langle \psi|\right)\left(|\phi\rangle_1|\phi\rangle_2\right) = {_2\langle \psi|\phi\rangle_2} \; {_1\langle \psi|\phi\rangle_1} \qquad (8.6)$$

である。従って、もし式 (8.3) と式 (8.4) が両立するならば

$$_1\langle \psi|\phi\rangle_1 = {_2\langle \psi|\phi\rangle_2} \; {_1\langle \psi|\phi\rangle_1} \qquad (8.7)$$

が常に成立していなければならない。ここで、$_1\langle \psi|\phi\rangle_1 = {_2\langle \psi|\phi\rangle_2}$ に気づけば、上の式は $_1\langle \psi|\phi\rangle_1 = \left(_1\langle \psi|\phi\rangle_1\right)^2$ を意味していることがわかる。つまり、$_1\langle \psi|\phi\rangle_1$ の値は、0 または 1 であることが導かれる。しかし、内積 $_1\langle \psi|\phi\rangle_1$ が 0 でも 1 でもないように状態 $|\psi\rangle_1$ と $|\phi\rangle_1$ を選ぶことができるので、式 (8.7) は正しくない関係式だ。結局のところ、最初の仮定である式 (8.3) が「間違った関係式」であったわけだ。

《No Cloning Theorem》

どのような量子状態 $|\psi\rangle_1$ が与えられても、その「忠実な」コピー $|\psi\rangle_2$ を作り出すようなコピー操作は実現できない。いま証明した、この事実は「ノー・クローニング定理」と呼ばれる。(生物学でよく使われるクローニング — 全く同じ遺伝子を持つ動物の複製 — という用語を借りて来たのだ。) 証明の部分では、$|\psi\rangle_1$ が 1 つの q-bit であるとは限定していないので、複数の q-bit を含む状態を考えた場合でも、その忠実な複製を作り出す、一般的なコピー操作は存在しないことがわかる。

以上のような理由で、「コピーを作ろう」という **アリスの野望** は実現し得ないのだということがわかる。状態をアリスからボブへと送り届けるならば、どう工夫しても、もとの状態をアリスの手元に保持しておくことはできないのだ。

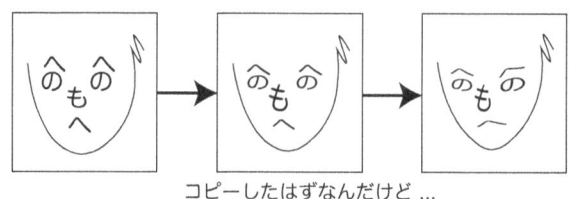

コピーしたはずなんだけど...

《ボケたコピー》

ノー・クローニング定理を読むと、コピーは不可能なんだ...と思ってしまうかもしれない。でも、世の中にコピーマシンは幾らでもあるし、細胞が分裂する時には遺伝子もコピーされる。このような、世の中で行われているコピー作業は「忠実ではない」、つまり

- 量子力学的には、元のものと全く同じではない、不完全なコピー

を作り出しているのだ。「量子力学的には」という断り書きを入れてあることに注意しておこう。元のものから少しくらい違っていても、「コピーとしては用が足りる」のが普通だ。

まあ、コピーができる、できない、という問題は状態 $|\psi\rangle$ の送受信とは、直接的には関係のないことだ。[*93]確実な「量子状態の伝送」の方法はというと、それは既に述べたように、アリスの手元にある状態 $|\psi\rangle$ を「箱に詰め込んで」、その箱をボブの所に送り届けることだ。ここで「箱」と呼んでいるものは、それが本当に箱であっても良いし、

- 光ファイバーのように、量子状態を壊さずに光で運ぶ道具

であっても良い。これで問題解決、もう議論はおしまい...と、割り切ってしまうだけでは面白くない。

[*93] 実はコピーができないという事実は、後で **量子暗号** を考える時に重要になって来る。

《《《 電話で状態を送り届ける 》》》

実は、予めアリスとボブが「ベル状態」を **共有している** ならば、という前提があるのだけれども、箱なんか考えずに状態 $|\psi\rangle$ をアリスからボブへと「電話で」送り届ける方法、人呼んで (?!) **量子テレポーテーション** がある。[*94] ... 電話って何のことだ?!

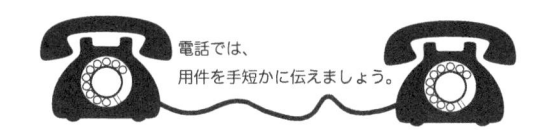

《古典通信》

いま日常的に使われている「ふつうの情報機器」の間の、電線や光ファイバーを使った通信を、量子コンピューターの業界では **古典通信** と呼ぶ。アリスとボブの間の「電話による通話」もまた、古典通信のひとつだ。一方で、$|\psi\rangle$ を詰めた箱を運ぶように、通信に量子力学が直接的に関係している場合、それを **量子通信** と呼ぶ。

さて、アリスとボブの間での「電話を使った状態送信」について、まずは **素朴な想像** を巡らせてみよう。アリスの手元に $|\psi\rangle$ がある場合に、例えば射影演算子 $\hat{M}_0 = |0\rangle\langle 0|$ と $\hat{M}_1 = |1\rangle\langle 1|$ の組による測定を使って、こんな手順で通信してみればどうだろうか?

|間違った手順|

- アリスが状態 $|\psi\rangle$ を測定して、その結果をボブに電話で伝える。

一見すると何となく「もっともらしい」通信の手順に見えるけれども、明らかにこの手順は間違っている。$|\psi\rangle = \alpha|0\rangle + \beta|1\rangle$ であったから、アリスが状態 $|\psi\rangle$ を測定すると $|\alpha|^2$ の確率で $|0\rangle$ を得て、$|\beta|^2$ の確率で $|1\rangle$ を得る。その時点で、もとの状態 $|\psi\rangle$ は影も形もなくなっているし、結果をアリスからボブへと

[*94] 「東京テレポート駅」という名前の電車の駅がある。(← 2015 年現在) どこへ瞬間移動できるんだろうか?

- 「$|0\rangle$ が測定されたよ」とか、「$|1\rangle$ が測定されたよ」と、電話で伝えること (=古典通信)

には何の意味もない。知らせを受けたボブが、手元で $|0\rangle$ や $|1\rangle$ を作るだけでは、元の $|\psi\rangle = \alpha |0\rangle + \beta |1\rangle$ を得ることができないからだ。

ベル状態の共有

... このように考えてみると、「電話だけ」を使ってアリスからボブへと $|\psi\rangle$ を送り届けることは、絶望的であることがわかる。もうひと工夫必要なのだ。そこで新たに用意するのが、アリスが持っている $|\psi\rangle$ とは **独立に用意した** ベル状態 (のひとつ) である。[*95]

$$|\Phi^+\rangle = \frac{1}{\sqrt{2}} \left(|0\rangle_A |0\rangle_B + |1\rangle_A |1\rangle_B \right) \tag{8.8}$$

式の説明をまず行おう。しばらく前に、式 (7.21) で示したように、ベル状態 $\frac{1}{\sqrt{2}} \left(|00\rangle + |11\rangle \right)$ は C-NOT ゲート $\hat{G}$ を使って簡単に作り出すことができる。「どこかで作った」このベル状態について

- その「左側の桁」をアリスに、「右側の桁」をボブに配る

という、「配る作業」を行っておくのだ。この作業を通じて、

- ベル状態の「半分ずつ」をアリスとボブが持つ (〜 ベル状態の共有)

ことになるので、式 (8.8) ではベル状態に含まれる $|00\rangle$ を $|0\rangle_A |0\rangle_B$ と、$|11\rangle$ を $|1\rangle_A |1\rangle_B$ と、添え字を付けて書いてあるわけだ。

> 《量子乱数を思い出そう》
>
> このベル状態 $|\Phi^+\rangle$ に対して、$\hat{M}_0 = |0\rangle_A \langle 0|$ と $\hat{M}_1 = |1\rangle_A \langle 1|$ で表される量子測定をアリスが行うと、0 か 1 のいずれかがランダムに得られ、その結果はボブも **瞬時に共有する** のであった。(**量子乱数** の共有)

[*95] 実は、4つあるベル状態のどれを使ってもかまわない。また、より一般的に「最大限にエンタングルした」状態を使うこともできる。ここで $|\Phi\rangle^+$ を使うのは、単に幾つかの数式の係数が単純になるからだ。

第8章 量子テレポーテーション

　ベル状態を半分に分けて配る作業は「量子通信」の一種だけれども、アリスが手にしている $|\psi\rangle$ がボブに送られるわけではない。全体を見渡すと、アリスの持つ $|\psi\rangle$ と、アリスとボブに配ったベル状態 $|\Phi^+\rangle$ が独立に並んだ、次の **直積状態** が存在しているだけだ。

$$|\psi\rangle|\Phi^+\rangle = \left(\alpha|0\rangle + \beta|1\rangle\right)\frac{1}{\sqrt{2}}\left(|0\rangle_A|0\rangle_B + |1\rangle_A|1\rangle_B\right) \qquad (8.9)$$

$$= \frac{1}{\sqrt{2}}\left(\alpha|0\rangle|0\rangle_A|0\rangle_B + \alpha|0\rangle|1\rangle_A|1\rangle_B + \beta|1\rangle|0\rangle_A|0\rangle_B + \beta|1\rangle|1\rangle_A|1\rangle_B\right)$$

後の計算がやり易いように、2 行目には展開した式を書いておいた。誤解が生じないように計算基底の並び順は、以下しばらく次の順に固定する。

- アリスの手元にある $|\psi\rangle$ を表すための $|0\rangle$ と $|1\rangle$
- アリスに配ったベル状態 (の半分) を表すための $|0\rangle_A$ と $|1\rangle_A$
- ボブに配ったベル状態 (の半分) を表すための $|0\rangle_B$ と $|1\rangle_B$

式 (8.9) の直積状態に対して、次の量子回路に示した作業を順に行うと、不思議なことに $|\psi\rangle$ をアリスからボブへと伝えられるのである。左から右へと、C-NOT ゲートがあって、アダマール・ゲートがあって、測定をして ...

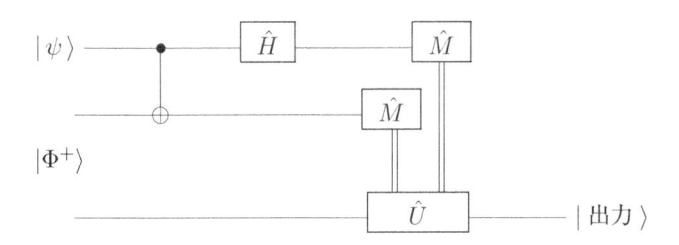

……回路図に対応する量子操作は、ボチボチ説明して行こう。「不思議なことに」と表現した理由も少し説明しておこうか。この回路図に含まれる操作は、

- アリスの側だけ、ボブの側だけの「局所的な」量子操作の幾つか
- アリスからボブへの (電話などによる) 古典通信

だけであって、アリスとボブの「両側にまたがる」量子操作はどこにもない。相

変わらず、両者は「電話線一本で」連絡を取るしかないのだ。こんな貧弱な環境の下で、どうやって $|\psi\rangle$ をボブへと送り届けられるのだろうか？ その手順は大別すると 4 段階に分けられるので、それぞれの操作に伴う状態の変化を、1 段階ずつ検証して行こう。

手順1：C-NOT

まずアリスが、手持ちの $|\psi\rangle$ と「ベル状態の配られた片割れ」に対して、C-NOT ゲート $\hat{G}$ を作用させる。この際、制御ビット側には $|\psi\rangle$ を入力する。従って、計算基底への C-NOT の作用は次のように与えられ、

$$\hat{G}|0\rangle|0\rangle_A = |0\rangle|0\rangle_A, \qquad \hat{G}|0\rangle|1\rangle_A = |0\rangle|1\rangle_A,$$
$$\hat{G}|1\rangle|0\rangle_A = |1\rangle|1\rangle_A, \qquad \hat{G}|1\rangle|1\rangle_A = |1\rangle|0\rangle_A, \tag{8.10}$$

アリス側での $\hat{G}$ の操作の後には、全体の状態が次のように「(簡単な) 直積では書けない状態」へと変化することがわかる。(式 (8.9) を代入した。)

$$\hat{G}\bigl[|\psi\rangle|\Phi^+\rangle\bigr] \tag{8.11}$$
$$= \frac{\hat{G}}{\sqrt{2}}\Bigl(\alpha|0\rangle|0\rangle_A|0\rangle_B + \alpha|0\rangle|1\rangle_A|1\rangle_B + \beta|1\rangle|0\rangle_A|0\rangle_B + \beta|1\rangle|1\rangle_A|1\rangle_B\Bigr)$$
$$= \frac{1}{\sqrt{2}}\Bigl(\alpha|0\rangle|0\rangle_A|0\rangle_B + \alpha|0\rangle|1\rangle_A|1\rangle_B + \beta|1\rangle|1\rangle_A|0\rangle_B + \beta|1\rangle|0\rangle_A|1\rangle_B\Bigr)$$

この操作が、アリス側だけで行われた事実に、注意しておこう。最初に用意したベル状態 $|\Phi^+\rangle$ が「アリスとボブを結びつけている」結果として、このアリス側の操作が「全体の状態」に変化を引き起こしたのだ。

手順2：アダマール変換

つぎにアリスは、C-NOT の制御ビット側の「出力」に対して、アダマール・ゲート $\hat{H}$ を作用させる。(式 (5.50)-(5.52) 参照) $\hat{H}$ の計算基底に対する作用 $\hat{H}|0\rangle = \frac{1}{\sqrt{2}}\bigl(|0\rangle + |1\rangle\bigr)$ と $\hat{H}|1\rangle = \frac{1}{\sqrt{2}}\bigl(|0\rangle - |1\rangle\bigr)$ に注意して計算を進めよう。少し地道な計算になる。

$$\frac{1}{\sqrt{2}} \alpha \left(\hat{H} |0\rangle\right) |0\rangle_A |0\rangle_B + \frac{1}{\sqrt{2}} \alpha \left(\hat{H} |0\rangle\right) |1\rangle_A |1\rangle_B \tag{8.12}$$
$$+ \frac{1}{\sqrt{2}} \beta \left(\hat{H} |1\rangle\right) |1\rangle_A |0\rangle_B + \frac{1}{\sqrt{2}} \beta \left(\hat{H} |1\rangle\right) |0\rangle_A |1\rangle_B$$
$$= \frac{1}{2} \alpha \left(|0\rangle + |1\rangle\right) |0\rangle_A |0\rangle_B + \frac{1}{2} \alpha \left(|0\rangle + |1\rangle\right) |1\rangle_A |1\rangle_B$$
$$+ \frac{1}{2} \beta \left(|0\rangle - |1\rangle\right) |1\rangle_A |0\rangle_B + \frac{1}{2} \beta \left(|0\rangle - |1\rangle\right) |0\rangle_A |1\rangle_B$$
$$= \frac{1}{2} |0\rangle |0\rangle_A \left(\alpha |0\rangle_B + \beta |1\rangle_B\right) + \frac{1}{2} |0\rangle |1\rangle_A \left(\alpha |1\rangle_B + \beta |0\rangle_B\right)$$
$$+ \frac{1}{2} |1\rangle |0\rangle_A \left(\alpha |0\rangle_B - \beta |1\rangle_B\right) + \frac{1}{2} |1\rangle |1\rangle_A \left(\alpha |1\rangle_B - \beta |0\rangle_B\right)$$

この式変形では、途中で 8 項に展開してから、$|0\rangle |0\rangle_A, |0\rangle |1\rangle_A, |1\rangle |0\rangle_A, |1\rangle |1\rangle_A$ について、まとめなおした。いま示した量子操作も、アリス側だけで行われるものだ。

手順3：測定と古典通信

(a) アリス側で、アダマール・ゲートからの出力に対して、演算子 $|0\rangle\langle 0|$ と $|1\rangle\langle 1|$ の組に対応する射影測定を行う。測定の結果としては 0 か 1 が、ある確率で得られる ── この確率は、後で計算しよう。

(b) 同じようにアリス側で、C-NOT ゲートのターゲットビットの出力についても、演算子 $|0\rangle_A\langle 0|$ と $|1\rangle_A\langle 1|$ の組に対応する射影測定を行う。測定の結果としては 0_A か 1_A が、ある確率で得られる ── この確率も、後で計算しよう。

── 2つの測定 (a), (b) は、どちらを先に行っても良い。測定結果をまとめると、それは $00_A, 01_A, 10_A, 11_A$ のいずれかとなる。そして、

- アリスはボブに、この測定結果を電話で伝える。

この手順3で述べた作業は、測定にしても、電話による古典通信にしても、量子状態に対するユニタリー操作ではないことに注目しよう。また、アリスが測定 (a), (b) を行うと、**その瞬間に**系全体の状態が「測定後の終状態」に変化してしまう。これはもちろん非可逆変化だ。ともかく、測定結果と終状態の対

応をまとめておこう。

$$測定結果：(00_A) \to 終状態：|0\rangle|0\rangle_A(\alpha|0\rangle_B + \beta|1\rangle_B)$$
$$測定結果：(01_A) \to 終状態：|0\rangle|1\rangle_A(\alpha|1\rangle_B + \beta|0\rangle_B)$$
$$測定結果：(10_A) \to 終状態：|1\rangle|0\rangle_A(\alpha|0\rangle_B - \beta|1\rangle_B)$$
$$測定結果：(11_A) \to 終状態：|1\rangle|1\rangle_A(\alpha|1\rangle_B - \beta|0\rangle_B) \quad (8.13)$$

このように終状態は、いずれも直積状態であることがわかる。例えば測定結果 00_A に対応する終状態は、

- アリス側の状態 $|0\rangle|0\rangle_A$ と、ボブ側の状態 $\alpha|0\rangle_B + \beta|1\rangle_B$ の直積

で表されている。驚いただろうか?!*[96] ボブが持っている $\alpha|0\rangle_B + \beta|1\rangle_B$ は、「手順1に入る前」に、アリスが持っていた状態 $|\psi\rangle = \alpha|0\rangle + \beta|1\rangle$ と全く同じ重ね合わせの係数を持つ状態、つまり「同じ量子状態」なのである。

《瞬間移動》

テレポーテーションという言葉は、ある地点から何かが「瞬間的に」別の地点へと移動するという「架空の現象である瞬間移動」を指すものである … であった。いま考えた「手順3」で、アリスが 00_A を観測した場合には、その観測の瞬間に、ボブは状態 $\alpha|0\rangle_B + \beta|1\rangle_B$ を手にする。アリスとボブが、どんなに離れていても、このようなボブ側の状態の確定は、瞬時に起きるのである。

ちょっと待った。アリスが測定を行うことで、$|\psi\rangle$ の情報が瞬時にボブに到達した! … と思い込むのは早合点だ。

- アリスが 01_A や、10_A や、11_A を測定した場合、ボブ側には $|\psi\rangle$ とは異なる係数の重ね合わせができている。

従って、ボブは、手元にある状態が $|\psi\rangle$ と全く同じであるかどうかについて、「アリスから電話で知らせを受け取るまでは」判断がつかないのだ。

---

*[96] 量子テレポーテーションの話を「初めて」聞いて驚く人は非常に少ないと思う。「それが、どないしたん？」と、ボーッと考えるのが関の山だろう。この驚きは、量子コンピューターや量子情報について、慣れ親しんだ頃に訪れるものらしい。

手順4：ユニタリー変換

アリスから電話で測定結果を受け取ったボブは、その情報に応じて、次の作業 — ユニタリー演算子 $\hat{U}$ の作用 — を手元の状態に対して行う。

(x) 測定結果が 00_A なら、何もしない。(恒等演算子 $\hat{I}$ を作用させる。)

(y) 測定結果が 01_A なら、状態 $\alpha\ket{1}_\mathrm{B} + \beta\ket{0}_\mathrm{B}$ に $\hat{\sigma}_\mathrm{X}$ を作用させる。
$$\hat{\sigma}_\mathrm{X}\bigl(\alpha\ket{1}_\mathrm{B} + \beta\ket{0}_\mathrm{B}\bigr) = \alpha\ket{0}_\mathrm{B} + \beta\ket{1}_\mathrm{B}$$

(z) 測定結果が 10_A なら、状態 $\alpha\ket{0}_\mathrm{B} - \beta\ket{1}_\mathrm{B}$ に $\hat{\sigma}_\mathrm{Z}$ を作用させる。
$$\hat{\sigma}_\mathrm{Z}\bigl(\alpha\ket{0}_\mathrm{B} - \beta\ket{1}_\mathrm{B}\bigr) = \alpha\ket{0}_\mathrm{B} + \beta\ket{1}_\mathrm{B}$$

(w) 測定結果が 11_A なら、状態 $\alpha\ket{1}_\mathrm{B} - \beta\ket{0}_\mathrm{B}$ に $i\hat{\sigma}_\mathrm{Y}$ を作用させる。
$$i\hat{\sigma}_\mathrm{Y}\bigl(\alpha\ket{1}_\mathrm{B} - \beta\ket{0}_\mathrm{B}\bigr) = \alpha\ket{0}_\mathrm{B} + \beta\ket{1}_\mathrm{B}$$

これらの操作の確認は、パウリ演算子の定義 (式 (5.28)) さえ思い出せば、簡単に検算できる。ともかく、何を行ったのかというと、アリスから得た情報をもとにして、ボブは手元にある状態を、最初にアリスが持っていた $\ket{\psi}$ と「同じもの」へと **ユニタリー変換** したわけだ。

以上のように、幾つかの手順を順番に行って行くことにより、最初はアリスの手元にあった状態 $\ket{\psi} = \alpha\ket{0} + \beta\ket{1}$ を、ボブの手元の状態 $\alpha\ket{0}_\mathrm{B} + \beta\ket{1}_\mathrm{B}$ へと移すことができた。これが **量子テレポーテーション** の全体像である。予め、アリスとボブにベル状態を配っておく「下準備」が、量子テレポーテーションの要点の1つで、この準備のお陰でアリスとボブは電話を使うだけで良いのだ。

量子テレポーテーションの「回路」を並べれば、幾つもの q-bit を同じように送り届けることができる。または、同じ回路を何回も使っても良い。(その場合には毎回あたらしいベル状態を生成する必要がある) そのような「並列的転送作業」に、どのような意義があるかは別として。[*97] また、ベル状態のようにエンタングルしている量子状態も、転送の手順を少し拡張すると同じように「テレポートさせる」ことができる。

[*97] 既に一度紹介した Measurement Based Quantum Computation は、量子テレポーテーションから派生した、興味深い量子コンピューターの作成方法である。

アリスは知らない、ボブも知らない

　量子テレポーテーションでは、アリスが状態 $|\psi\rangle$ を持っているという「初期条件」から話を始める。この時に、アリス自身が「どんな状態を持っているか?」ということを、知っているかどうかは問わないのである。ボブはというと、同じように $|\psi\rangle_B$ を手にしたとしても、それがどんな状態であるのかは、なかなか知りづらい。ボブが射影測定をすると、手元の状態 $|\psi\rangle_B$ を壊してしまうからだ。この状況は、アリスが $|\psi\rangle$ を箱詰めしてボブへと送り届ける「量子情報伝送」でも同じことだ。こんな事情を聞くと $|\psi\rangle$ の伝送など、無意味なことに思えるかもしれない。

　しかし、アリスがごく限られた状態のみをボブに送り、「アリスの選択範囲」についてボブが知っている場合には、話が違って来る。例えばアリスが

- $\hat{\sigma}_X$ の固有状態である $(|0\rangle + |1\rangle)/\sqrt{2}$ か $(|0\rangle - |1\rangle)/\sqrt{2}$ のみ

をボブに送り届け、ボブが「$\hat{\sigma}_X$ を対角とする測定を行うと、ボブはアリスが「どちらの状態を送ったのか」を確実に知ることができる。この場合、

- アリスとボブの間で、$\hat{\sigma}_X$ を使うという共通の情報を持っている

わけだ。この事情を知らない第三者が、アリスが作った状態を盗み見ようとしても、最初に説明したように、どんな状態が送られているのかを確実に推定することはできない。このような考察をさらに進めると、**量子暗号** に到達する。(→ 12 章) この量子暗号は、

- アリスからボブへと、量子状態を送ることによって、アリスからボブへと (何らかの) 古典情報を暗号で送る

ことを目標としているのだ。よくよく見ると、これは、アリスからボブへと古典通信を行って量子状態を転送した「量子テレポーテーション」の、ちょうど逆の目的となっていることがわかって来るだろう。

第9章 密度演算子

　量子テレポーテーションでは、3つの q-bit が登場して、アリスが2つの q-bit を、ボブが1つの q-bit を操作した。このように、幾つもの部分から構成される「大きな (?!) 物理系」を取り扱う場合に、何かと役立つ便利な道具として **密度演算子** を導入することにしよう。[*98]

　量子テレポーテーションの操作の中には、アリスによる測定があった。これは、アリス側だけの「局所的な」操作なのだけれども、ボブも巻き込んで (?!) 全体的に状態が変化してしまうのであった。しかしここで、敢えて

- ボブについては何も問わないことにして、アリス側だけで考えられる物理量があるかどうか

を、考えてみよう。実は、アリスが「それぞれの状態」を測定する確率が、ズバリその良い例になっている。この確率を計算してみよう。

アリスによる測定

　アリスが測定を行おうとする状態は、すでに式 (8.12) で与えられているものだ。これを $|\Phi'\rangle$ と書くことにしよう。(式をもう一度確認しておこう。)

$$|\Phi'\rangle = \frac{1}{2}|0\rangle|0\rangle_A(\alpha|0\rangle_B + \beta|1\rangle_B) + \frac{1}{2}|0\rangle|1\rangle_A(\alpha|1\rangle_B + \beta|0\rangle_B)$$
$$+ \frac{1}{2}|1\rangle|0\rangle_A(\alpha|0\rangle_B - \beta|1\rangle_B) + \frac{1}{2}|1\rangle|1\rangle_A(\alpha|1\rangle_B - \beta|0\rangle_B)$$

以下の計算を簡単にするため、$|\psi\rangle = \alpha|0\rangle + \beta|1\rangle$ は規格化されていると仮定す

[*98] 予め断っておくと、量子コンピューターや量子情報理論に「密度演算子」が登場する場合には、「密度」の 2 文字は、ほとんど意味を持たない。

る。つまり、$\langle\psi|\psi\rangle=|\alpha|^2+|\beta|^2=1$ が成立する。また、ケット記号の並びが煩雑なので、まとめて書き表すことにする。まず、アリス側のケットは $|0\rangle|0\rangle_A$ を $|00_A\rangle$ とひとまとめに書き、添え字 A も、ケットの内側に入れる。ボブの方も、同じように $|0\rangle_B$ を $|0_B\rangle$ と書こう。

$$|\Phi'\rangle = \frac{1}{2}|00_A\rangle(\alpha|0_B\rangle+\beta|1_B\rangle) + \frac{1}{2}|01_A\rangle(\alpha|1_B\rangle+\beta|0_B\rangle)$$
$$+ \frac{1}{2}|10_A\rangle(\alpha|0_B\rangle-\beta|1_B\rangle) + \frac{1}{2}|11_A\rangle(\alpha|1_B\rangle-\beta|0_B\rangle)$$

また、これから先の説明では括弧を使う必要もないので、展開しておこう。

$$|\Phi'\rangle = \frac{\alpha}{2}|00_A\rangle|0_B\rangle + \frac{\beta}{2}|00_A\rangle|1_B\rangle + \frac{\alpha}{2}|01_A\rangle|1_B\rangle + \frac{\beta}{2}|01_A\rangle|0_B\rangle$$
$$+ \frac{\alpha}{2}|10_A\rangle|0_B\rangle - \frac{\beta}{2}|10_A\rangle|1_B\rangle + \frac{\alpha}{2}|11_A\rangle|1_B\rangle - \frac{\beta}{2}|11_A\rangle|0_B\rangle$$

アリスが行う「C-NOT の出力側の」測定は、次の4つの射影演算子によって表すことができる。[*99]

$$\hat{M}_{00_A} = |00_A\rangle\langle 00_A|, \qquad \hat{M}_{01_A} = |01_A\rangle\langle 01_A|,$$
$$\hat{M}_{10_A} = |10_A\rangle\langle 10_A|, \qquad \hat{M}_{11_A} = |11_A\rangle\langle 11_A| \qquad (9.1)$$

関係式 $\hat{M}_{00_A}+\hat{M}_{01_A}+\hat{M}_{10_A}+\hat{M}_{11_A}=\hat{I}$ にも注意しよう。そして例えば 00_A を測定の結果として得た場合には、測定後の**終状態**は $\hat{M}_{00_A}$ が $|\Phi'\rangle$ に作用したものになる。そして、

$$\hat{M}_{00_A}|00_A\rangle = |00_A\rangle\langle 00_A|00_A\rangle = |00_A\rangle$$
$$\hat{M}_{00_A}|01_A\rangle = |00_A\rangle\langle 00_A|01_A\rangle = 0 \qquad (9.2)$$

など、アリス側の計算基底の直交性を使って計算を進めて行くと、どんどんゼロになる項が出てきて、結果として次のように「測定後の状態」が得られる。

$$\hat{M}_{00_A}|\Phi'\rangle = \frac{\alpha}{2}|00_A\rangle|0_B\rangle + \frac{\beta}{2}|00_A\rangle|1_B\rangle \qquad (9.3)$$

特に、00_A を測定する確率を計算してみると、

$$\langle\Phi'|\hat{M}_{00_A}|\Phi'\rangle = \langle\Phi'|(\hat{M}_{00_A})^2|\Phi'\rangle = (\langle\Phi'|\hat{M}_{00_A})(\hat{M}_{00_A}|\Phi'\rangle)$$

[*99] ケット $|01_A\rangle$ のブラは、中身の順番を変えずに $\langle 01_A|$ と書いた。一般的に、計算基底を使う場合には、中身の順番はブラでもケットでも同じ順番で並べておくのだった。

$$= \left(\frac{\alpha^*}{2}\langle 0_B|\langle 00_A| + \frac{\beta^*}{2}\langle 1_B|\langle 00_A|\right)\left(\frac{\alpha}{2}|00_A\rangle|0_B\rangle + \frac{\beta}{2}|00_A\rangle|1_B\rangle\right)$$
$$= \frac{1}{4}\left(\alpha^*\alpha + \beta^*\beta\right) = \frac{1}{4} \tag{9.4}$$

と $\frac{1}{4}$ になることがわかる。他の場合、つまり 01_A, 10_A, 11_A についても同じように計算すると、測定確率がそれぞれ $\frac{1}{4}$ であることを容易に検証できる。ここまでは、密度演算子の話に入る前の「演習問題」だ。

《《《 純粋状態の密度演算子 》》》

いま取り扱っているケット $|\Phi'\rangle$ に、ブラ $\langle\Phi'|$ をくっつけたもの

$$\hat{\rho} = |\Phi'\rangle\langle\Phi'| \tag{9.5}$$

について、しばらく考えて行く。こういう風に右辺が 1 項だけで、

- ケットとブラが「背中合わせになった」形で書ける演算子

が、注目している系の「物理的な状態」を表す場合、この演算子を **純粋状態** の **密度演算子** と呼ぶ。「純粋状態」という言葉が登場したけれども、これについての説明は後回しにする。ともかく、この密度演算子が **何の役に立つのか** から見て行こう。その前に、ちょっと記号の定義を。

《計算基底の表し方》

アリス側の計算基底は $|00_A\rangle$, $|01_A\rangle$, $|10_A\rangle$, $|11_A\rangle$ の4つで、これらを「いちいち」並べて書くのは面倒臭いので、単に

- $|\xi\rangle$ ただし $\xi = 00_A, 01_A, 10_A, 11_A$

とか、更に省略して「 $|\xi\rangle$ ただし $\xi = 00_A \sim 11_A$ 」などと書こう。ボブの方も同じように「 $|\nu\rangle$ ただし $\nu = 0_B \sim 1_B$ 」と書こう。このような省略は、両方合わせた全体の計算基底についても導入できる。(次ページに続く→)

- $|\chi\rangle$ ただし $\chi = 00_A0_B \sim 11_A1_B$

この場合は全部で 8 通りある。また、例えば $\chi = 01_A1_B$ について、
$$|\chi\rangle = |01_A1_B\rangle = |01_A\rangle|1_B\rangle = |0\rangle|1\rangle_A|1\rangle_B \tag{9.6}$$
という記号の書き方も使って行こう。ケットを、自由自在に結合したり、切り離したりするわけだ。この約束事は、和記号 $\sum$ の添え字にもドンドン使う。例えば $\sum_{\chi=00_A0_B}^{\chi=11_A1_B}$ という記号が登場したら、この記号の右側に置かれた数式中の χ に、00_A0_B から 11_A1_B までを「代入した」8 つの項の和を表している。下限と上限を省略することもある。

さて、密度演算子 $\hat{\rho} = |\Phi'\rangle\langle\Phi'|$ について、まずは、実に「しょ〜もない (?!)」応用から見て行こう。

ノルムの計算

$|\Phi'\rangle$ のノルム $\langle\Phi'|\Phi'\rangle$ を、$\hat{\rho} = |\Phi'\rangle\langle\Phi'|$ から求めることができる。

$$\sum_{\chi=00_A0_B}^{\chi=11_A1_B}\langle\chi|\hat{\rho}|\chi\rangle = \sum_{\chi=00_A0_B}^{\chi=11_A1_B}\langle\chi|\Phi'\rangle\langle\Phi'|\chi\rangle = \sum_{\chi=00_A0_B}^{\chi=11_A1_B}\langle\Phi'|\chi\rangle\langle\chi|\Phi'\rangle$$

$$= \langle\Phi'|\left[\sum_{\chi=00_A0_B}^{\chi=11_A1_B}|\chi\rangle\langle\chi|\right]|\Phi'\rangle = \langle\Phi'|\Phi'\rangle \tag{9.7}$$

計算の途中で、$|\chi\rangle\langle\chi|$ を $\chi = 00_A0_B$ から 11_A1_B まで足し合わせると、

$$|00_A0_B\rangle\langle00_A0_B| + |00_A1_B\rangle\langle00_A1_B| + |01_A0_B\rangle\langle01_A0_B| + |01_A1_B\rangle\langle01_A1_B|$$
$$+ |10_A0_B\rangle\langle10_A0_B| + |10_A1_B\rangle\langle10_A1_B| + |11_A0_B\rangle\langle11_A0_B| + |11_A1_B\rangle\langle11_A1_B|$$
$$= \sum_{\chi=00_A0_B}^{\chi=11_A1_B}|\chi\rangle\langle\chi| = \sum_{\chi}|\chi\rangle\langle\chi| = \hat{I} \tag{9.8}$$

と、恒等演算子 $\hat{I}$ になる事実を使った。式 (9.8) の「左辺」が恒等演算子であることは、例えば $|\Phi'\rangle$ に作用させてみて、**計算基底の直交性**、例えば $\langle10_A0_B|10_A0_B\rangle = 1$、$\langle00_A0_B|10_A0_B\rangle = 0$、などを使えば、容易に確かめるこ

とができるだろう。

> 《クロネッカーのデルタ記号》
>
> 計算基底の直交性は、次のようにまとめて書くことができる。
>
> $$\langle \chi | \chi' \rangle = \delta_{\chi\chi'} \tag{9.9}$$
>
> 但し、$\delta_{\chi\chi'}$ は **クロネッカーのデルタ記号** で、
>
> - $\chi = \chi'$ の場合は $\delta_{\chi\chi'} = 1$ で、$\chi \neq \chi'$ の場合は $\delta_{\chi\chi'} = 0$
>
> と、「添え字」が同じである場合だけ 1 で、それ以外は 0 である。

式 (9.7) の形の、左右から「同じブラとケットではさんで合計する」計算は、色々な場面で出てくる。これを簡潔に表現する **トレース** という便利な道具があるので、まとめておこう。

⟨⟨⟨ 密度演算子のトレースと期待値 ⟩⟩⟩

密度演算子に限らず、演算子は一般に次の形で表すことができる。

$$\hat{A} = \sum_{\chi} \sum_{\chi'} A_{\chi\chi'} |\chi\rangle\langle\chi'| \tag{9.10}$$

ただし χ や χ' は、それぞれ「演算子が作用する範囲」を示していて、いま考えている「量子テレポーテーションの密度演算子」$\hat{\rho} = |\Phi'\rangle\langle\Phi'|$ の場合は $00_A 0_B \sim 11_A 1_B$ の範囲 (の計算基底) を考える。係数の $A_{\chi\chi'}$ は一般に複素数で、「演算子 $\hat{A}$ の $\chi\,\chi'$ 要素」と呼ばれる。

演算子の要素は、演算子 $\hat{A}$ を $\langle\chi|$ と $|\chi'\rangle$ で挟んで求めることができる。

$$\begin{aligned}
\langle\chi|\hat{A}|\chi'\rangle &= \langle\chi|\left(\sum_{\chi''}\sum_{\chi'''} A_{\chi''\chi'''}|\chi''\rangle\langle\chi'''|\right)|\chi'\rangle \\
&= \sum_{\chi''}\sum_{\chi'''} A_{\chi''\chi'''} \langle\chi|\chi''\rangle\langle\chi'''|\chi'\rangle \\
&= \sum_{\chi''}\sum_{\chi'''} A_{\chi''\chi'''}\, \delta_{\chi\chi''}\, \delta_{\chi'''\chi'} \;=\; A_{\chi\chi'}
\end{aligned} \tag{9.11}$$

線形代数に慣れている方は、$A_{\chi\chi'}$ という記号を見ると、「行列 A の $\chi\,\chi'$ 要素

だ」と思うだろう。まさにその通りで、行列 A が与えられれば演算子 $\hat{A}$ が定まるし、逆に演算子 $\hat{A}$ が与えられれば行列 A が得られる。この行列 A を、演算子 $\hat{A}$ の **表現行列** あるいは **行列表示** と呼ぶ。例えば、パウリ演算子の行列表示は、$\hat{\sigma}_X, \hat{\sigma}_Y, \hat{\sigma}_Z$ の順に、次のように与えられる。

$$\begin{pmatrix} 0 & 1 \\ 1 & 0 \end{pmatrix}, \quad \begin{pmatrix} 0 & -i \\ i & 0 \end{pmatrix}, \quad \begin{pmatrix} 1 & 0 \\ 0 & -1 \end{pmatrix} \tag{9.12}$$

特に $\chi = \chi'$ の場合を「足し上げた」ものは、様々な計算に登場する。

> 《トレース》
> 次の和を、「演算子 $\hat{A}$ の $\overset{\text{Trace}}{\text{トレース}}$」と呼び、$\operatorname{Tr} \hat{A}$ と書く。
> $$\begin{aligned} \sum_\chi \langle \chi | \hat{A} | \chi \rangle &= \sum_\chi \langle \chi | \left(\sum_{\chi'} \sum_{\chi''} A_{\chi' \chi''} | \chi' \rangle \langle \chi'' | \right) | \chi \rangle \\ &= \sum_\chi A_{\chi\chi} = \operatorname{Tr} \hat{A} \end{aligned} \tag{9.13}$$

演算子 $\hat{A}$ のトレースは、表現行列 A の対角項 $A_{\chi\chi}$ の和になっているわけだ。式 (9.12) に示したパウリ演算子の表現行列の例では、これらの演算子のトレースが 0 であることがわかる。[*100]

トレースの不変性

ユニタリー変換 $\hat{U}$ を適当に持って来て、演算子 $\hat{A}$ に作用させよう。

$$\hat{A}' = \hat{U}^{-1} \hat{A} \hat{U} = \hat{U}^\dagger \hat{A} \hat{U} \tag{9.14}$$

このような変換を、$\hat{U}$ による $\hat{A}$ の **相似変換** と呼ぶ。この場合、$\hat{A}'$ のトレースは $\hat{A}$ に等しいことが示せる。

$$\begin{aligned} \operatorname{Tr} \hat{A}' &= \sum_\chi \langle \chi | \hat{A}' | \chi \rangle = \sum_\chi \langle \chi | \hat{U}^\dagger \hat{A} \hat{U} | \chi \rangle \\ &= \sum_\chi \langle \chi | \hat{U}^\dagger \left(\sum_{\chi'} | \chi' \rangle \langle \chi' | \right) \hat{A} \hat{U} | \chi \rangle = \sum_{\chi'} \sum_\chi \langle \chi | \hat{U}^\dagger | \chi' \rangle \langle \chi' | \hat{A} \hat{U} | \chi \rangle \end{aligned}$$

[*100] $\operatorname{Tr} \hat{A} = 0$ である場合、$\hat{A}$ を **トレースレス** な演算子と呼ぶ習わしがある。

$$= \sum_{\chi'} \sum_{\chi} \langle \chi' | \hat{A}\hat{U} | \chi \rangle \langle \chi | \hat{U}^\dagger | \chi' \rangle = \sum_{\chi'} \langle \chi' | \hat{A}\hat{U}\hat{U}^\dagger | \chi' \rangle$$
$$= \sum_{\chi'} \langle \chi' | \hat{A} | \chi' \rangle = \text{Tr}\,\hat{A} \tag{9.15}$$

相似変換を行っても、演算子のトレースは変化しないのだ。

対角表示

演算子 $\hat{A}$ が自己共役であれば、固有方程式 $\hat{A}|\eta_i\rangle = \lambda_i |\eta_i\rangle$ を満たす固有ケット $|\eta_i\rangle$ を使って、$\hat{A}$ の対角表示 $\hat{A} = \sum_i \lambda_i |\eta_i\rangle\langle\eta_i|$ が得られる。

- 固有ケットの **正規直交関係** $\langle \eta_i | \eta_j \rangle = \delta_{i,j}$

に注意しておこう。対角表示を使うと、$\text{Tr}\,\hat{A}$ が、固有値 λ_i を合計したものであることが示せる。

$$\text{Tr}\,\hat{A} = \sum_{\chi} \langle \chi | \hat{A} | \chi \rangle = \sum_{\chi} \langle \chi | \Big(\sum_j |\eta_j\rangle\langle\eta_j|\Big) \hat{A} | \chi \rangle = \sum_j \sum_{\chi} \langle \eta_j | \hat{A} | \chi \rangle \langle \chi | \eta_j \rangle$$
$$= \sum_j \langle \eta_j | \hat{A} | \eta_j \rangle = \sum_j \langle \eta_j | \Big(\sum_k \lambda_k |\eta_k\rangle\langle\eta_k|\Big) | \eta_j \rangle = \sum_j \sum_k \delta_{j,k} \lambda_k \delta_{j,k}$$
$$= \sum_k \lambda_k \tag{9.16}$$

《固有ケットとトレース》

式 (9.16) の途中経過から $\text{Tr}\,\hat{A} = \sum_i \langle \eta_i | \hat{A} | \eta_i \rangle$ という、トレースの表し方があることもわかる。

密度演算子の規格化

既にノルムの $\langle\Phi'|\Phi'\rangle$ の計算として導入した式 (9.8) は、$\hat{\rho} = |\Phi'\rangle\langle\Phi'|$ のトレースそのものだ。繰り返しになるけれども、もう一度書いておこう。

$$\mathrm{Tr}\,\hat{\rho} = \sum_{\chi}\langle\chi|\hat{\rho}|\chi\rangle = \sum_{\chi}\langle\chi|\Phi'\rangle\langle\Phi'|\chi\rangle = \sum_{\chi}\langle\Phi'|\chi\rangle\langle\chi|\Phi'\rangle$$
$$= \langle\Phi'|\Big(\sum_{\chi}|\chi\rangle\langle\chi|\Big)|\Phi'\rangle = \langle\Phi'|\hat{I}|\Phi'\rangle = \langle\Phi'|\Phi'\rangle \tag{9.17}$$

式 (8.12) で与えられるケット $|\Phi'\rangle$ は、$\langle\Phi'|\Phi'\rangle = 1$ と規格化されていたことを思い出そうか。$|\Phi'\rangle$ に **規格化** という考え方があるように、密度演算子 $\hat{\rho}$ にも規格化という考えを持ち込むことができる。

- $\mathrm{Tr}\,\hat{\rho} = 1$ である場合には、密度演算子 $\hat{\rho}$ は **規格化** されている。
- $\mathrm{Tr}\,\hat{\rho} \neq 1$ であれば、規格化 $\hat{\rho}' = \dfrac{\hat{\rho}}{\mathrm{Tr}\,\hat{\rho}}$ により規格化された $\hat{\rho}'$ を得る。

規格化された $\hat{\rho}'$ が $\mathrm{Tr}\,\hat{\rho}' = 1$ を満たすことは、明らかだろう。

期待値

演算子の期待値も、トレースを使って表すことができる。例えば、式 (9.4) で求めた測定確率は、規格化された $\hat{\rho}$ を使えば、次のようにまとめられる。

$$\langle\Phi'|\hat{M}_{00_{\mathrm{A}}}|\Phi'\rangle = \langle\Phi'|\Big(\sum_{\chi}|\chi\rangle\langle\chi|\Big)\hat{M}_{00_{\mathrm{A}}}|\Phi'\rangle = \sum_{\chi}\langle\Phi'|\chi\rangle\langle\chi|\hat{M}_{00_{\mathrm{A}}}|\Phi'\rangle$$
$$= \sum_{\chi}\langle\chi|\hat{M}_{00_{\mathrm{A}}}|\Phi'\rangle\langle\Phi'|\chi\rangle = \sum_{\chi}\langle\chi|\hat{M}_{00_{\mathrm{A}}}\hat{\rho}|\chi\rangle = \mathrm{Tr}\big(\hat{M}_{00_{\mathrm{A}}}\hat{\rho}\big) \tag{9.18}$$

密度演算子が規格化されていない場合には、期待値を求める際に $\mathrm{Tr}\,\hat{\rho}$ で割る必要がある。一般的に、演算子 $\hat{O}$ の期待値を与える式も示しておこう。

> **演算子 $\hat{O}$ の期待値** $\qquad \langle\hat{O}\rangle = \dfrac{\mathrm{Tr}\big(\hat{O}\hat{\rho}\big)}{\mathrm{Tr}\,\hat{\rho}} \qquad (9.19)$

以下では、式が煩雑にならないように、密度行列は常に規格化されたものを取り扱うことにしよう。その場合には $\langle\hat{O}\rangle = \mathrm{Tr}\big(\hat{O}\hat{\rho}\big)$ である。

⟨⟨⟨ 密度副演算子 ⟩⟩⟩

2ページの間、すっかり忘れていた (?!) けれども、量子テレポーテーションで考えていた $|00_A 0_B\rangle$ から $|11_A 1_B\rangle$ までの計算基底は、アリスとボブに「分かれている」のであった。この区分に従って、

- $|\chi\rangle$ を $|\xi\rangle|\nu\rangle$ と分けて、$|\xi\rangle$ については $|00_A\rangle$ から $|11_A\rangle$ の範囲を、$|\nu\rangle$ については $|0_B\rangle$ と $|1_B\rangle$ を考える。

という取り扱いが可能だ。$\hat{\rho}$ のトレースも小分けにしてみよう。

$$\operatorname{Tr}\hat{\rho} = \sum_{\chi=00_A 0_B}^{11_A 1_B} \langle\chi|\hat{\rho}|\chi\rangle = \sum_{\xi=00_A}^{11_A} \sum_{\nu=0_B}^{1_B} \langle\nu|\langle\xi|\hat{\rho}|\xi\rangle|\nu\rangle$$
$$= \sum_{\xi=00_A}^{11_A} \langle\xi|(\operatorname{Tr}_B \hat{\rho})|\xi\rangle = \sum_{\nu=0_B}^{1_B} \langle\nu|(\operatorname{Tr}_A \hat{\rho})|\nu\rangle \tag{9.20}$$

ここで新しく「部分的なトレース」を導入した。

《密度副演算子》

ボブ側の $|\nu\rangle$ だけについて、先に内積の計算と合計を行ってしまったものを、アリス側の **密度副演算子** と呼び、記号 $\hat{\rho}_A$ で表す。

$$\hat{\rho}_A \equiv \operatorname{Tr}_B \hat{\rho} = \sum_{\nu=0_B}^{1_B} \langle\nu|\hat{\rho}|\nu\rangle = \langle 0_B|\hat{\rho}|0_B\rangle + \langle 1_B|\hat{\rho}|1_B\rangle \tag{9.21}$$

($\langle\nu|\hat{\rho}|\nu\rangle$ の意味は、すぐ後で説明する。) 同じように、アリス側の $|\chi\rangle$ だけについて、先に内積と合計を行ってしまったものは、ボブ側の密度副演算子だ。

$$\hat{\rho}_B \equiv \operatorname{Tr}_A \hat{\rho} = \sum_{\xi=00_A}^{11_A} \langle\xi|\hat{\rho}|\xi\rangle \tag{9.22}$$
$$= \langle 00_A|\hat{\rho}|00_A\rangle + \langle 01_A|\hat{\rho}|01_A\rangle + \langle 10_A|\hat{\rho}|10_A\rangle + \langle 11_A|\hat{\rho}|11_A\rangle$$

なお、密度副演算子のトレースは、元の密度演算子のトレースになる。

$$\operatorname{Tr}_B \hat{\rho}_B = \operatorname{Tr}_B(\operatorname{Tr}_A \hat{\rho}) = \operatorname{Tr}\hat{\rho} = \operatorname{Tr}_A(\operatorname{Tr}_B \hat{\rho}) = \operatorname{Tr}_A \hat{\rho}_A \tag{9.23}$$

式 (9.20) に出てくる $\langle \nu | \hat{\rho} | \nu \rangle$ のような書き方は、「伝統的な量子力学」ではあまり標準的ではないので、計算の際には注意が必要だ。例えば、$\hat{\rho} = |\Phi'\rangle\langle\Phi'|$ を代入すると、$\langle \nu | \hat{\rho} | \nu \rangle = \langle \nu | \Phi' \rangle \langle \Phi' | \nu \rangle$ と内積が並んだように見えてしまう。しかしここで、改めて $|\Phi'\rangle$ の中身

$$|\Phi'\rangle = \frac{\alpha}{2}|00_A\rangle|0_B\rangle + \frac{\beta}{2}|00_A\rangle|1_B\rangle + \frac{\alpha}{2}|01_A\rangle|1_B\rangle + \frac{\beta}{2}|01_A\rangle|0_B\rangle$$
$$+ \frac{\alpha}{2}|10_A\rangle|0_B\rangle - \frac{\beta}{2}|10_A\rangle|1_B\rangle + \frac{\alpha}{2}|11_A\rangle|1_B\rangle - \frac{\beta}{2}|11_A\rangle|0_B\rangle$$

を思い出すと、実は $\langle 0_B | \Phi' \rangle$ や $\langle 1_B | \Phi' \rangle$ は「ボブの方だけに内積を取る」計算であることがわかる。例えば $\langle 0_B | \Phi' \rangle$ の最初の項は次のように計算する。

$$\langle 0_B | \left(\frac{\alpha}{2}|00_A\rangle|0_B\rangle \right) = \frac{\alpha}{2}|00_A\rangle\langle 0_B|0_B\rangle = \frac{\alpha}{2}|00_A\rangle \qquad (9.24)$$

他の項も同じように「部分的な内積」を取って計算を進めるわけだ。

《部分的な内積》

$$\langle 0_B | \Phi' \rangle = \frac{\alpha}{2}|00_A\rangle + \frac{\beta}{2}|01_A\rangle + \frac{\alpha}{2}|10_A\rangle - \frac{\beta}{2}|11_A\rangle$$
$$\langle 1_B | \Phi' \rangle = \frac{\beta}{2}|00_A\rangle + \frac{\alpha}{2}|01_A\rangle - \frac{\beta}{2}|10_A\rangle + \frac{\alpha}{2}|11_A\rangle \qquad (9.25)$$

いま式 (9.25) で求めた「アリス側の」2つのケットの**ノルム**も求めておこうか。規格化条件 $|\alpha|^2 + |\beta|^2 = 1$ があったことを思い出すと、

$$\langle \Phi' | 0_B \rangle \langle 0_B | \Phi' \rangle = \frac{|\alpha|^2}{4} + \frac{|\beta|^2}{4} + \frac{|\alpha|^2}{4} + \frac{|\beta|^2}{4} = \frac{1}{2}$$
$$\langle \Phi' | 1_B \rangle \langle 1_B | \Phi' \rangle = \frac{|\beta|^2}{4} + \frac{|\alpha|^2}{4} + \frac{|\beta|^2}{4} + \frac{|\alpha|^2}{4} = \frac{1}{2} \qquad (9.26)$$

とノルムが求まる。これに従って規格化を行うと、規格化された2つのケット

$$|\eta_0\rangle = \frac{1}{\sqrt{2}}\left(\alpha|00_A\rangle + \beta|01_A\rangle + \alpha|10_A\rangle - \beta|11_A\rangle \right)$$
$$|\eta_1\rangle = \frac{1}{\sqrt{2}}\left(\beta|00_A\rangle + \alpha|01_A\rangle - \beta|10_A\rangle + \alpha|11_A\rangle \right) \qquad (9.27)$$

を得る。これは偶然のこと (?!) なのだけれども、$\langle \eta_0 | \eta_1 \rangle = 0$ を示すことがで

きるので、$|\eta_0\rangle$ と $|\eta_1\rangle$ は直交していることがわかる。[*101]

以上の計算結果を使うと、密度副演算子 $\hat{\rho}_A$ を

$$\hat{\rho}_A = \frac{1}{2}|\eta_0\rangle\langle\eta_0| + \frac{1}{2}|\eta_1\rangle\langle\eta_1| \tag{9.28}$$

という形に明示できることがわかる。$|\eta_0\rangle\langle\eta_1|$ とか、$|\eta_1\rangle\langle\eta_0|$ という組み合わせは出てこないことに注目しよう。言い換えるならば、$|\eta_0\rangle$ と $|\eta_1\rangle$ は $\hat{\rho}_A$ の**固有ケット**となっていて、式 (9.28) は $\hat{\rho}_A$ の**対角表示**になっている。[*102]

《密度副演算子の対角表示》

一般に、密度演算子 $\hat{\rho}$ から作った密度副演算子 $\hat{\rho}_A = \mathrm{Tr}_B \hat{\rho}$ が満たす固有方程式を考えよう。

$$\hat{\rho}_A |\eta_i\rangle = \lambda_i |\eta_i\rangle \tag{9.29}$$

$|\eta_i\rangle$ は i 番目の固有ケット、λ_i は i 番目の固有値だ。密度演算子 $\hat{\rho}$ が自己共役であることを仮定すると、密度副演算子 $\hat{\rho}_A$ も自己共役であることが簡単に示せる。従って、密度副演算子の対角表示は

$$\hat{\rho}_A = \sum_i \lambda_i |\eta_i\rangle\langle\eta_i| \tag{9.30}$$

と書くことができる。$\hat{\rho}_A$ のトレースは $\hat{\rho}$ のトレースに等しいので、$\langle\eta_i|\eta_j\rangle = \delta_{i,j}$ に気をつけて次の計算を行うと、λ_i の合計は

$$\mathrm{Tr}\,\hat{\rho} = \mathrm{Tr}\,\hat{\rho}_A = \sum_j \langle\eta_j|\hat{\rho}_A|\eta_j\rangle = \sum_j \langle\eta_j|\left(\sum_i \lambda_i |\eta_i\rangle\langle\eta_i|\right)|\eta_j\rangle$$

$$= \sum_i \sum_j \langle\eta_j|\eta_i\rangle \lambda_i \langle\eta_i|\eta_j\rangle = \sum_i \lambda_i = 1 \tag{9.31}$$

という風に 1 であることがわかる。また、規格化された密度副演算子の固有値は、以下すぐに議論するように、$0 \leq \lambda_i \leq 1$ を満たす。

[*101] この直交性は、式 (8.12) の $|\Phi'\rangle$ を計算に使ったことが原因で成立していて、どちらかというと「偶然に」成り立っている関係だ。

[*102] 密度副行列は、対角であるとは限らない。式 (9.28) の例は「運が良かった」のだ

⟪⟪⟪ 純粋状態と混合状態 ⟫⟫⟫

密度副演算子 $\hat{\rho}_A$ が何を意味するのか、アリス側だけに働く演算子の「期待値の計算」を通じて考えてみよう。例えば、射影演算子 $\hat{M}_{00_A} = |00_A\rangle\langle 00_A|$ の期待値は、式 (9.18) をそのまま使うと $\mathrm{Tr}(\hat{M}_{00_A}\hat{\rho})$ という形になるのだけれども、計算を進めると次のように $\hat{\rho}_A$ を使って表すことができる。

$$\langle \hat{M}_{00_A}\rangle = \mathrm{Tr}(\hat{M}_{00_A}\hat{\rho}) = \sum_\chi \langle \chi|\hat{M}_{00_A}\hat{\rho}|\chi\rangle$$

$$= \sum_{\xi=00_A}^{11_A}\sum_{\nu=0_B}^{1_B}\langle \nu|\langle \xi|\hat{M}_{00_A}\hat{\rho}|\xi\rangle|\nu\rangle = \sum_\xi \langle \xi|\hat{M}_{00_A}(\mathrm{Tr}_B\,\hat{\rho})|\xi\rangle$$

$$= \mathrm{Tr}_A\left[\hat{M}_{00_A}(\mathrm{Tr}_B\,\hat{\rho})\right] = \mathrm{Tr}_A(\hat{M}_{00_A}\hat{\rho}_A) \tag{9.32}$$

但し、規格化 $\mathrm{Tr}_A\,\hat{\rho}_A = 1$ を仮定した。いま求めた $\langle \hat{M}_{00_A}\rangle$ は、アリスが測定を行った結果として 00_A を得る確率になっている。

⟪$\hat{\rho}_A$ を対角とする測定⟫

射影演算子として、$|\eta_0\rangle\langle\eta_0|$ や、$|\eta_1\rangle\langle\eta_1|$ を用いることも考えてみよう。(↑固有ケットは既知だとしよう。) これは、アリスが手元にある状態について

- η_0 であるか、η_1 であるか、それ以外であるかを確認する測定

である。測定の確率は、次のように $\hat{\rho}_A$ の固有値で与えられる。

$$\mathrm{Tr}_A\bigl(|\eta_0\rangle\langle\eta_0|\,\hat{\rho}_A\bigr) = \lambda_0, \qquad \mathrm{Tr}_A\bigl(|\eta_1\rangle\langle\eta_1|\,\hat{\rho}_A\bigr) = \lambda_1 \tag{9.33}$$

式 (9.28) では $\lambda_0 = \lambda_1 = \frac{1}{2}$ であり、η_0 と η_1 のいずれかしか測定されないことがわかる。ともかくも、固有値 λ_i は測定確率になっているわけで、負になったり、1 以上になったりすることはない。

(物理を少し離れて数学の話をすると、ノルムや測定確率が負になるような「もの」— 物理では負計量とか「ゴースト (お化け)」と呼ばれる — が仮にあったとしても、ノルムや測定確率が正である「物理的にマトモな状態」とは切り離すことが可能である。)

射影測定の確率に限らず、アリス側だけに働く演算子 $\hat{O}_\mathrm{A}$ についての期待値は、一般に次のように表すことができる。

$$\langle \hat{O}_\mathrm{A} \rangle = \mathrm{Tr}_\mathrm{A}\left(\hat{O}_\mathrm{A}\, \hat{\rho}_\mathrm{A} \right) \tag{9.34}$$

これは、アリス側に関する「あらゆる情報」が、$\hat{\rho}_\mathrm{A}$ の中に詰まっていることを意味している。さて、用語を2つ学ぼう。それは純粋状態と混合状態だ。

純粋状態

密度副演算子 $\hat{\rho}_\mathrm{A}$ の固有値 λ_i のうち、ただ1つだけが 1 で、他のものが全て 0 である場合、$\hat{\rho}_\mathrm{A}$ が表す部分系 A (= アリス) の状態を **純粋状態** と呼ぶ。例えば λ_0 のみが 1 である場合ならば、

$$\hat{\rho}_\mathrm{A} = |\eta_0\rangle\langle\eta_0| \tag{9.35}$$

すでに式 (9.5) で紹介した $\hat{\rho} = |\Phi'\rangle\langle\Phi'|$ と同じように、ケットとブラを「背中合わせ」にした1項だけで密度副演算子を表すことができる。このようなものを **純粋状態の密度演算子** と呼ぶ。状態が純粋であれば ── $\hat{\rho}_\mathrm{A}$ が純粋状態を表していれば ── 演算子 $\hat{O}_\mathrm{A}$ の期待値は、$\mathrm{Tr}_\mathrm{A}(\hat{O}_\mathrm{A}\hat{\rho}_\mathrm{A}) = \langle\eta_0|\hat{O}_\mathrm{A}|\eta_0\rangle$ と、単純に状態 $|\eta_0\rangle$ に対する期待値となる。こういう訳なので、純粋状態を相手にする限り、密度演算子を使う必要は、あまり感じないかもしれない。

混合状態

一方で、式 (9.28) の例のように、2つ以上の固有値 λ_i がゼロではない場合もある。このような $\hat{\rho}_\mathrm{A}$ が表す部分系 A (= アリス) の状態を **混合状態** と呼び、$\hat{\rho}_\mathrm{A}$ を **混合状態の密度演算子** と呼ぶ。この場合、演算子 $\hat{O}_\mathrm{A}$ の期待値は、次のように λ_i を「重み」とする加重平均になる。

$$\langle \hat{O}_\mathrm{A} \rangle = \sum_i \lambda_i \langle \eta_i | \hat{O}_\mathrm{A} | \eta_i \rangle \tag{9.36}$$

混合状態というものは、最初はピンと来ないものかもしれない。しかし、実際はどうかというと、大きな系の一部分に注目すると、その部分は大抵の場合が混合状態なのだ。

⟪⟪⟪ 密度演算子の階層性 ⟫⟫⟫

　密度演算子 $\hat{\rho}$ から、部分的なトレースを作って密度副演算子 $\hat{\rho}_A$ や $\hat{\rho}_B$ などを求めた。アリスやボブを、それぞれ更に分割することができるならば[*103]、部分的なトレースを取る計算を繰り返して密度**副副**演算子だとか、密度**副副副**演算子なども定義して行くことができる。この辺りで、ハタと気づくのではないだろうか。最初に考えていた大元(おおもと)の密度演算子 $\hat{\rho}$ でさえ、

- 広大な全宇宙の、ごく一部分の物理系を表しているにすぎない

ではないかと。実際に、その通りなのだ。

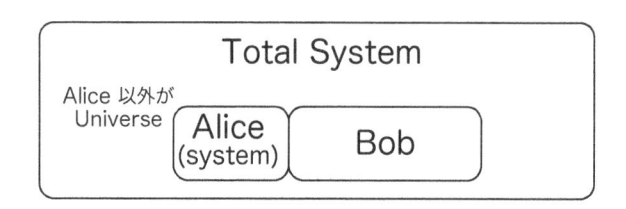

```
            Total System
  Alice 以外が  ┌─────────┬──────┐
   Universe    │  Alice  │ Bob  │
               │ (system)│      │
               └─────────┴──────┘
```

この事実に気づくと、まず全宇宙の (?!) 全てを表す密度演算子 $\hat{\rho}_{\text{tot}}$ というものがあるのではないか、そう信じるに足りる気がして来る。

> 《信じるも信じないも自由》
> 　「そう信じるに足りる気が…」と書きはしたけれども、これは「量子力学的な信仰」の一種かもしれない。まず宇宙の構造に重要である重力場も含めて、場の理論の隅々まで理解が及ぶ日が来るのかどうか、全く不明な所がある。(だから研究が楽しいのじゃ!!) また、宇宙全体までを考察に入れる時には「量子力学的測定」というものの測定者が誰なんじゃ？ という、量子力学の根本にかかわる問題を蒸し返すことになる。(だから研究が楽しいのじゃ!!) もちろん、このような考察は大切な事でもあるので、物理を目指そうという方は、そんな物理の楽しみ方もあるのだ ─ そう期待して学び進むのも良いと思う。(… ああ、またひとり、若者を迷える道へと誘ってしまった。)

[*103] 実際に、アリスの $|00_A\rangle = |0\rangle|0\rangle_A$ は、更に $|0\rangle$ と $|0\rangle_A$ の 2 つに分割できる。

全宇宙はともかくとして、物理的な対象として着目する系を取り囲む、充分に大きな部分 — 例えば実験室の中だとか、地球の上だとか — を **全系** と呼ぶことにすれば今までの取り扱いは

- 全系 (Total System) を、アリスとボブを含む系 (System) と、それ以外の部分 (Universe) に分けて考えていた

ことがわかる。その上で、「それ以外の部分」は全く無視していたわけだ。この「無視」をやめるならば、今まで密度演算子 $\hat{\rho}$ と呼んでいたものも、実は

$$\hat{\rho} = \text{Tr}_{\text{Univ.}} \hat{\rho}_{\text{tot}} \tag{9.37}$$

と、$\hat{\rho}_{\text{tot}}$ に対して部分的な*104 トレース $\text{Tr}_{\text{Univ.}}$ を行って得られた密度副演算子とみなすことになる。そういう訳で、

- いちいち「副」の字を付けるのも面倒なことなので、

密度副演算子 $\hat{\rho}$ も $\hat{\rho}_A$ も、単に「密度演算子」と、「副」の字を付けずに呼び表すことも多い。

　このような話をすると、Universe として必ず「全宇宙を考える必要があるの?」という質問を受ける。そんな必要はない! ... せいぜい、実験装置全体くらいまでを見渡して、それが Universe だと考えておけば十分だ。このように説明すると、「どうして、それくらいの大きさで十分なのですか?」と再質問される。これには、おおよそ明確な回答があって、

- 全体の広さ・大きさが少々変わっても、System についての期待値が影響を受けない程度の大きさ

というものが実験を行ってみればわかるので、それを Universe として考えるべき領域に選んで下さい、と言える。実際に、量子コンピューターを作る場合には、(少なくとも論理上は) System である量子回路が、それ以外の Universe と「充分に隔離される」よう装置を準備する。従って、$\hat{\rho}$ が純粋状態である場合を議論することが殆どだ。

---

*104 部分的な、とは書いたけれども、和を取るのは「宇宙のほとんどの部分」なので、$\text{Tr}_{\text{Univ.}}$ は、とてつもない和になっている。

⟪⟪⟪ シュミット分解 ⟫⟫⟫

ここまでの計算では、量子テレポーテーションで取り扱った純粋状態の密度演算子 $\hat{\rho} = |\Phi'\rangle\langle\Phi'|$ について、アリス側に着目して $\hat{\rho}_\mathrm{A}$ を求めた。同じように、ボブ側にも注目して、密度副演算子 $\hat{\rho}_\mathrm{B}$ を求めてみよう。まずは予備の計算、アリス側についての「部分的な内積の計算」から。再び式 (8.12) の $|\Phi'\rangle$ に立ち戻って求めよう。

$$\langle 00_\mathrm{A}|\Phi'\rangle = \frac{\alpha}{2}|0_\mathrm{B}\rangle + \frac{\beta}{2}|1_\mathrm{B}\rangle, \quad \langle 01_\mathrm{A}|\Phi'\rangle = \frac{\beta}{2}|0_\mathrm{B}\rangle + \frac{\alpha}{2}|1_\mathrm{B}\rangle$$

$$\langle 10_\mathrm{A}|\Phi'\rangle = \frac{\alpha}{2}|0_\mathrm{B}\rangle - \frac{\beta}{2}|1_\mathrm{B}\rangle, \quad \langle 11_\mathrm{A}|\Phi'\rangle = -\frac{\beta}{2}|0_\mathrm{B}\rangle + \frac{\alpha}{2}|1_\mathrm{B}\rangle \quad (9.38)$$

この結果を使うと、式 (9.22) より $\hat{\rho}_\mathrm{B}$ を次のように求めることができる。

$$\begin{aligned}\hat{\rho}_\mathrm{B} &= \left(\frac{\alpha}{2}|0_\mathrm{B}\rangle + \frac{\beta}{2}|1_\mathrm{B}\rangle\right)\left(\frac{\alpha^*}{2}\langle 0_\mathrm{B}| + \frac{\beta^*}{2}\langle 1_\mathrm{B}|\right) \\ &+ \left(\frac{\alpha}{2}|0_\mathrm{B}\rangle - \frac{\beta}{2}|1_\mathrm{B}\rangle\right)\left(\frac{\alpha^*}{2}\langle 0_\mathrm{B}| - \frac{\beta^*}{2}\langle 1_\mathrm{B}|\right) \\ &+ \left(\frac{\beta}{2}|0_\mathrm{B}\rangle + \frac{\alpha}{2}|1_\mathrm{B}\rangle\right)\left(\frac{\beta^*}{2}\langle 0_\mathrm{B}| + \frac{\alpha^*}{2}\langle 1_\mathrm{B}|\right) \\ &+ \left(-\frac{\beta}{2}|0_\mathrm{B}\rangle + \frac{\alpha}{2}|1_\mathrm{B}\rangle\right)\left(-\frac{\beta^*}{2}\langle 0_\mathrm{B}| + \frac{\alpha^*}{2}\langle 1_\mathrm{B}|\right) \\ &= \frac{|\alpha|^2 + |\beta|^2}{2}|0\rangle_\mathrm{B}\langle 0| + \frac{|\alpha|^2 + |\beta|^2}{2}|1\rangle_\mathrm{B}\langle 1| \\ &= \frac{1}{2}|0\rangle_\mathrm{B}\langle 0| + \frac{1}{2}|1\rangle_\mathrm{B}\langle 1| \quad\quad (9.39)\end{aligned}$$

こうして求めた $\hat{\rho}_\mathrm{B}$ は、既に対角表示になっていて、[*105] $\hat{\rho}_\mathrm{B}$ の固有値は $\lambda_0 = \lambda_1 = \frac{1}{2}$ であることがわかる。この値は、既にどこかで見たことがある。実は、次の事実を証明できるのだ。

- 密度副演算子 $\hat{\rho}_\mathrm{A}$ と $\hat{\rho}_\mathrm{B}$ は、同じ固有値を持つ。

... 証明をやってみる事はそれなりに意義のあることなのだけれども、ここでは一足飛びに **シュミット分解** に進むことにする。

[*105] くどいけれども、密度副行列は、常に対角であるとは限らない。

式 (8.12) の $|\Phi'\rangle$ をまず、少し並べ替えておこう。

$$|\Phi'\rangle = \frac{\alpha}{2}|00_\mathrm{A}\rangle|0_\mathrm{B}\rangle + \frac{\beta}{2}|01_\mathrm{A}\rangle|0_\mathrm{B}\rangle + \frac{\alpha}{2}|10_\mathrm{A}\rangle|0_\mathrm{B}\rangle - \frac{\beta}{2}|11_\mathrm{A}\rangle|0_\mathrm{B}\rangle$$
$$+ \frac{\beta}{2}|00_\mathrm{A}\rangle|1_\mathrm{B}\rangle + \frac{\alpha}{2}|01_\mathrm{A}\rangle|1_\mathrm{B}\rangle - \frac{\beta}{2}|10_\mathrm{A}\rangle|1_\mathrm{B}\rangle + \frac{\alpha}{2}|11_\mathrm{A}\rangle|1_\mathrm{B}\rangle$$

いま考えている $|\Phi'\rangle$ の場合、式の中に $\hat{\rho}_\mathrm{A}$ や $\hat{\rho}_\mathrm{B}$ の固有状態が、既に見えている。式 (9.27) と見比べてみると良いだろう。この対応関係を意識して更に式変形すると、次の形まで持って行ける。

$$|\Phi'\rangle = \frac{1}{\sqrt{2}}\left[\frac{\alpha}{\sqrt{2}}|00_\mathrm{A}\rangle + \frac{\beta}{\sqrt{2}}|01_\mathrm{A}\rangle + \frac{\alpha}{\sqrt{2}}|10_\mathrm{A}\rangle - \frac{\beta}{\sqrt{2}}|11_\mathrm{A}\rangle\right]|0_\mathrm{B}\rangle$$
$$+ \frac{1}{\sqrt{2}}\left[\frac{\beta}{\sqrt{2}}|00_\mathrm{A}\rangle + \frac{\alpha}{\sqrt{2}}|01_\mathrm{A}\rangle - \frac{\beta}{\sqrt{2}}|10_\mathrm{A}\rangle + \frac{\alpha}{\sqrt{2}}|11_\mathrm{A}\rangle\right]|1_\mathrm{B}\rangle$$
$$= \frac{1}{\sqrt{2}}|\eta_0\rangle|0\rangle_\mathrm{B} + \frac{1}{\sqrt{2}}|\eta_1\rangle|1\rangle_\mathrm{B} \tag{9.40}$$

これは、$|\Phi'\rangle$ の **シュミット分解** になっている。[*106]

《シュミット分解》

純粋状態 $|\Phi'\rangle$ が与えられた場合を考える。(純粋状態の密度演算子 $\hat{\rho} = |\Phi'\rangle\langle\Phi'|$ から作った) 密度副行列 $\hat{\rho}_\mathrm{A}$ の固有ケット $|\eta_i\rangle$ と、$\hat{\rho}_\mathrm{B}$ の固有ケット $|\mu_i\rangle$ を使えば、$|\Phi'\rangle$ を次の形に書き表すことが可能だ。

$$|\Phi'\rangle = \sum_i \omega_i |\eta_i\rangle|\mu_i\rangle \tag{9.41}$$

但し、$|\Phi'\rangle$ も $|\eta_i\rangle$ も $|\mu_i\rangle$ も規格化されているとする。$|\Phi'\rangle$ は規格化されているので ω_i は 0 以上 1 以下の「実数」に選ぶことができて、**シュミット係数** (または **特異値**) と呼ばれる。また、$|\Phi'\rangle$ を、上式の右辺の形に書き直すことを **シュミット分解** (または **特異値分解**) と呼ぶ。式 (9.41) のように分解するのに必要な項の数は、$\hat{\rho}_\mathrm{A}$ の次元と、$\hat{\rho}_\mathrm{B}$ の次元の、「より小さなもの」以下である。式 (9.40) では 2 項で十分であった。

[*106] 線形代数に出てくる (かもしれない) 行列の **特異値分解** (Singular Value Decomposition, 略して SVD) は、シュミット分解を行列を使って表したものだ。

$\hat{\rho}_\mathrm{A}$ は自己共役であったので、その規格化された固有ケットは直交条件 $\langle \eta_i | \eta_j \rangle = \delta_{i,j}$ を満たしている。$\hat{\rho}_\mathrm{B}$ についても同様で、$\langle \mu_i | \mu_j \rangle = \delta_{i,j}$ が成立する。この直交性に気づけば、$\hat{\rho}_\mathrm{A}$ と $\hat{\rho}_\mathrm{B}$ が共通の固有値を持つことを、次のように示すことができる。

$$\hat{\rho}_\mathrm{A} = \mathrm{Tr}_\mathrm{B}\,\hat{\rho} = \sum_i \langle \mu_i | \hat{\rho} | \mu_i \rangle$$

$$= \sum_i \langle \mu_i | \Big(\sum_j \omega_j | \eta_j \rangle | \mu_j \rangle \Big) \Big(\sum_k \langle \mu_k | \langle \eta_k | \omega_k \Big) | \mu_i \rangle$$

$$= \sum_i \sum_j \sum_k \omega_j \omega_k\, |\eta_j\rangle \langle \eta_k |\, \delta_{i,j}\, \delta_{i,k} = \sum_i {\omega_i}^2\, |\eta_i\rangle\langle \eta_i | \qquad (9.42)$$

$\hat{\rho}_\mathrm{A}$ の固有値 λ_i は、シュミット係数 ω_i の 2 乗だったわけだ。この事情は $\hat{\rho}_\mathrm{B}$ についても同じなので、結果として $\hat{\rho}_\mathrm{A}$ と $\hat{\rho}_\mathrm{B}$ は、同じ固有値を持つことになる。

> **《密度行列繰り込み群》**
>
> 鎖状の分子など、「1 次元的な量子力学系」の低エネルギー状態 $|\Psi\rangle$ を求める数値計算方法として、**密度行列繰り込み群** (Density Matrix Renormalization Group, DMRG) と呼ばれるものがある。これは、状態 $|\Psi\rangle$ を至る所でシュミット分解しておいて、
>
> - シュミット係数 ω_i が小さな項は無視する
>
> という近似を行い、数値計算に必要な量を画期的に減らす計算手法だ。1992 年に、S.R. White によって開発されたこの方法は急速に広まり、21 世紀の現在では、量子化学分野でも標準的な計算手法となりつつある。以上は「古典計算」の話なのだけれども、量子コンピューターの考え方と、密度行列繰り込み群の考え方が似通っていることが、21 世紀のはじめに「発覚」した。得てして、重要で大切な概念は並行して研究されるものだ。実は、更に遡って 1970 年頃に、統計物理学の分野で R.J. Baxter が DMRG に相当する計算方法を確立していたことも知られている。

第10章　エンタングルメント

　8 章の量子テレポーテーションでは、ベル状態をアリスとボブで共有することを考えた。アリスが持っている「ベル状態の片割れ」と、ボブの持っている「片割れ」が、**エンタングルしている**（量子的に「からんで」いる）ことが、量子テレポーテーションを可能としたのだった。量子コンピューターで行われる「いろいろな計算」を念頭に置いて、この辺りで

- 「エンタングルしている強さ」を表す、**エンタングルメント** や、その指標となる **エンタングルメント・エントロピー**

について、一度まとめておくことにする。おおまかに言うと、

- エンタングルメントとは、アリス側、あるいはボブ側で「局所的に」行った **ユニタリーではない操作** が、他方に及ぼす影響の大きさが、「最大で」どれくらいであるかを表すもの

であると、表現することができる。「ユニタリーではない操作」にどんなものがあるかと言うと、その代表格は量子測定であった。ユニタリー操作は可逆だけれども、測定は不可逆であることを思い出そう。アリス側で行った局所的な量子測定の、ボブ側への影響は、どうなっているだろうか?

> 《立場を変えても同じ》
> 　エンタングルメントは「相互的なもの」なので、ボブの側で「局所的な非ユニタリー操作」を行った場合にアリス側へと及ぶ影響 (の最大) も、その逆の場合と同じように考えられるはずだ。実際に、これから導入するエンタングルメントは、この相互的な性質を満たしている。

ここでもまた、量子テレポーテーションで登場した状態 $|\Phi'\rangle$ から議論を始めることにしよう。但し今は、$|\Phi'\rangle$ が求められた経緯などは忘れてしまって、単純に「アリスとボブの双方にかかわる状態」だという点だけを理解していれば充分だ。折角なので (?!) シュミット分解された形の数式を眺めて、考察を始めようか。

$$|\Phi'\rangle = \frac{1}{\sqrt{2}}\left[\frac{\alpha}{\sqrt{2}}|00_A\rangle + \frac{\beta}{\sqrt{2}}|01_A\rangle + \frac{\alpha}{\sqrt{2}}|10_A\rangle - \frac{\beta}{\sqrt{2}}|11_A\rangle\right]|0_B\rangle$$
$$+ \frac{1}{\sqrt{2}}\left[\frac{\beta}{\sqrt{2}}|00_A\rangle + \frac{\alpha}{\sqrt{2}}|01_A\rangle - \frac{\beta}{\sqrt{2}}|10_A\rangle + \frac{\alpha}{\sqrt{2}}|11_A\rangle\right]|1_B\rangle \quad (10.1)$$

右辺には、アリス側の密度副行列 $\hat{\rho}_A$ の固有ケット $|\eta_0\rangle$ と $|\eta_1\rangle$ が登場している。固有ケットに関して付け加えるならば、実は

- $\hat{\rho}_A$ は、2つの **縮退している** 固有値 $\lambda_2 = \lambda_3 = 0$ を持っている

ので、これらに対応する固有ケット $|\eta_2\rangle$ と $|\eta_3\rangle$ も存在する。[*107] 4つの固有ケットを、まとめて示しておこう。

《 $\hat{\rho}_A$ の固有ケット》

$$|\eta_0\rangle = \frac{\alpha}{\sqrt{2}}|00_A\rangle + \frac{\beta}{\sqrt{2}}|01_A\rangle + \frac{\alpha}{\sqrt{2}}|10_A\rangle - \frac{\beta}{\sqrt{2}}|11_A\rangle$$

$$|\eta_1\rangle = \frac{\beta}{\sqrt{2}}|00_A\rangle + \frac{\alpha}{\sqrt{2}}|01_A\rangle - \frac{\beta}{\sqrt{2}}|10_A\rangle + \frac{\alpha}{\sqrt{2}}|11_A\rangle$$

$$|\eta_2\rangle = \frac{\alpha}{\sqrt{2}}|00_A\rangle - \frac{\beta}{\sqrt{2}}|01_A\rangle - \frac{\alpha}{\sqrt{2}}|10_A\rangle - \frac{\beta}{\sqrt{2}}|11_A\rangle$$

$$|\eta_3\rangle = \frac{\beta}{\sqrt{2}}|00_A\rangle - \frac{\alpha}{\sqrt{2}}|01_A\rangle + \frac{\beta}{\sqrt{2}}|10_A\rangle + \frac{\alpha}{\sqrt{2}}|11_A\rangle \quad (10.2)$$

直交関係 $\langle \eta_i|\eta_j\rangle = \delta_{i,j}$ を確認できるだろうか？（←これは演習問題にしておく。）固有値が 0 である項も含めて $\hat{\rho}_A$ を表すならば、次のようにも書ける。

$$\hat{\rho}_A = \frac{1}{2}|\eta_0\rangle\langle\eta_0| + \frac{1}{2}|\eta_1\rangle\langle\eta_1| + 0|\eta_2\rangle\langle\eta_2| + 0|\eta_3\rangle\langle\eta_3| \quad (10.3)$$

さて、アリス側で不可逆な操作の代表格 (?!) である、射影測定を行ってみよ

[*107] $|\eta_2\rangle$ と $|\eta_3\rangle$ の重ね合わせもまた、固有値がゼロである $\hat{\rho}_A$ の固有ケットだ。

う。量子テレポーテーションでは、アリスは計算基底を使って

$$|00_A\rangle\langle 00_A|, |01_A\rangle\langle 01_A|, |10_A\rangle\langle 10_A|, |11_A\rangle\langle 11_A|$$

の4つの射影演算子に対応する測定を行った。ここでは、エンタングルメントについての見通しを良くする目的で、互いに直交する $|\eta_i\rangle$ を使った射影演算子に対応する射影測定を考えることにしよう。[*108]（↓記号の定義に注意）

$$\hat{M}_0 = |\eta_0\rangle\langle\eta_0|, \quad \hat{M}_1 = |\eta_1\rangle\langle\eta_1|, \quad \hat{M}_2 = |\eta_2\rangle\langle\eta_2|, \quad \hat{M}_3 = |\eta_3\rangle\langle\eta_3| \tag{10.4}$$

この場合、式 (9.33) で確かめたように、それぞれの状態の測定確率は、$\hat{\rho}_A$ の固有値 λ_i で与えられる。従って、測定結果は次のようにまとめられる。

- 確率 1/2 で $|\eta_0\rangle$ か $|\eta_1\rangle$ を測定し、$|\eta_2\rangle$ や $|\eta_3\rangle$ を測定することはない。

さて、測定前の **始状態** は、$|\Phi'\rangle = \frac{1}{\sqrt{2}}|\eta_0\rangle|0\rangle_B + \frac{1}{\sqrt{2}}|\eta_1\rangle|1\rangle_B$ であった。この、シュミット分解された形の $|\Phi'\rangle$ を「よーく見る」と、

- 本質的には「ベル状態のまま」である[*109]

ことがわかるだろう。従って、$\hat{M}_0 = |\eta_0\rangle\langle\eta_0|$ や $\hat{M}_1 = |\eta_1\rangle\langle\eta_1|$ による測定は、ずいぶん前に **量子乱数** で行ったベル状態の測定と似た測定となる。ともかく、測定の結果として、アリス側で $|\eta_0\rangle$ が見つかったならば、(規格化されていない) 終状態は

$$\hat{M}_0|\Phi'\rangle = |\eta_0\rangle\langle\eta_0|\Phi'\rangle = \frac{1}{\sqrt{2}}|\eta_0\rangle|0\rangle_B \tag{10.5}$$

となる。これは直積状態で、測定後のボブ側の (規格化された) 密度副演算子は $\hat{\rho}_B = |0\rangle_B\langle 0|$ となる。他方、アリス側で $|\eta_1\rangle$ が測定されたならば、

$$\hat{M}_1|\Phi'\rangle = |\eta_1\rangle\langle\eta_1|\Phi'\rangle = \frac{1}{\sqrt{2}}|\eta_1\rangle|1\rangle_B \tag{10.6}$$

が終状態となり、測定後のボブ側の密度副演算子は $\hat{\rho}_B = |1\rangle_B\langle 1|$ となる。

[*108] 但し、これらの測定をアリスが行うには、アリスは予め α と β の値を知っておく、つまり $|\psi\rangle = \alpha|0\rangle + \beta|1\rangle$ がどんな状態であるかを、アリスは知っておく必要がある。

[*109] 局所的な量子操作だけで、ベル状態を直積状態に戻すようなことは不可能である。

測定前のボブの密度副演算子が $\hat{\rho}_\mathrm{B} = \frac{1}{2}|0\rangle_\mathrm{B}\langle 0| + \frac{1}{2}|1\rangle_\mathrm{B}\langle 1|$ であったこと (式 (9.39)) を思い出すと、

- アリス側の測定が、ボブの状態を記述する $\hat{\rho}_\mathrm{B}$ を変化させた

ことがわかるだろう。どうして、このような変化が起きてしまったのか、その理由を考えると、それは

- 測定前の $\hat{\rho}_\mathrm{A}$ と $\hat{\rho}_\mathrm{B}$ が混合状態の密度演算子であったから

である。測定後はどうかというと、アリスが得た結果がどちらであれ、終状態はアリスとボブの **直積状態** となっていて、

- 測定後は、$\hat{\rho}_\mathrm{A}$ も $\hat{\rho}_\mathrm{B}$ も、純粋状態の密度副行列となる。

もし仮に、測定前の状態がエンタングルしていない、つまり始状態がアリス側とボブ側の **直積状態** であれば、このような $\hat{\rho}_\mathrm{B}$ の変化は起きないのだ。

〈〈〈 局所的なユニタリー操作 〉〉〉

アリスが、アリス側のみに関係する「局所的なユニタリー操作」を行った場合には、$\hat{\rho}_\mathrm{B}$ の変化は起きない。この事実は、「測定の初期状態」のシュミット分解された一般形 $|\Phi'\rangle = \sum_i \omega_i |\eta_i\rangle|\mu_i\rangle$ を使って示すことができる。

アリス側のケット $|\eta_i\rangle$ だけに作用する演算子を $\hat{u}$ と書くことにする。それはどんなものかというと、例えば量子テレポーテーションで扱った「アリスのC-NOT」が、その良い例になっている。$\hat{u}$ を $|\Phi'\rangle$ に作用させた場合、ボブ側のケット $|\mu_i\rangle$ には、何も変化が起きないので、

$$\hat{u}|\Phi'\rangle = \sum_i \omega_i \left(\hat{u}|\eta_i\rangle\right)|\mu_i\rangle \tag{10.7}$$

と式変形できる。この状態を使って、まず全体の密度演算子 $\hat{u}|\Phi'\rangle\langle\Phi'|\hat{u}^\dagger$ を作ろう。これはもちろん、$\hat{\rho} = |\Phi'\rangle\langle\Phi'|$ とは異なるものだ。そして、アリス側の部分的なトレース Tr_A を行って $\hat{\rho}_\mathrm{B}$ を作ってみる。アリス側のトレースは、$\hat{\rho}_\mathrm{A}$ の固有ケット $|\eta_k\rangle$ を使って計算することにしよう。

$$\hat{\rho}_{\mathrm{B}} = \mathrm{Tr}_{\mathrm{A}}\left(\hat{u}\,|\Phi'\rangle\langle\Phi'|\,\hat{u}^\dagger\right) = \sum_k \langle\eta_k|\left(\hat{u}\,|\Phi'\rangle\langle\Phi'|\,\hat{u}^\dagger\right)|\eta_k\rangle$$

$$= \sum_k \sum_j \sum_i \langle\eta_k|\,\hat{u}\,|\eta_j\rangle\left(\omega_j\,|\mu_j\rangle\langle\mu_i|\,\omega_i\right)\langle\eta_i|\,\hat{u}^\dagger\,|\eta_k\rangle$$

$$= \sum_j \sum_i \left(\omega_j\,|\mu_j\rangle\langle\mu_i|\,\omega_i\right)\langle\eta_i|\,\hat{u}\left(\sum_k |\eta_k\rangle\langle\eta_k|\right)\hat{u}^\dagger\,|\eta_j\rangle$$

$$= \sum_j \sum_i \left(\omega_j\,|\mu_j\rangle\langle\mu_i|\,\omega_i\right)\langle\eta_i|\,\hat{u}\hat{u}^\dagger\,|\eta_j\rangle \tag{10.8}$$

ここで、$\hat{u}\hat{u}^\dagger = \hat{I}$ を使うと $\langle\eta_i|\,\hat{u}\hat{u}^\dagger\,|\eta_j\rangle = \langle\eta_i|\eta_j\rangle = \delta_{i,j}$ が成立するので、

$$\hat{\rho}_{\mathrm{B}} = \sum_j \sum_i \omega_j\,|\mu_j\rangle\langle\mu_i|\,\omega_i\,\delta_{i,j} = \sum_i \omega_i{}^2\,|\mu_i\rangle\langle\mu_i| = \sum_i \lambda_i\,|\mu_i\rangle\langle\mu_i| \tag{10.9}$$

と式変形できる。この式は $\hat{u}$ を全く含んでいないので、$\hat{u}$ の影響が $\hat{\rho}_{\mathrm{B}}$ には及ばないことが示せた。

同じように、ボブ側だけに作用するユニタリー操作を $|\Phi'\rangle$ に行っても、アリス側の密度副演算子 $\hat{\rho}_{\mathrm{A}}$ は変化しない。大切なことは、アリス側にせよ、ボブ側にせよ、局所的なユニタリー操作を行う限り、密度副演算子の固有値や、シュミット係数は変化しないということだ。

> 《エンタングルメントの定義》
>
> エンタングルしている、していない — この判断を、今までは「状態がアリスとボブの直積状態かどうか」で行って来た。ただ、これは両方の系を含めた、全体の状態を知っていて初めて判断のつくことだ。もう少し、アリスやボブの測定に即した形でエンタングルメントを表現できるならば、その方が実際的で良い。現在の所、一般的に受け入れられているエンタングルメントの定義は、「部分内での局所的な操作と、部分間の古典通信だけでは作り得ない相関」だろう。これらの操作はまさに、量子テレポーテーションでアリスとボブが行ったもので、両者の間のエンタングルメントは最初に準備した **ベル状態** のみが受け持っていたわけだ。

⟨⟨⟨ エンタングルメント・エントロピー ⟩⟩⟩

密度演算子 $\hat{\rho}$ から作られた2つの密度副演算子 $\hat{\rho}_{\mathrm{A}}$ と $\hat{\rho}_{\mathrm{B}}$ は **共通の固有値** $\lambda_i = (\omega_i)^2$ を持っていた。そして、これらの密度演算子が規格化されている場合、固有値 λ_i は

- それぞれの密度副演算子を対角とする測定の、測定確率

であり、その合計が $\sum_i \lambda_i = 1$ となるのであった。λ_i が比較的大きな状態は「たびたび」観測され、小さいものは「あまり」観測されず、ゼロであれば「全く」観測されない。

このように確率が登場する場合には、対応する **情報エントロピー** を定義することができる。[*110]

$$S = -\sum_i \lambda_i \log_2 \lambda_i \tag{10.10}$$

いま考えている確率は、アリスとボブの間の **エンタングルメント** を表す確率であったから、対応する情報エントロピーは、**エンタングルメント・エントロピー** と呼ぶのが相応しいだろう。確率 λ_i は、それぞれが $0 \leq \lambda_i \leq 1$ を満たすので、$\lambda_i = 0$ となる場合の取り扱いが気になるかもしれない。極限を取って考えればわかるように $\lambda_i = 0$ の項は、エンタングルメント・エントロピー S には影響しない。[*111]

$$\lim_{\lambda_i \to 0} -\lambda_i \log_2 \lambda_i = 0 \tag{10.11}$$

以下では、固有値 λ_i を、大きい順に並べることにしよう。

$$\lambda_0 \geq \lambda_1 \geq \lambda_2 \cdots \geq 0 \tag{10.12}$$

この中から、$\lambda_i > 0$ である固有値だけが、S に寄与することになる。

[*110] 統計力学のギブス・エントロピー $S = -k \sum_i \lambda_i \ln \lambda_i$ に良く似た式であることに気づいた人も居るだろう。量子情報と熱力学の関係は、物理学最前線のテーマで「あり続けている」。

[*111] 対数関数 $\log_2 \lambda_i$ は $\lambda_i \to 0$ の極限で発散するけれども、この発散は「ゆっくり」しているので、λ_i をかけた $\lambda_i \log_2 \lambda_i$ は 0 に収束する。この収束性の証明は、大学で数学を学ぶ時に演習問題として良く出るもので、検索するとアチコチに掲載されている。

部分系が純粋状態の場合

アリスの密度副演算子 $\hat{\rho}_A$ やボブの密度副演算子 $\hat{\rho}_B$ が純粋状態を表していれば、ただ 1 つの固有値 λ_0 が 1 で、他の λ_i は全てゼロになる。この場合、エンタングルメント・エントロピーは[*112]

$$S = -1 \log_2 1 - 0 \log_2 0 - \cdots = 0 \tag{10.13}$$

とゼロになる。($0 \log_2 0$ は $\lambda \to 0$ の極限を取って考えるのであった。) これは、アリスとボブが **エンタングルしていない** ことを示していて、両者を含む全体の状態は、**直積** $|\eta_0\rangle|\mu_0\rangle$ で表すことができる。つまり、ただ 1 つのシュミット係数 ω_0 が 1 で、その他が 0 となるわけだ。

部分系が混合状態の場合

長らく付き合っている、式 (10.1) の状態 $|\Phi'\rangle$ では、$\lambda_0 = \lambda_1 = \dfrac{1}{2}$ であった。この場合、エンタングルメント・エントロピーは

$$S = -\frac{1}{2} \log_2 \frac{1}{2} - \frac{1}{2} \log_2 \frac{1}{2} = 1 \tag{10.14}$$

となる。この例のように、観測し得る状態それぞれの λ_i が等しい場合に S は最も大きくなり、このような場合を「最大限にエンタングルした状態」と呼ぶ。ずいぶん前に導入した 4 つのベル状態 (式 (4.16)) は、いずれも最大限にエンタングルしている。

最大限にエンタングルしている例を、もう 1 つあげると、部分系 A に状態が n 個あって、そのどれもが同じ確率となる混合状態の場合、つまり $\lambda_i = 1/n$ の場合に対応するエンタングルメント・エントロピーは

$$S = -\sum_{i=1}^{n-1} \lambda_i \log_2 \lambda_i = -n\left(\frac{1}{n} \log_2 \frac{1}{n}\right) = \log_2 n \tag{10.15}$$

と求めることができて、その値は n とともに増大して行く。

以上のように、エンタングルメント・エントロピーは、アリスとボブがエンタングルしているかどうかを、定量的に示すものになっている。ただ、どうして

[*112] ひとたびエンタングルメントについて話し始めると、文章のあちこちに「エンタングルメント」という訳のわからない単語が何度も繰り返し出て来るようになる .... 慣れよう。

式 (10.10) のように対数を使ったのか、まだピンと来ないかもしれない。迷ったら基本に立ち戻るのが物理の鉄則だ。量子乱数の話まで戻って考えてみよう。

<<< 複数個のベル状態の共有 >>>

アリスとボブが、1つのベル状態を共有している場合、両者の間のエンタングルメント・エントロピーは、式 (10.14) で与えられるように、$S = 1$ であった。アリスとボブが、2つのベル状態を共有している場合はどうだろうか？ この場合、全体の状態は2つのベル状態の直積となる。

$$|\Psi\rangle = \left[\frac{|0\rangle_a|0\rangle_b + |1\rangle_a|1\rangle_b}{\sqrt{2}}\right] \left[\frac{|0\rangle_A|0\rangle_B + |1\rangle_A|1\rangle_B}{\sqrt{2}}\right] \tag{10.16}$$

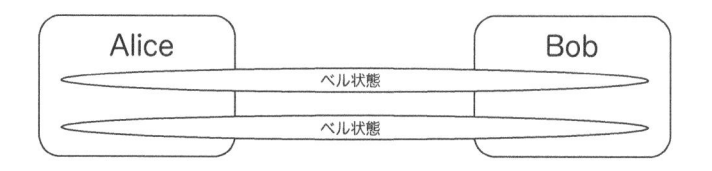

但し、直積は直積でも、a と A をアリス側に、b と B をボブ側に置くように、全体を2つに分けて考える。式 (10.16) を展開すると、実はそのまま **シュミット分解** された形になっている。

$$\begin{aligned}|\Psi\rangle &= \frac{1}{2}|0\rangle_a|0\rangle_A\,|0\rangle_b|0\rangle_B + \frac{1}{2}|0\rangle_a|1\rangle_A\,|0\rangle_b|1\rangle_B \\ &+ \frac{1}{2}|1\rangle_a|0\rangle_A\,|1\rangle_b|0\rangle_B + \frac{1}{2}|1\rangle_a|1\rangle_A\,|1\rangle_b|1\rangle_B\end{aligned} \tag{10.17}$$

式を見やすくする目的で、添え字をケットの中に移動しよう。

$$|\Psi\rangle = \frac{1}{2}|0_a0_A\rangle|0_b0_B\rangle + \frac{1}{2}|0_a1_A\rangle|0_b1_B\rangle + \frac{1}{2}|1_a0_A\rangle|1_b0_B\rangle + \frac{1}{2}|1_a1_A\rangle|1_b1_B\rangle \tag{10.18}$$

このように、シュミット係数は全て $1/2$ となる。従って、密度副演算子の固有値は、全て $1/4$ であることが直ちにわかる。また、まじめに (?!) アリス側の密度副演算子を作ると、それは次の形をしている。

$$\hat{\rho}_{aA} = \frac{1}{4}|0_a0_A\rangle\langle 0_a0_A| + \frac{1}{4}|0_a1_A\rangle\langle 0_a1_A| + \frac{1}{4}|1_a0_A\rangle\langle 1_a0_A| + \frac{1}{4}|1_a1_A\rangle\langle 1_a1_A|$$

ともかく、いま求めた密度副演算子の固有値 $\lambda_i = 1/4\ (i = 0, 1, 2, 3)$ から、エンタングルメント・エントロピーを求めてみよう。

$$S = -4\frac{1}{4}\log_2\frac{1}{4} = 2 \tag{10.20}$$

ちょっと驚いただろうか、2個のベル状態をアリスとボブで共有している状況が、$S = 2$ という数で、見事に示されているではないか。

アリスとボブが、m 個のベル状態を共有している場合も、2 個の場合と全く同じように考察することができる。この場合、2^m 個の固有値が全て等しく $1/2^m$ であるという状況となる。この場合は、$S = \log_2 2^m = m$ と計算できて、2 個の場合と同じように、**共有しているベル状態の数** が、エンタングルメント・エントロピーの値となる。[*113]

共有できる乱数の数?!

アリスとボブが m 個のベル状態を共有している始状態を考えよう。両者が、それぞれの手元の状態を次々と測定して行くと、

- ふたりの間で m 桁の「量子乱数」を共有することができる。

この m という数は、すぐ上で求めたエンタングルメント・エントロピーに、ちょうど一致している。

この例を見ると、アリスとボブの間のエンタングルメント・エントロピーは、アリスとボブの間で共有できる、量子乱数の桁数ではないかという推測に至るだろう。少し注意深い考察が必要ではあるけれども、この直感はほぼ正しい。アリスが測定を終えた時に、**最大**でどれくらい詳しくボブ側の状況を知り得るか、その「情報のエントロピー」が、エンタングルメント・エントロピーの正体であると言って、過言ではない。

[*113] いま説明したように、2 人の間のエンタングルメントは明確に定義することができる。一方で、3 人以上が絡んでいる場合のエンタングルメントについては、まだあまり理解が進んでいない。最先端の研究テーマであると言っても良いだろう。

⟨⟨⟨ 面積法則 ⟩⟩⟩

エンタングルメントばかり、延々と話しても得る所は — 少なくとも、学び始めた段階では — あまり多くないので、そろそろ撤収することにしよう。「章末の話題」は **面積法則** (エリアロー) である。今までは、q-bit が数えられるくらい、小さな対象を考えて来た。もっと大きな対象 — 例えば大きな分子や、更に大きな結晶など — を考えて、それを 2 つの領域に分けて考えるならば、領域の間のエンタングルメント・エントロピーは、どんな値になるだろうか?

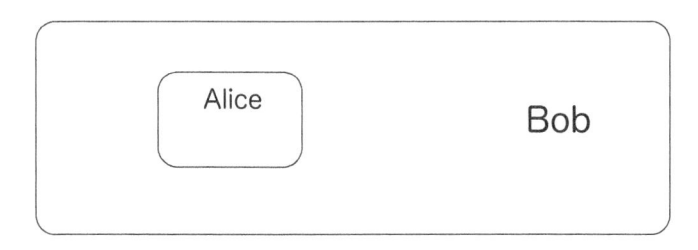

[図: 大きな枠の中に Alice と書かれた小さな枠があり、その外側に Bob と書かれている]

図に描いたのは、そのような「大きな物理系」だとしよう。これを **閉曲面** で 2 つに分けて、囲った内側をアリス、外側をボブと呼ぶ。

- こんなに大きな部分を、マトモに量子力学的に取り扱えるモンか!

と、諦めに近いコメントも吐きたくなる (?!) けれども、状態を数式でノートに書き記すことが可能かどうかという問題は度外視して考えよう。ともかくアリスもボブも、その物理的な性質は量子力学的に決まっているはずだ。従って、アリスとボブの間で、エンタングルメント・エントロピーが「ある値」を持っているはずなのだ。それは、どれくらいの大きさになるだろうか?

もし仮に、アリスとボブが「可能な限り多くのベル状態を共有している」ならば、閉曲面で囲ったアリスの内側は、そのベル状態の「片割れ」で満ちているはずだ。ベル状態を「2 つの点と、それらを結ぶ線」で表すならば、アリス側が点で満ちていて、それぞれの点からボブ側へと線が延びて行く図が描ける。このような状態が実現している場合、エンタングルメント・エントロピーは、アリス側の「体積」に比例するはずだ。(←**体積法則**) しかし、このような状態は「どちらかと言うと特殊なもの」で、物理的に実現することは容易ではない。では、どんな状態が物理的に一般的かというと、それは

体積法則　　　　　面積法則

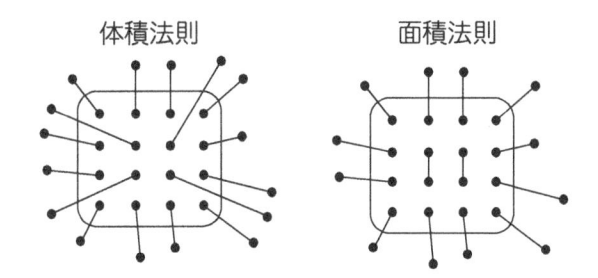

- 近い距離では **相関** があるけれども、少し離れると何も関係なくなる

という状況だ。これは例えば、アリスとボブが「ベル状態で満ちている」状況で、かつ「ベル状態が短い線で結ばれている」ような場合だ。図を見るのが一番だろう。すると、エンタングルメント・エントロピーは「アリスとボブで共有されている、境界を短くまたぐベル状態の数」となる。この数は、おおよそ、アリスとボブを分ける **閉曲面の面積** に比例することが、容易に想像できるだろう。この議論は、かなり一般的に通用するもので、大抵どんな物理系でも

- エンタングルメント・エントロピーの大きさは、アリスとボブの間の、境界の面積に比例する

ことが知られている。

閉曲面といえば、極端な例だけれども、**ブラックホール** を取り囲む **事象の地平線** も閉曲面だ。従って、その内側と外側の間にはエンタングルメント・エントロピーが存在すると推測できる。これは、いわゆる **ブラックホール・エントロピー** に対応するものではないか？ と考えることも、論理の上では可能だ。このような「地平線」は宇宙の初期にも出現したものだと言われていて、初期宇宙のエンタングルメントを精力的に研究する人々も居る。

《繰り込み群とエンタングルメント》

　ちょっと、最近の研究から話題を披露しよう。物理学には **繰り込み群** という重要な概念がある。これは「場の理論」の基礎づけに必要な理論なのだけれども、普通に身の回りにある物質の性質、例えば硬いとか柔らかいとか、熱や電気を通すとか通さないとか、同じ物質でも氷と水と水蒸気では見かけが異なるとか、そういった普遍的な現象の **定量的な説明** にも役立つものなのだ。

　繰り込み群の基本的な考え方は、半世紀前に Kadanoff（カダノフ）という研究者が提唱した、物理系の「ブロック化を通じたスケール変換」にある。これはまあ、グラフ用紙を眺めるようなものだ。グラフ用紙を細かく見ると 1 cm のマス目が見え、もっと細かく見ると 1 mm のマス目となる。仮にそのまま、どどん小さなマス目も描けるとすると、最終的には原子くらいの大きさのマス目まで行き着くはずだ。10 cm, 1 cm, 1 mm, 0.1 mm, ... という階層に気づくことが大切だ。繰り込み群では、ある階層に目をつける時には、それより下の階層の持つ情報から **一部の重要な情報のみ受け継ぐ** のである。

　ここで「情報」という言葉が出て来た所がミソである。まさにそれは

- 下の階層と、その上の階層を結ぶエンタングルメント

なのである。(但し、それが量子力学的なものか、統計力学的なものか、という区別は必要かもしれない。) このようにして、繰り込み群は **量子情報** との接点を持つようになった。興味のある方は、キーワード Multi Scale Entanglement Renormalization とか、Tensor Network Renormalization で検索をかけてみると良いだろう。原子レベルの物理情報が、どのように「目に見える大きさの物理」に反映しているのか、どのような物理情報が巨視的になり得るのか、そういった疑問に答えて行きたくなったら、きっと、これらの「エンタングルメント繰り込み」の概念が役に立つだろう。

第11章　誤り訂正符号

量子コンピューターで、幾つもの q-bit を含む、ちょっと込み入った計算を何段階も行うことは、まだあまり成功していない。その理由の一端は、量子回路を構成する量子素子や導線 (?!) が、周囲からさまざまな雑音にさらされているからだ。ちょっとした**雑音**(ノイズ) によって、$|\psi\rangle = \alpha|0\rangle + \beta|1\rangle$ が **bit 反転して** $\alpha|1\rangle + \beta|0\rangle$ に変わったり、**符号がひっくり返って** $\alpha|0\rangle - \beta|1\rangle$ に変わったり、これらの変化が複合して起こったりする。[114]このような雑音が生じる最大の原因は **熱の影響** だ。

《温度とエネルギー》

　熱現象は、**熱力学エントロピー** を理論的な柱として、**熱力学** という美しい (?!) 論理体系としてまとめられて来た。この熱力学を原子・分子の運動現象から説明するのが、ボルツマンやギブスによって提唱されて来た **統計力学** である。その結果を借りて来ると、**絶対温度** が T [K] である場所には kT [J] 程度の大きさの **エネルギー励起** が盛んに起きることが知られている。$k = 1.38\ldots \times 10^{-23}$ [J/K] は **ボルツマン定数** だ。

---

[114] α や β の値が、少しだけ変化して $\alpha'|0\rangle + \beta'|1\rangle$ と変化する場合はないのか? と思うかもしれない。これらの場合は、元の $|\psi\rangle$ と、何らかの ── パウリ演算子のいずれかの1つによる ──「反転」が起きた場合の重ね合わせで表現することができる。変化しなかった部分は、そのままにしておけるので、「反転」が起きた場合だけを考えれば充分なのだ。

量子コンピューターは、常に周囲から「熱励起を受けて誤動作してしまう」危険に直面しているのである。なるべく確実に素子を作動させようと試みるならば、何らかの方法で回路や素子を **冷却する** か、あるいは

- 熱を持っている外部から可能な限り **隔離・遮断** する

必要がある。しかし、その努力にも限りがあるものだ。熱力学・統計力学はまた、温度 T をゼロにすることが、事実上不可能であることを教えてくれるからだ。

この、「雑音による信号の劣化」への対策が必要であるという点は、古典コンピューターや古典通信にも共通する点だ。例えば「電波の弱い所」で携帯電話やパソコンを無線で接続しようとすると、電波に乗せた信号 ── 2 進数 ── の 0 と 1 が、ときどき反転してしまう。このような、**bit 反転** は、よくあることなので、**誤り訂正符号** と呼ばれる方法を使って、必要な情報の消失を防いでいる。訂正符号の手法は色々と工夫され続けて来て、現在では実に様々な方法が使われている。[*115]

《原始的な方法》

色々とある「誤り訂正符号」の方法の中で、原始的な方法のひとつが

- 同じ信号を何度も送る

というものだ。「先生の小言(がみがみ)モード」とでも言えば良いだろうか、何度も何度も同じ信号が送られて来たら、1 度や 2 度聞き漏らしても、大丈夫だというわけだ。(先生に何度も「お小言」を言われた学生はというと、「先生のような、あのような人間にだけはなるまい」と心に誓うのが世の常である。) この方法は原始的だけれども、割と確実な方法なので、例えば宇宙の遠く離れた場所を飛行する惑星探査機に命令を送り伝えるような時に、よく使われる。信号が雑音の影響を受けていても、受信したものを見比べて **多数決** を取れば、高い確率で ── 実用上はほぼ間違いなく ── 元の信号を復元できるというわけだ。

[*115] **リード・ソロモン符号** は、誤り訂正符号の代表的な方法で、デジタル記録やデジタル通信に広く用いられている。

量子コンピューターで使われる q-bit を、**熱雑音** を含む、周囲の影響から「守る」には、どうすれば良いだろうか？ 1 つの q-bit 状態 $|\psi\rangle = \alpha |0\rangle + \beta |1\rangle$ をアリスからボブへと送り届ける時に、アリスがそのコピーを何個も作って、何回も何回もボブに送り続ける、そんな工夫をすれば良いのだろうか？ アリスが「単なる通信業者」であって、**中継する量子情報** $|\psi\rangle$ の内容を知り得ない場合には、コピーの生成は無理である。ノークローニング定理で示されるように、

- $|\psi\rangle$ を知らずに、その完全なコピーを作ることはできない

からである。**量子的な情報** は、ひとたび「聞き逃す」と、確認のために後から問い直すことはできないのである。

アリスが $|\psi\rangle$ の内容を知っている情報の送り手であって、同じ $|\psi\rangle$ を何個も繰り返し作れたとしても、もし送信の途中の経路で雑音の影響があれば、少しずつ違った状態がボブに届く。そんなものを何個も受け取ったボブが「どの情報を信じたら良いのかわからない」という問題もある。技術的な話をすると、量子力学を用いて「何かを多数決で決める」という具体的な方法も、直ちには思いつかないものだ。さて、どうしたものだろうか？[*116]

《回路と通信》

量子コンピューターの「量子回路」の話から始めたハズなのに、いつの間にかアリスとボブの間の「量子通信」の話になってしまったではないか？ と、疑問を持たれるかもしれない。——「雑音に関する限り、どっちも似たようなモンじゃないか」—— というのが、疑問への回答だ。量子回路の中では、量子ゲートと量子ゲートの間で、何らかの情報のやり取りがある。ゲート間で、急いで受け渡しを行おうとすれば、必然的に「信号の受け取り損ね」が生じる。一方で、非常にゆっくりと信号の受け渡しを行うと、今度はその「長い時間間隔」の間に雑音を受けてしまう危険がある。伝送の時間・距離や、雑音の強さに違いはあっても、通信と情報処理には共通する点が多いのだ。

[*116] 関連する研究動機として「エンタングルメント蒸留」あるいは「エンタングルメント抽出」(Entanglement Distillation) というものがある。

⟪⟪⟪ bit 反転コード ⟫⟫⟫

送信する状態 $|\psi\rangle$ のコピーは不可能でも、信号の桁数を増やすことはできる。例えば、図のような C-NOT を 2 個含む量子回路を考えよう。(中央右側で線が交差している部分は、つながっていない。「p. 115 下側」の回路を使っても良い。)

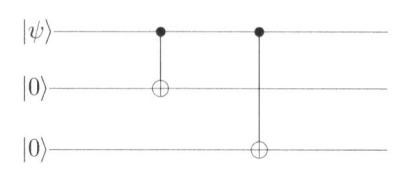

この回路を使うと、$|\psi\rangle$ に2つの $|0\rangle$ を付け加えた **直積状態**

$$|\psi\rangle|0\rangle|0\rangle = \bigl(\alpha|0\rangle + \beta|1\rangle\bigr)|0\rangle|0\rangle = \alpha|000\rangle + \beta|100\rangle \tag{11.1}$$

を入力して、ベル状態や GHZ 状態と同じように **エンタングルした状態** へと変換することができる。

$$\alpha|000\rangle + \beta|111\rangle \tag{11.2}$$

このように「ゾロ目の 3 桁」になった状態を、**bit 反転コード** と呼ぶ。(補足すると、3 桁に限ることはなくて、4 桁でも 5 桁でも良い。) [117]

《可逆な操作か?》

式 (11.2) のように、エンタングルした状態に変化してしまうと、元の情報が乱されてしまうのではないか? と、心配になるかもしれない。いや、ご安心を。量子回路は **ユニタリーゲート** で構成されているので、その変換は可逆だ。もし、式 (11.2) の状態を元の直積 $|\psi\rangle|0\rangle|0\rangle$ に戻したければ、上の図の量子回路を「もうひとつ作って」、入力し直せば良い。C-NOT を 2 回作用させると恒等操作となるので、再び元の $|\psi\rangle|0\rangle|0\rangle$ が得られる。

---

[117] 桁数を増やすにつれて、大抵の場合は雑音に強くなって行く。もっとも、C-NOT ゲートの動作も「本当に正確か?」という **忠実性** の問題もあるだろうから、むやみに桁を増やせば良いというものでもない。

式 (11.2) で与えた「bit 反転コード」のエンタングルメントは、**桁の間** に存在する。例えば、$\alpha|0\rangle|00\rangle + \beta|1\rangle|11\rangle$ という具合に、1 桁目と、2,3 桁目の間で分割を行ってみるならば、これはすでに **シュミット分解** された形になっているので、密度副演算子を作ってみるまでもなく

$$S = -|\alpha|^2 \log_2 |\alpha|^2 - |\beta|^2 \log_2 |\beta|^2 \tag{11.3}$$

という大きさのエンタングルメント・エントロピーの存在が示せる。[*118]

bit 反転雑音

さて、雑音には様々なタイプのものがあると紹介したばかりだけれども、ここではまず、$|0\rangle$ を $|1\rangle$ と、またその逆へと **bit 反転** するような雑音だけが存在すると仮定しよう。これは

- いずれかの桁に、bit 反転操作を行うパウリ演算子 $\hat{\sigma}_X = |1\rangle\langle 0| + |0\rangle\langle 1|$ が「稀に」作用するような雑音

である。例えば、一番左端の桁が反転されると

$$\alpha\left(\hat{\sigma}_X|0\rangle\right)|00\rangle + \beta\left(\hat{\sigma}_X|1\rangle\right)|11\rangle = \alpha|100\rangle + \beta|011\rangle \tag{11.4}$$

という状態の変化が生じる。反転の頻度は比較的小さくて、2 つの桁が同時に反転されることは「非常に稀なので、事実上無視しても良い」と仮定しよう。[*119] すると、ボブに届いた段階で、信号は次の 4 通りの状態についての、適当な「重ね合わせ」になっている。(注: 混合状態に変化することもある。)

$$\begin{aligned}
&\alpha|000\rangle + \beta|111\rangle && \text{元のままの場合} \\
&\alpha|100\rangle + \beta|011\rangle && \text{一番左が反転した場合} \\
&\alpha|010\rangle + \beta|101\rangle && \text{中央が反転した場合} \\
&\alpha|001\rangle + \beta|110\rangle && \text{一番右が反転した場合}
\end{aligned} \tag{11.5}$$

「重ね合わせ」を数式として表すならば、次のように書ける。

[*118] 但し、$\alpha\beta = 0$ の場合には $S = 0$ となり、桁の間は直積状態となる。
[*119] 稀にでも起きたらどうしよう? という心配は、確かに残るだろう。多数の反転が起きることが想定される場合は、それに応じて桁数を増やすか、あるいは通信そのものをアキラめるかの選択となる。

$$a_0\Big(\alpha\,|000\rangle+\beta\,|111\rangle\Big)+a_1\Big(\alpha\,|100\rangle+\beta\,|011\rangle\Big)$$
$$+a_2\Big(\alpha\,|010\rangle+\beta\,|101\rangle\Big)+a_3\Big(\alpha\,|001\rangle+\beta\,|110\rangle\Big) \quad (11.6)$$

いずれかの桁が「反転される」のが雑音の影響なので、例えば $\alpha\,|100\rangle+\beta\,|111\rangle$ などという状態は含まれない。また、雑音の影響は、比較的小さいと仮定しておいたので、

- 重ね合わせの「割合」は、最初の $\alpha\,|000\rangle+\beta\,|111\rangle$ が一番大きい

はずだ。後の3つの状態が、ほんの少しだけ付け加わっていると考えておこう。($|a_0|\gg|a_1|,\,|a_2|,\,|a_3|$) 但し、ほんの少しだけとは言っても、bit 反転は元の情報を「壊してしまいかねない」変化だ。

ボブ側にしてみれば、受け取った情報が雑音の影響を受けたものであるかどうかを「知る」だけでも、有難いことだ。少なくとも、

- 雑音の影響を受けていない情報は、そのまま受け入れて良い

からだ。ではボブが、雑音による bit 反転があったかどうかを知る目的で、送られて来た状態の各桁を射影測定すれば何が起きるだろうか？ $|000\rangle\langle000|$ から $|111\rangle\langle111|$ までの、8個の射影演算子の組を使って測定した結果として、例えば 100 や 010 や 110 など、0 か 1 が3つ揃っていない状態が測定されれば、確かに雑音の影響があったことはわかる。従って、アリスから送られて来た状態に対して、測定を繰り返すと

- 通信の途中での雑音の影響の有無、その大小

については定量的に判定できる。しかし、ひとたび射影測定を行ってしまえば、その時点ではもう

- 測定による、復元不可能な状態の破壊が起きている

わけだ。ボブの手元に残るのは $|100\rangle$ とか $|010\rangle$ とか $|110\rangle$ など、α も β も関係ない「測定の終状態」だけとなる。困ったものだ。重ね合わせの係数はそのまま残しておいて、雑音の影響だけを知る方法はないものだろうか？

⟨⟨⟨ bit 反転の検出 ⟩⟩⟩

雑音の影響を調べる目的で、ボブ側の測定をひと工夫しよう。いま 3 つの q-bit が並んだ状態を取り扱っているのだけれども、さっきの **雑音の影響を受けた状態** に対して、あと 2 つの桁 $|0\rangle|0\rangle$ を付け加えた状態を、次の量子回路へと放り込むのだ。[120] 雑音は、回路図の中の * 印で示した位置で bit 反転を (まれに) 行うとしよう。

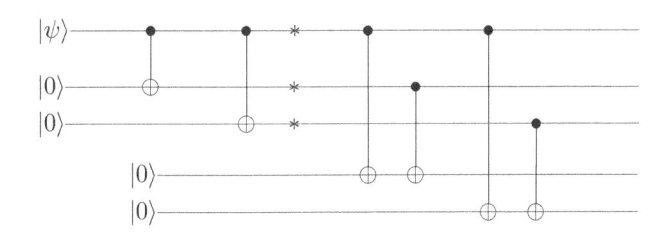

回路を出てきた状態は、どうなっているだろうか？ C-NOT の作用を丁寧に追うと、結果として次の状態 (の式 (11.6) のような重ね合わせ) が得られる。

$$\alpha|000\rangle|00\rangle + \beta|111\rangle|00\rangle \qquad 元のままの場合$$
$$\alpha|100\rangle|11\rangle + \beta|011\rangle|11\rangle \qquad 一番左が反転した場合$$
$$\alpha|010\rangle|10\rangle + \beta|101\rangle|10\rangle \qquad 中央が反転した場合$$
$$\alpha|001\rangle|01\rangle + \beta|110\rangle|01\rangle \qquad 一番右が反転した場合 \qquad (11.7)$$

新しく付け加わった 2 桁は ancilla と呼ぶ習わしとなっている。

> ♡ アンシ〜ラ ♡
> ancilla は、英語では「お助けの付属物」のような意味を持っているのだけれども、語源はラテン語らしい。調べてみると … その意味は検索してみてのお楽しみにしておこう。ancilla で画像検索すると、さらに楽しめることだろう。量子情報理論の用語には **このようなもの** が、時々潜んでいる。

---
[120] POVM と呼ばれる測定方法で雑音の影響を調べるという手もあるのだけれども、実験的な直感が働き辛いこともあるので、測定方法としては射影測定のみを用いることにした。

この段階で、「オマケの 2 桁」の ancilla を射影測定すると、雑音の影響の有無と、影響があった場合に「どこが反転しているか」がわかる。ancilla が 00 であることが確認できたならば、測定後の状態は

$$\left(\alpha|000\rangle + \beta|111\rangle\right)|00\rangle \tag{11.8}$$

と直積状態に戻り、また bit 反転もないことがわかる。一方で、ancilla が 11 であることが確認できたならば、測定後の状態は

$$\left(\alpha|100\rangle + \beta|011\rangle\right)|11\rangle \tag{11.9}$$

となる。この場合は、一番左の桁が反転しているので、そこへパウリ演算子 $\hat{\sigma}_X$ を作用させて、元の $\alpha|000\rangle + \beta|111\rangle$ に戻せば良い。同様に、ancilla が 10 であると測定できれば中央に、ancilla が 01 であると測定できれば右側の桁へと $\hat{\sigma}_X$ を作用させ、状態を $\alpha|000\rangle + \beta|111\rangle$ に修復する。

- 測定された ancilla の 2 桁は、雑音の影響がどこに及んだかを判定する材料となる。ancilla の測定確率は、00 が一番大きい。
- 反転した bit の位置が把握できれば、そこを再度 $\hat{\sigma}_X$ で反転することによって、元の $\alpha|000\rangle + \beta|111\rangle$ へと状態を復元することができる。

これらの作業を経て、bit を反転するタイプの雑音の影響を、ほぼ消してしまうことができる。[*121]

> 《誤り訂正符号と冷却》
>
> いま、手元の、あるいは伝送される状態 $|\psi\rangle = \alpha|0\rangle + \beta|1\rangle$ を**雑音から守る**方法を、ひとつ紹介した。これは、状態に及ぶ「雑音という熱的な作用を排除しよう」という試みなので、ある意味で「冷却」であると言える。冷蔵庫でも冷凍庫でも、どこかを周囲よりも冷やそうとすると、結局は「どこかに熱を吐いている」ことになる。今の場合、どこに熱が出て行ったのかというと、実は ancilla の測定者が受け取ったのだ。

[*121] ほぼ消せる、と書いたのは、2 つ以上の bit が同時に反転すると、もはや修復のしようが無いからである。

⟨⟨⟨ 他のタイプの雑音 ⟩⟩⟩

bit 反転コードが想定していた雑音は、幾つか並んだ q-bit の「いずれか 1 つ」に bit 反転を行う $\hat{\sigma}_X$ が作用するものであった。物理学でよく議論される **等方性** を思い出すと、空間に上も下もないのだから、$\hat{\sigma}_X$ が作用する可能性があるのであれば、同じように $\hat{\sigma}_Y$ や $\hat{\sigma}_Z$ が作用することもあるだろう。しかし、式 (11.2) で与えた bit 反転コードは、$\hat{\sigma}_Y$ や $\hat{\sigma}_Z$ の作用による状態の変化を修復することができない。このような、様々なタイプの雑音に耐えるには、もっと **コードを伸ばす** 必要がある。

例えば、**Shor の 9-bit コード** というものがあって、まず $|\psi\rangle = \alpha|0\rangle + \beta|1\rangle$ に 8 桁の $|0\rangle$ を追加しておいて、

$$|\psi\rangle|00000000\rangle = \bigl(\alpha|0\rangle + \beta|1\rangle\bigr)|00000000\rangle \tag{11.10}$$

これを次の 9 桁の状態へとユニタリー変換する。

$$\frac{\alpha}{2\sqrt{2}}\bigl(|000\rangle + |111\rangle\bigr)\bigl(|000\rangle + |111\rangle\bigr)\bigl(|000\rangle + |111\rangle\bigr)$$
$$+ \frac{\beta}{2\sqrt{2}}\bigl(|000\rangle - |111\rangle\bigr)\bigl(|000\rangle - |111\rangle\bigr)\bigl(|000\rangle - |111\rangle\bigr) \tag{11.11}$$

こうしておくと、この 9 桁のどこか一箇所に $\hat{\sigma}_X$ や $\hat{\sigma}_Y$ や $\hat{\sigma}_Z$ が作用しても、bit 反転コードと同じように

- 「作用した場所」と「作用した演算子の種類」

を特定して、元の形まで修復することができる。修復の手続きは、それなりに面白いのだけれども、本質的には bit 反転コードの修復とあまり変わらないものだ。

この 9-bit コードには、長さが 9 桁に伸びた分だけ、雑音の修復が多彩になったけれども、伸びた分だけ「雑音を受ける箇所が増えた」という問題も抱えている。雑音との戦いは量子コンピューターが直面している最大の課題の一つで、現在も、様々な対策が提案されつつある。[122]

---

[122] **トポロジカルコード** という面白いものがあって、ドーナツ型の表面に何十個もの q-bit を並べておいて、全体として 1 つの q-bit を表そうという試みが提案されている。

《フォールト・トレラント量子計算》

雑音の影響と聞くと、量子ゲートと量子ゲートをつなぐ「線」の上で、何らかの状態の乱れを拾ってしまうというイメージが強いかもしれない。確かに、それは重大な影響を及ぼすのだけれども、量子ゲートの間「だけ」に目を向けるのでは注意が欠けている。実は、

- ゲートそのものの作動に、どれくらいの信頼性があるか?

という点にも着目しなければならない。例えば bit 反転を行う $\hat{\sigma}_X$ を例に取ると、何らかの方法によって状態を $|0\rangle$ から $|1\rangle$ と、またその逆へと反転する操作を「ある時間をかけて」行う必要があるのだけれども、その際の「時間間隔の管理」が悪いと、反転し切らずに、ほとんど $|1\rangle$ だけれども $|0\rangle$ がわずかに残ったような (あるいはその逆の) 状態となってしまう。こういう、量子ゲートの作動誤差 が積もり積もると、計算結果が誤ったものとなってしまう場合もある。

そこで、量子誤り訂正符号の考え方が生きて来る。パウリ演算子やC-NOT の作動が、「数式で定めた通り」あるいは「回路図に描いた通り」に作動するように、

- **論理的には** — 回路図の上では — 1つの q-bit であっても、実際には複数の q-bit で情報を保存したり運んだりする
- 論理的には1つの量子ゲートであっても、実際には複数の量子ゲートで情報を処理する

そんな工夫が考えられている。雑音や、ゲートの作動エラーによって、出力を担当する複数の q-bit のどこかに bit 反転などがあれば、すかさず訂正するわけだ。このような慎重な計算方法は フォールト・トレラント量子計算 (fault-tolerant quantum computation) と呼ばれるもので、量子コンピューターの実現に重要な技術として、精力的に研究され続けている。

第12章 量子暗号

「通信の秘密を守る」ことは、情報通信の基本だ。[*123]現在では、ほとんどの通信がデジタル化されて、しかも通信の「内容」が **盗聴** あるいは **傍受** されないように、暗号化されている。現在、日常的に使われている古典通信では **RSA暗号** という仕組みが広く用いられている。この暗号方式では

- 大きな整数 n の因数分解には、大変な計算時間がかかる

という事実を使って、**第三者による暗号の解読** を防いでいる。「大きな整数 n」というのは、例えば 2 進数で何百桁という大きさのもので、これが 2 つの素数 p と q の積になっているもの $n = pq$ を用いる。... ということは、素因数 p や q も、軽く百桁くらい以上のものを使うわけだ。

- そんな大きな素数、知られているの?

と疑問に感じるかもしれないけれども、大きな素数を得ることは、それほど難しくない。[*124]一方で、大きな数 n が与えられた時に、その素因数 p や q を知るには、バカバカしいほどの時間がかかる。この例のように

- 数学的な問題の解を求めるのに必要な時間と、与えられた「解の候補」が解であるかどうかを確かめる時間には、大きな違いがある

という事実は、**情報数理の世界** の常識のひとつとなっている。

[*123] 大昔、電話がまだ村に何台というくらい少なかった頃、電話の回線は「交換手」という人々が、実際に配線を手で接続していた。そこで働く人々は高い職業意識を持って、**通信の秘密** を守っていたと伝え聞く。今日では、「飲み屋のマスター」に相当する仕事だろうか。

[*124] 素数の候補を作って、それが素数かどうかを判定することによって、大きな素数を得ることができる。ある大きさまでの素数を **全て** 求めることは、より難しい作業だ。

素朴な因数発見法

整数 n の素因数を「素朴な方法で」見つけようと試みるならば、

- $\sqrt{n}$ 以下の素数の一覧表

を見て、そこに掲載されている素数を「片端から拾い上げて」 n を **割り切る** かどうかを調べて行く「ばか正直な方法」が頭に浮かぶ。これは、多数のコンピューターを同時に使う **並列処理** が可能な作業てはあるけれども、n が何百桁にもなると、世の中で最も速いコンピューターを何年も使っても、この作業は完了しないのだ。[*125] 素数の数は、意外と (?!) 多いのである。

量子コンピューターと素因数分解

実は、量子コンピューターを使うと、この因数分解が非常に速く行えることが知られている。この方法は「**Shor のアルゴリズム**」と呼ばれていて、量子コンピューターの存在意義を一気に高めたという意味で重要なものだ。これについて、解説できれば良いのだけれども、説明にけっこう「数学的な下準備」が必要なので、名前の紹介にとどめておく。[*126] ともかくも、

- 量子コンピューターが実用化された暁には、いま使われている暗号は、無意味となる

という、恐ろしい未来 (?!) が待ち受けているかもしれないのだ。

この、「量子コンピューターによる暗号解読」という新たな挑戦 (?!) に対して、量子コンピューターの立場から「解読できない暗号を作ろう」という試みが、これから説明する **量子暗号** である。

- 暗号破りという「量子力学の剣」を量子暗号という「量子力学の盾」で守る

と表現すると、良いだろう。(この文句は「量子力学的矛盾」かもしれない。)

[*125] そんな n を暗号に使うので、実は、n の桁数は年々大きくなって来ている。

[*126] 興味がある方は「Shor のアルゴリズム」で検索してみると良い。ゾロゾロと文献がヒットするので (実は英文に良いものが転がっている) 選んで読むことをお勧めする。実は Shor のアルゴリズムも、そんなに速くは動かないのでは？ という指摘がある。次の文献を見よ。K.Kunihiro, IEICE TRANS, FUNDAMENTALS E88-A, 105 (2005).

《ラスベガス的成功》

　暗号を解読してしまうという「暗号破り」は、傍受した全ての暗号に対して解読成功する必要はない。ごく稀にでも、解読に成功すれば、それで充分なのである。例えば、

- 銀行口座の操作を行うパスワードを解読する

という「悪行」に挑む者が、何を期待しているかを、考えてみると良い。数多くの「暗号化された暗証番号」の中から、ひとつでも解読できれば、その銀行口座から資金を引き出せる可能性がウンと高くなるわけだ。このように、一攫千金を狙うような「稀な成功」のことを「ラスベガス的成功」と呼ぶ。量子コンピューターを使った「RSA 暗号破り」も、まずはラスベガス的な成功を念頭に置くことが多い。もちろん、何でもかんでも、全て解読できるに越したことはないのだけれども。

⟨⟨⟨ 乱数の共有 ⟩⟩⟩

「量子暗号」という単語を見ると、量子状態を暗号として送るかのように見えるけれども、そうではない。[*127] 主な目的は

- 互いに通信を行うアリスとボブの間で **他の誰にも知られないように** 共通の乱数 (暗号の鍵) を持つ

ことである。まずは、どうして **乱数の共有** が、暗号を使った通信の役に立つのかを説明しよう。例えば、アリスからボブに、10 桁の 2 進数 1001011101 を送り届けるとしよう。

$$\boxed{\text{アリス}} \ \ \ggg\ggg\ 1001011101\ \ggg\ggg \ \boxed{\text{ボブ}}$$

これをそのまま、電気信号の ON, OFF や、光信号の明暗でアリスからボブに

[*127] もちろん、量子状態そのものを暗号として送れるならば、その量子状態を使って、普通の暗号通信もできるので、量子状態「そのもの」を暗号化して送ることを排除するわけではない。

送ると、途中で誰かに「盗み見」されてしまうかもしれない。

アリスとボブが、ある2進数 1100101011 を、予め **誰にも知られないように** 隠し持っているならば、少しは安全に通信を行うことができる。区別のために、この 1100101011 を **鍵** と呼ぶことにしよう。アリスはまず、送り届ける数の 1001011101 と、鍵 1100101011 の間で **排他論理和** (←式 (7.26)) を取る。排他論理和は「繰り上がりのない足し算」だったことを思い出そう。

$$\begin{array}{r} 1001011101 \\ \oplus\ 1100101011 \\ \hline 0101110110 \end{array} \qquad (12.1)$$

これは、元の信号を **暗号化** する作業だ。こうして得られた **暗号** 0101110110 を、アリスはボブへと、電線でも光ファイバーでも、電話でも、何を使っても良いので送り届ける。この 0101110110 は誰に見られても構わない。暗号 0101110110 を受け取ったボブは、**隠し持っていた鍵** 1100101011 との間で、排他論理和を求める。

$$\begin{array}{r} 0101110110 \\ \oplus\ 1100101011 \\ \hline 1001011101 \end{array} \qquad (12.2)$$

こうしてボブは、アリスから 1100101011 を受け取ることができた。

- 鍵を知らない第三者は、暗号 0101110110 を受け取ったとしても、それを解読して 1100101011 を知ることはできない。

… この点が理解できれば、暗号の学習は半分終わったようなものだ。

> 《鍵がバレる時》
>
> いま考えた暗号通信には、幾つもの「落とし穴」が待ち構えている。まず、鍵である 1100101011 が誰かにバレてしまったら、おしまいだ。アリスやボブが何らかの手段で **脅迫されて**、あるいは **誘惑されて**、この鍵をバラしてしまうかもしれない。「鍵」というとピンと来ないかもしれないけれども、「パスワード」と言い換えると身近に感じることだろう。だいたい、パスワードは覚えにくいものなので、紙に書いてみたり、携帯に書き込んでみたりするものだ。そして、時には盗み取られてしまうわけだ。

鍵 1100101011 を厳重に管理していたとしても、安心はできない。何も意味のない信号、例えば空白の列「　　　」など

- 決まり切ったものを送ることを、繰り返して行う

と、鍵が解読される危険もある。例えばアリスが 0000000000 を良く送ると、鍵を「裏返した」0011010100 が暗号として「たびたび送信される」ことになる。(例えばメールの 3 文字目が漢字の「様」である確率は高いのである。)

このように、いま考えた素朴な暗号通信には幾つもの危険が潜んでいるので、可能であればアリスからボブへと、鍵そのものを安全に送る手段が必要となる。また、鍵は可能な限り頻繁に変更して、アリスとボブの間で共有しておく方が良い。こうなると、もう「鍵を覚えておく」とか「互いに隠し持っている」という、悠長なことは言っていられない。

《暗号になってしまった文章》

遺跡を発掘していると、墓石やら壺やら、色々なものが出てくるのだそうな。普通の人は、金貨銀貨が出てくると嬉しいものだけれども、歴史学者にとっては「見知らぬ文字」が描かれている、陶器の破片などが転がっていることが、非常に有難いことらしい。その文字は、大昔にそれを書いた人の周囲の「教養のある人」ならば読めたものだろう。しかし、ひとたび文化が滅び去り、当時の風俗も言葉も失われてしまった後に、**当時の文字を読み解く** ことは大変難しいのだ。

この「文化的断絶」を暗号として利用しようという考えは、昔から社会的に用いられて来た。身分の高い人だけが互いに理解できる言語で話すというのが、その一例だ。その逆に、庶民の間だけで通じ合える隠語というものも、時代を問わずに存在するものだ。ジュール・ヴェルヌの小説「海底 2 万マイル」では、潜水艦の中でネモ船長と乗組員が、世界中の誰にもわからない言葉で話し合う場面が何度も描かれている。

このように、通信文が読めるものであるかどうかは、送り手と受け手の「準備」に依存するところが大きいのだ。量子暗号では、この **アブナイ問題** には全く踏み込まない。(君子危うきに近寄らず ... これも暗号か?!)

⟪⟪ BB84 ⟫⟫

アリスとボブで「暗号の鍵となる乱数」を共有する、こう聞くと、まず思い浮かべるのが「ベル状態の共有」だろう。原理的には、

- アリスとボブが **確実に** ベル状態を何個も共有できれば、

それで確かに「鍵」をいくらでも、いつでも作り出すことが可能となる。このように、ベル状態を使った暗号の作り方は、既に色々と考えられて来ている。ただ、ベル状態を「遠く離れたアリスとボブが確実に共有する」ことは、容易には行かない事情もある。

ここでは、実験的に最も広く検証されて来た量子暗号の方式である、BB84という方法について説明することにしよう。[*128] アリスとボブの間で、暗号の鍵を共有するまでに「一往復程度」の通信を行うのが、この暗号の特徴である。それぞれの側での作業が幾つかのステップに分かれているので、順を追って行こう。

1. アリスの準備

アリスはまず、適当な桁数の 2 進数を 2 つ作る。例えば 10 桁の 2 進数を作ることにして、$a = 0111010100$ と $b = 1100110101$ を得たとしよう。ただし、次の注意を怠ってはならない。

- これらの数がバレると厄介なことになるので、a と b の作り方は「アリスの秘密」にしておく必要がある。また、安易に a も b も全てゼロという、怠けた、あるいは決まり切った数を使ってはならない。

それぞれの各桁を右から、つまり桁数の小さい方から番号付けしておこう。

$$a_9 = 0, \quad a_8 = 1, \quad a_7 = 1, \quad a_6 = 1, \quad \cdots \quad a_1 = 0, \quad a_0 = 0$$
$$b_9 = 1, \quad b_8 = 1, \quad b_7 = 0, \quad b_6 = 0, \quad \cdots \quad b_1 = 0, \quad b_0 = 1 \quad (12.3)$$

縦に並んだ数を「ひと組」のペアとしてまとめて行くと、アリスは 10 個のペアを得る。これも、右端に 0 番目を置くように並べよう。

[*128] 間違えて BB48 とか、ビービー・フォティーエイトなどと読まないように。

$$(a_9, b_9) = (0,1), \quad (a_8, b_8) = (1,1), \quad \cdots \quad (a_0, b_0) = (0,1) \tag{12.4}$$

そしてアリスは、それぞれの「ペアの値」に応じて、量子状態 $|\psi_{a_i b_i}\rangle$ $(i = 0 \sim 9)$ を、次のように作って行く。

$$|\psi_{00}\rangle = |0\rangle, \qquad |\psi_{01}\rangle = \frac{|0\rangle + |1\rangle}{\sqrt{2}} = |+\rangle$$

$$|\psi_{10}\rangle = |1\rangle, \qquad |\psi_{11}\rangle = \frac{|0\rangle - |1\rangle}{\sqrt{2}} = |-\rangle \tag{12.5}$$

この状態の作り方は、制御 $\hat{U}$ ゲートで表すこともできる。$|b_i\rangle$ を制御 bit へ、$|a_i\rangle$ をターゲット bit へと入力し、出力として $|\psi_{a_i b_i}\rangle$ を得るのである。

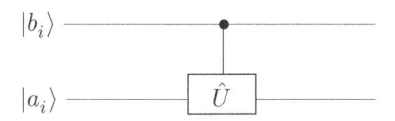

ただし、ユニタリー演算子 $\hat{U}$ は (ケット $|a_i\rangle$ に作用すると考えて)

$$\hat{U} = \frac{|0\rangle + |1\rangle}{\sqrt{2}} \langle 0| + \frac{|0\rangle - |1\rangle}{\sqrt{2}} \langle 1| = |+\rangle\langle 0| + |-\rangle\langle 1| \tag{12.6}$$

で定義されていて、制御 $\hat{U}$ ゲートは

- $|b_i\rangle = |0\rangle$ の場合には $|a_i\rangle = |0\rangle$ 又は $|1\rangle$ をそのまま出力し、
- $|b_i\rangle = |1\rangle$ の場合には $\hat{U}|a_i\rangle = |+\rangle$ 又は $|-\rangle$ を出力する

働きを行う。ともかくも、このようにしてアリスは、10 個の状態 $|\psi_{a_i b_i}\rangle$ $(i = 0 \sim 9)$ を得たとしよう。全て縦に並べると、次の通りとなる。

$$\begin{aligned} a &= 0\ 1\ 1\ 1\ 0\ 1\ 0\ 1\ 0\ 0 \\ b &= 1\ 1\ 0\ 0\ 1\ 1\ 0\ 1\ 0\ 1 \\ \psi &= +\ -\ 1\ 1\ +\ -\ 0\ -\ 0\ + \end{aligned} \tag{12.7}$$

$|\psi_{a_i b_i}\rangle$ の中に $|+\rangle$ と $|-\rangle$ が混ざっている点が、外部からの盗聴を困難にしている。この点は、後で議論しよう。

2. アリスからボブへの送信

アリスはボブへと、10 個の状態 $|\psi_{a_i b_i}\rangle$ を送信する。箱に詰めて運んでも良いし、光ファイバーなどを使えば素早く確実に送信することが可能だ。桁の小さい方、つまり i が小さい方から送信するならば、いまの場合は

$$|+\rangle \ |-\rangle \ |1\rangle \ |1\rangle \ |+\rangle \ |-\rangle \ |0\rangle \ |-\rangle \ |0\rangle \ |+\rangle \tag{12.8}$$

という順番に、右から状態が送信されて行くことになる。

3. ボブによる測定

ボブは、10 桁の 2 進数 b' を、誰にも知られないように作る。例えば $b' = 1000100100$ としよう。これも、

$$b'_9 = 1, \quad b'_8 = 0, \quad b'_7 = 0, \quad b'_6 = 0, \quad \cdots \quad b'_1 = 0, \quad b'_0 = 0 \tag{12.9}$$

と、桁ごとにバラしておこうか。そしてボブは、アリスから届いた $|\psi_{a_i b_i}\rangle$ をそれぞれ、次のように測定して行く。

- $b'_i = 0$ ならば、射影演算子 $\hat{M}_0 = |0\rangle\langle 0|$ と $\hat{M}_1 = |1\rangle\langle 1|$ の組み合わせを使って射影測定を行う。(これは、パウリ演算子 $\hat{\sigma}_Z = |0\rangle\langle 0| - |1\rangle\langle 1|$ を対角とする測定である。) 結果として 0 が測定されたら $c_i = 0$ と、1 が測定されたら $c_i = 0$ と定める。
- $b'_i = 1$ ならば、射影演算子 $\hat{M}_+ = |+\rangle\langle +|$ と $\hat{M}_- = |-\rangle\langle -|$ の組み合わせを使って射影測定を行う。(これは、パウリ演算子 $\hat{\sigma}_X = |+\rangle\langle +| - |-\rangle\langle -|$ を対角とする測定である。) 結果として + が測定されたら $c_i = 0$ と、- が測定されたら $c_i = 1$ と定める。

このように c_i を次々と定め、ボブは 10 桁の 2 進数 c を得る。

例えば、ボブが $|0\rangle$ を受け取った時に、$b'_i = 0$ であれば $\hat{M}_0 = |0\rangle\langle 0|$ と $\hat{M}_1 = |1\rangle\langle 1|$ の組で射影測定が行われ、確率 1 で 0 を得る。仮に $b'_i = 1$ ならば $\hat{M}_+ = |+\rangle\langle +|$ と $\hat{M}_- = |-\rangle\langle -|$ の組で射影測定が行われ、確率 1/2 で + ($c_i = 0$) と - ($c_i = 1$) のいずれかを得る。a と c の関係をまとめておこう。

《a と c の一致・不一致》
- アリス側の b_i とボブ側の b_i' が一致している桁では、ボブが観測の結果として定める c_i は a_i と一致している。
- アリス側の b_i とボブ側の b_i' が一致していない桁では、ボブが観測の結果として定める c_i は **ランダムに** 0 か 1 の値を取り、a_i との定まった関係はない。

ここまでに登場した数を、全て並べて書いておく。

$$\begin{aligned} a &= 0111010100 \\ b &= 1100110101 \\ b' &= 1000100100 \\ c &= 0\bar{0}110\bar{1}010\bar{1} \end{aligned} \quad (12.10)$$

この例では、b と b' が一致しない桁が3つあって、その「不一致の桁」でボブが観測した値 c_i には「棒を引いて」おいた。その桁には、0 か 1 がランダムに現れる。しかし、この段階では、ボブはまだ「どれが不一致なのか」わからない。

4. 一致している桁の確認

この段階で、ボブとアリスは、互いの b と b' を見比べる。この確認作業は、誰の目に触れても良いもので、適当な通信手段を使って互いに情報交換すれば良い。[129] アリスとボブは、

- b と b' が一致していない桁は **捨てて**、残りの一致している桁の c_i の列を **暗号の鍵** として使う

さっきの例で確認すると、$c = 0\bar{0}110\bar{1}010\bar{1}$ から「棒を引いた数」を除くと、0110010 が「アリスとボブの共有している数」となるわけだ。このように、捨てる桁があるので、共有したい鍵の長さの、ほぼ倍くらいの桁数の 2 進数や状態をやり取りする必要がある。

---

[129] まあ、いかなる情報も、盗み見されない方が良いに越したことはないので、「ボブがアリスに b' を送り、アリスが b と b' を比べ、一致している桁をボブに教える」と書いてある場合が多い。この辺りは、暗号通信としては、あまり本質的ではない。

ようやく通信開始

こうしてアリスとボブの間で「ほかの誰も知り得ない乱数の鍵」を共有できれば、式 (12.1) と式 (12.2) に従って、どんな情報でも盗聴の心配なく、やり取りすることができる。

| アリス | 〉〉〉〉〉 暗号化された 1001011101 〉〉〉〉〉 | ボブ |

ただし、同じ鍵を何度も使って古典通信を行うと、暗号を解読されてしまう危険があるので、鍵を作る作業はケチらずに、可能な限り頻繁に行った方が良い。[130] 理想的には、アリスとボブが実際にやり取りする 2 進数データと同じ長さだけ、鍵を作り出して、一度でも通信に使った鍵は破棄するのが良いだろう。

⟨⟨⟨ 暗号の安全性 ⟩⟩⟩

いま説明した方法での「鍵となる乱数の共有」は、注意深く行えば充分に安全であることが確認されている。ただ、不注意な操作は思わぬ情報流出を招くことがある。例えば、アリスとボブは

- ボブが量子状態 $|\psi_{a_i b_i}\rangle$ を受信し終え、測定も完了した後で b と b' を相互に確認した

ことに注目しよう。うっかり順番をひっくり返して、$|\psi_{a_i b_i}\rangle$ をやり取りする前に b と b' の確認作業を行うと、

- 第三者が b を知った上で、次々と流れて来る $|\psi_{a_i b_i}\rangle$ を盗聴する

という危険が生じてしまう。

---

[130] 歴史的に「暗号が解読された」という事件の数々を見て行くと、暗号ならバレないだろうという慢心から弱点が生じる場合が多い。英語の場合、アルファベットを「入れ替えただけ」の暗号は、そこそこの長さの文章さえ手に入れば、一発で解読できることが知られている。そんな単純な暗号であっても、送受信する文字が 2 文字だとか 3 文字だけ、そんな場合には解読は難しいものだ。通信は短く簡潔に、あるいは解読できても「部外者には通じない言葉づかい」で行うべきだ。また、「容易に解読できるガセネタ」を何回もやりとりして、ニセの情報を撒き散らすのも有効な手段だろう。

> 《例えば $b_i = 0$ を予め知っていると?》
>
> $b_i = 0$ であることを、第三者が予め知っていれば、流れて来る状態は $|0\rangle$ か $|1\rangle$ の「いずれか一方」のみなので、サッサと $\hat{M}_0 = |0\rangle\langle 0|$ と $\hat{M}_1 = |1\rangle\langle 1|$ の組で測定を行って 0 か 1 かを確認した上で、
>
> - **状態を乱さずに** ボブへと情報転送してしまえる。
>
> 同様に、$b_i = 1$ であることが事前に漏れていれば、この第三者は + か − かを、ボブに気付かれずに確認できてしまう。(もっとも、この段階でバレるのはアリスが作った a なので、「共有する鍵」を第三者が知るには、最後の b と b' の交換作業も完全に盗聴する必要がある。)

これは大変まずいことなので、一致する桁の確認は最後の作業にしなければならない。最後の最後で b が第三者に流れても、もうその時には状態 $|\psi_{a_i b_i}\rangle$ は、少なくとも途中の「伝送路」の上には、影も形もないわけだ。

さて、a や b がアリスから第三者へと、**事前に漏れることは無い** という仮定の下で、BB84 暗号が盗聴可能かどうか、チェックしてみよう。

- 送信の途中で、a_i や b_i の値を知らない第三者が盗み見している

場合には何が起きるか、想像してみるのである。まず、この第三者が $|\psi_{a_i b_i}\rangle$ を完全に奪い取ってしまうと、ボブには何も届かなくなってしまうので、盗み見が発覚してしまう。では、ボブに $|\psi_{a_i b_i}\rangle$ が届く邪魔をせずに、第三者も $|\psi_{a_i b_i}\rangle$ を「常に」得ることは可能だろうか? いや、それは、**ノー・クローニング定理** によって不可能であることがわかる。[*131] アリスが作った状態がボブに届き、第三者が「その完全なコピー」を得ることはできないのだ。従って、通信路の途中に盗み見する者が居ると、b_i を知らずに $|\psi_{a_i b_i}\rangle$ の測定を行う他ないので、ボブに届く状態が $|\psi_{a_i b_i}\rangle$ から **少し変化してしまう**。この変化は、ある確率で

- ボブの手持ちの鍵と、アリスの手持ちの鍵が、一致しない

という事態を引き起こす。従って、アリスとボブが、定期的に鍵を見比べ、不

[*131] b が事前に漏れていると複製が可能になってしまう。

一致が目立っていないかどうかを調べれば、ある程度は盗聴の有無を判別することが可能だ。もう少しウマい方法を考えることもできて、アリスとボブが情報をやり取りしながら、同時に盗聴を検査することも可能である。

《究極の不注意》

どんな暗号も、最終的には人間が(あるいは古典コンピューターなどの機械が)利用する情報のやり取りに使われるわけだ。鍵のやり取りでも少し注意したけれども、情報を受け取ったボブが、その大切な情報を

- **紙にプリントして** 読んだ後で **読める状態のままゴミ箱に放り込む**

ようなことを行うと、全ての努力が台無しとなる。暗号の受信機に接続されているパソコンがウィルスに感染してしまう、という危険もあるではないか。壁に耳あり、障子に目あり。(秘密を知る→) 人の口に戸はたてられない。この手の不注意に対して、量子暗号は無力である。あくまでも、情報を伝える途中、伝送路の安全を保証するものだと、考えておくべきだろう。

(だいたい、映画に出てくるスパイは、**色仕掛け** と相場が決まっている。)

第13章　量子検索

　何かを探しているけれども、探しているものが何なのか、自分でもわからない ... そんな経験はないだろうか？ [*132] 例えば、盛大な結婚式の会場で、司会者が「赤い糸に結ばれた二人」という表現をすることがある。

- 神様によって、運命という目に見えない糸で、二人は既に結ばれていた

というのである。ほんとかな〜、この広い世の中は、赤い糸が、もつれにもつれて、エンタングルしているにちがいない ... などと疑うのは当然だろう。**では、神様に問うてみようではないか。** これが、いまから考える検索問題である。

運命の人ですか？

　例えば読者のあなたが男性だったとしよう。そしてあなたは、生涯の伴侶として誰かを — たぶん女性だと思うけれども、同性婚というものも流行っているらしい — 選ぼうとしている、と仮定しよう。誰かのことが気になって、

　　　「この人はどうかな？」

と憎からず思った (?!) ら、神様に問いかけるのである。

　　　「神様、この人は生涯の伴侶ですか？」

... 神様は何か、答えてくれるだろうか ...

[*132] 教員生活 25 年 (?!)、著者の目から見ると、**就職活動** というのがまさにコレの良い例で、職を探してはいるものの、どんな職が自分に向いているかどうか、本人も含めて誰にもわからないのである。ちなみに著者はというと、**物理学者というトンデモナイ職業** が、果たして自分に向いていたのかどうか、今もってよくわからない。人々に問うと、直ちに「天職だよ」と返されるのだが ...

心優しい神様であれば、直ちに Yes か No か、答えてくれるかもしれない。「伴侶の検索」[*133]という問題を考えている訳なのだけれども、まずは **問題設定** を詰めておこう。

- 神様に「問える候補者の数」は、1 度に 1 人だけに限る。
- 問いかけは毎朝 1 度だけに限る。
- Yes の回答が返ってくるのは、この世に 1 人だけだとする。

以上のように仮定しようか。ここで想像する神様は、いい加減な返事をしたりはしないのだ。

さて、この条件の下で日本中の、世界中の **妙齢の候補者** から、**赤い糸の伴侶** を探し当てるまでに何日かかるだろうか? これは **確率** の問題なので、非常に運が良ければ、多くの候補者の中から最初に選んで、神様に問いかけた人が、まさに赤い糸の伴侶であるということもあるだろう。しかし、平均的には、もっと数多く問いかける必要があるはずだ。

こういう、**しょ〜もない**(アホくさい)問題であっても、真面目に計算してみるのが「物理屋」の習性だ。但し、物理屋の計算は「おおざっぱ」なので、細かい数字は考えずに、何でも概算から入るのが普通だ。

> 《適齢期人口?!》
>
> 話を日本人に限るとすれば、人口は 10^8 人くらいで、それぞれの年齢ごとの人口は 10^6 人くらいだろう。**適齢期** は、最近は随分と広がっているらしいけれども、10 年間くらいだと見積もれば、その年齢層の人口は 10^7 人になる。未婚率に **そろそろ離婚したい率** などを加えて、その半分の 5×10^6 人くらいが **検索の対象者** であると概算できる。

毎日問いかけるならば、Yes の回答を得るまでに平均 2.5×10^6 日も必要になる。これは 7 千年という時間だ ... 題して 7 千年の巡り合い。... もう諦めよう、**神様が選ばなかった人と結婚してもいいじゃないか**... と、結婚する当人同士が思ったとしても、結局は神様の選んだ運命らしいのだが。

[*133] そもそも「配偶者の検索」とか「ガールフレンドの検索」という言葉の使い方が妙なのだけれども、ここに「検索」という言葉を使うことを、お許し下さい、神様。

⟪⟪⟪ 量子検索問題 ⟫⟫⟫

いま考えたばかりの生涯伴侶検索問題 (?!) から **検索のエッセンス** だけを抜き出して、量子力学の話へと持って行こう。[*134] 問題設定は単純な方が良い。まず、探して回るものを、「伴侶」ではなく、n 個の q-bit が並んだ状態にしようか。例えば $n = 4$ であれば、$|0000\rangle$ から $|1111\rangle$ までの $2^4 = 16$ 個の状態が、探して回る対象となる。

> 《書いてみよう》
>
> 全部で 16 個なら並べて書ける。$|0000\rangle$、$|0001\rangle$、$|0010\rangle$、$|0011\rangle$、$|0100\rangle$、$|0101\rangle$、$|0110\rangle$、$|0111\rangle$、$|1000\rangle$、$|1001\rangle$、$|1010\rangle$、$|1011\rangle$、$|1100\rangle$、$|1101\rangle$、$|1110\rangle$、$|1111\rangle$。こんな風に「書き下してみる」ことは結構勉強になるものだ。全部書けたら、次は左手の指を立てたり折ったりして、これらの状態を手で示してみよう。講義室で実演して見せると、なぜか爆笑に包まれるのである。

n が大きくなると並べるのも大変なので、ケットの中の 2 進数を i と書く表し方 $|i\rangle$ も導入しておこう。例えば、$i = 0, 4, 5, 15$ は次のようになる。

$$|0\rangle = |0000\rangle, \quad |4\rangle = |0100\rangle, \quad |5\rangle = |0101\rangle, \quad |15\rangle = |1111\rangle \quad (13.1)$$

この書き方であれば、全部で n 桁の場合の

- $|0\rangle$ から $|2^n - 1\rangle$ までの 2^n 個の **計算基底**

を、n の大きさにかかわらず、簡潔に表すことができる。

誰も答えを知らない

さて、探し当てるべき状態は Q 番目の状態であるとしよう。例えば、4 桁の状態を対象としている検索問題で「探し当てるべき状態」が $Q = 7$ 番目であれば、その状態は $|1001\rangle$ である。素朴に片端から探すならば、検索の作業は、$|0000\rangle$ から $|1111\rangle$ までが目の前に並んでいて、その中から $|Q\rangle = |1001\rangle$ 見つけ出すことだ ... と話すと、大抵の人が眉をひそめる。

[*134] 相当ムチャな話の振り方だったけれど、検索という問題の設定は理解してもらえたと思う。

- 答えが $|Q\rangle = |1001\rangle$ だってわかっているのに、どうして、わざわざ、探す必要があるのだ?

と、先回りして考えてしまうのだ。いや、検索を行う「当人」は、Q が何番であるかを知らないし、周囲の誰も Q を知らないのである。検索を行う当人は、ただ「検査器」を持っているだけなのだ。適当に i 番目の状態 $|i\rangle$ を選んで検査にかけてみると、検査器は

- 選んだ状態 $|i\rangle$ が $|Q\rangle$ に等しければ -1 を、等しくなければ 1 を返す

という風に作動する。この検査器の動作を、まずは演算子で書いておこう。

$$\hat{U}_Q = \hat{I} - 2|Q\rangle\langle Q| \tag{13.2}$$

この演算子が $|i\rangle = |Q\rangle$ に作用した場合と、$|j\rangle \neq |Q\rangle$ に作用した場合、それぞれ次のように状態が変化する。(あるいは変化しない。)

$$\hat{U}_Q |i=Q\rangle = \left(\hat{I} - 2|Q\rangle\langle Q|\right)|Q\rangle = \hat{I}|Q\rangle - 2|Q\rangle\langle Q|Q\rangle = -|Q\rangle$$
$$\hat{U}_Q |j \neq Q\rangle = \left(\hat{I} - 2|Q\rangle\langle Q|\right)|j\rangle = \hat{I}|j\rangle - 2|Q\rangle\langle Q|j\rangle = |j\rangle \tag{13.3}$$

従って、候補の中から選んだ $|i\rangle$ に対して、期待値

$$\langle \hat{U}_Q \rangle = \langle i | \hat{U}_Q | i \rangle \tag{13.4}$$

を求める測定を行えば、$i = Q$ の時だけ -1 を得て、その他の場合には 1 を得る。**辛抱強く** 調べ続ければ、

- そのうちいつか、$i = Q$ である状態に行き当たる

わけだ。というわけで、検索とはいっても、実は **検査器がどんな動作をするのか** を知ることが、主な目的となる。こんなの、検索と呼んで良いのだろうか?

順番通りに並んでいない電話帳の例

ちょっと、次のような問題を考えてみよう。20 世紀には「電話帳」というものがあった。[*135] 個人名や会社名が辞書の順番に並んでいて、その右側に、対応する電話番号が並んでいるものだ。「金森さんの電話番号は?」と思ったら、カ

[*135] 冗談抜きで、最近は「電話帳」という言葉が若い人々に通じない。

ナモリ、カナモリと名前を見つけるまでページをめくって、名前を見つけたら、その右側にある電話番号を読み取る。このように電話帳が機能するのは、名前が辞書順に並んでいるからだ。もしも、**名前の並び方が全くランダム** だと、どうだろうか？ つまり、名前が辞書順ではなくて、完全にデタラメに並んでいる、ダメダメな電話帳を想像するわけだ。こんな状況の下で「金森さん」を見つける検索作業は、実は上で説明した検索に、大変近い作業となる。金森さんの電話番号は、「電話帳しか知らない」わけだ。

《《《 量子検索への第一歩 》》》

検査器 $\hat{U}_Q = \hat{I} - |Q\rangle\langle Q|$ の素性を知ろうとして、素朴に片端から、つまり $|i\rangle = |0\rangle$ から $|i\rangle = |2^n - 1\rangle$ までについて $\langle \hat{U}_Q \rangle = \langle i|\hat{U}_Q|i\rangle$ を求めて行こうとすると、全部で $N = 2^n$ 回の測定が必要となる。この作業を真面目に — 古典的に — 行っていては日が暮れる。ここで紹介する、**グローバーの検索アルゴリズム**（Grover）と呼ばれる量子検索の代表的な方法では、ちょっとした工夫を行って、おおよそ $\sqrt{N} = 2^{n/2}$ に比例する回数の量子操作で、答えである $|Q\rangle$ を見つけるのだ。

> 《それほど速くない ...》
>
> 　古典的コンピューターで検索すると N 回くらい、量子計算では $\sqrt{N}$ 回くらいと聞くと、あまり喜ばない人も居るかもしれない。量子計算では
>
> - 「指数関数的に速い計算」が期待されることが多く、
>
> $\log N$ 回くらいで検索が片付くのではないか？ と期待してしまうからだ。$\sqrt{N}$ は、それよりも「かなり遅い」。まあ、例えば $N = 10000$ であれば $\sqrt{N} = 100$ となり、100 倍も古典コンピューターより速いのだから、その速さは認めようではないか。また、いま考えている検索問題では、グローバーの方法よりも速い手法は、少なくとも量子力学を頼りにする限りは、存在しないことが証明されている。

グローバーの検索アルゴリズムで重要な働きをするのが、全ての状態を等しい重みで重ね合わせた状態だ。

$$|S\rangle = \frac{1}{\sqrt{N}} \sum_{i=0}^{N-1} |i\rangle = \frac{1}{\sqrt{2^n}} \sum_{i=0}^{2^n-1} |i\rangle = 2^{-n/2} \sum_{i=0}^{2^n-1} |i\rangle \tag{13.5}$$

異なる計算基底は互いに直交しているので $\langle i|j\rangle = \delta_{i,j}$ が成立する。従って、いま与えた状態 $|S\rangle$ が規格化されていること $\langle S|S\rangle = 1$ は直ちに示せる。また $|S\rangle$ は、次の量子回路で示すように、n 個並んだ $|0\rangle$ にアダマール・ゲートを作用させるだけで、容易に得られる。

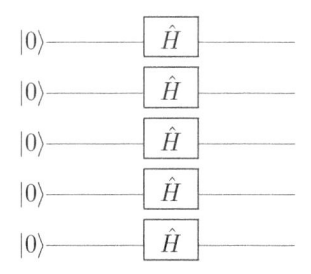

よく使う内積も、ついでに求めておこう。

$$\langle S|i\rangle = \frac{1}{\sqrt{N}} \sum_j \langle j|i\rangle = \frac{1}{\sqrt{N}} \sum_j \delta_{i,j} = \frac{1}{\sqrt{N}} \tag{13.6}$$

$i = Q$ の場合も、もちろん $\langle S|Q\rangle = \frac{1}{\sqrt{N}}$ だ。さて、この $|S\rangle$ を使って、もうひとつ演算子を定義しておく。

$$\hat{U}_S = 2|S\rangle\langle S| - \hat{I} \tag{13.7}$$

さっき導入した $\hat{U}_Q = \hat{I} - 2|Q\rangle\langle Q|$ と、この $\hat{U}_S$ だけが、グローバーの検索に用いられる量子操作となる。どちらの演算子も、2 回操作すると恒等操作と等しくなる。($\langle Q|Q\rangle = 1$ と $\langle S|S\rangle = 1$ に注意して計算しよう。)

$$\left(\hat{I} - 2|Q\rangle\langle Q|\right)^2 = \hat{I}^2 - 4|Q\rangle\langle Q| + 4|Q\rangle\langle Q|Q\rangle\langle Q| = \hat{I}$$
$$\left(2|S\rangle\langle S| - \hat{I}\right)^2 = \hat{I}^2 - 4|S\rangle\langle S| + 4|S\rangle\langle S|S\rangle\langle S| = \hat{I} \tag{13.8}$$

最初の操作

まず、検索を始める初期状態として $|\Psi_0\rangle = |S\rangle$ を用意する。[*136] この $|\Psi_0\rangle$ に、$\hat{U}_Q$ を作用させよう。$\langle Q|S\rangle = \dfrac{1}{\sqrt{N}}$ を使って計算すると

$$\hat{U}_Q |\Psi_0\rangle = \left(\hat{I} - 2|Q\rangle\langle Q|\right)|S\rangle = |S\rangle - \frac{2}{\sqrt{N}}|Q\rangle$$

$$= \sum_{i \neq Q} \frac{1}{\sqrt{N}} |i\rangle - \frac{1}{\sqrt{N}}|Q\rangle \tag{13.9}$$

を得る。$i = Q$ の所だけ、符号が「ひっくり返っている」ことがわかるだろうか。続いて、$\hat{U}_S$ を作用させてみよう。

$$\left(2|S\rangle\langle S| - \hat{I}\right)\left(|S\rangle - \frac{2}{\sqrt{N}}|Q\rangle\right)$$

$$= 2|S\rangle\langle S|S\rangle - |S\rangle - \frac{4}{\sqrt{N}}|S\rangle\langle S|Q\rangle + \frac{2}{\sqrt{N}}|Q\rangle$$

$$= \left(1 - \frac{4}{N}\right)|S\rangle + \frac{2}{\sqrt{N}}|Q\rangle \tag{13.10}$$

$$= \sum_{i \neq Q} \left(\frac{1}{\sqrt{N}} - \frac{4}{N\sqrt{N}}\right)|i\rangle + \left(\frac{3}{\sqrt{N}} - \frac{4}{N\sqrt{N}}\right)|Q\rangle$$

この状態 $\hat{U}_S \hat{U}_Q |S\rangle$ を $|\Psi_1\rangle$ と書くことにする。

N が充分に大きな場合には、$\dfrac{1}{\sqrt{N}}$ は $\dfrac{1}{N\sqrt{N}}$ に比べて充分に大きいので、$i \neq Q$ の $|i\rangle$ に付く係数はほぼ $\dfrac{1}{\sqrt{N}}$ に、$i = Q$ の場合の $|Q\rangle$ に付く係数はほぼ $\dfrac{3}{\sqrt{N}}$ になる。仮に、いま求めた状態 $|\Psi_1\rangle = \hat{U}_S \hat{U}_Q |S\rangle$ を計算基底で射影測定するならば、

- $|Q\rangle$ は、$|i\rangle$ (ただし $i \neq Q$) の、ほぼ 9 倍の確率で観測される

[*136] $|S\rangle$ を $|\Psi_0\rangle$ に「コピーすること」は、特定のよくわかっている状態のコピーだから無理ではない。ノー・クローニング定理は、どんな未知の状態でもコピーすることが不可能という定理であった。ただ、無理してコピーするくらいなら、新たに $|\Psi_0\rangle$ を、アダマール・ゲートが並んだ量子回路で作り直す方が簡単だ。

のである。ただし、$|Q\rangle$ が測定される確率は、まだ $\dfrac{9}{N}$ 程度にすぎないので、測定に入るのはまだ早い。

> 《9 倍で充分?!》
>
> 「ラスベガス的成功」を目論むならば、この「アタリ (?) 確率が 9 倍になる」というのは充分に魅力的なことかもしれない。「宝くじ」の例を考えてみると良いだろう。9 倍も当たることが確約されていれば、宝くじだけで生計が成り立ってしまう。それが、当人の人生にとって幸せなことかどうかは別として。(... もっとも、収入は適度にあるに越したことはない。)

回路図

さっきの $|S\rangle$ を作る量子回路の「右側」に、今の $\hat{U}_S\hat{U}_Q$ の操作を書き加えよう。$\hat{U}_S$ も $\hat{U}_Q$ も、基本的な量子ゲートの集まりで書けないことはないのだけれど、けっこう煩雑なので、単に四角で囲って書いておこう。

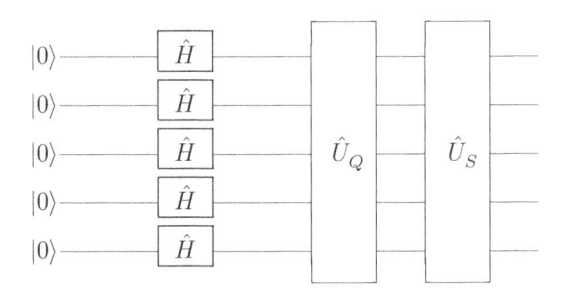

> 《量子並列処理》
>
> ここで頭に入れておくべきことは、$\hat{U}_S$ も $\hat{U}_Q$ も、N 個の計算基底の重ね合わせに作用するという点だ。このような演算子の作用を、**量子並列処理** と呼ぶこともある。重ね合わせた状態に作用する演算子は、いつでも、重ね合わせの「それぞれに」同時に作用する、そう解釈すると、確かに「並列処理」というのは、もっともらしい表現だ。

⟪⟪⟪ グローバーの検索アルゴリズム ⟫⟫⟫

量子操作 $\hat{U}_S \hat{U}_Q$ を初期状態 $|\Psi_0\rangle$ に行うと、得られた状態 $|\Psi_1\rangle = \hat{U}_S \hat{U}_Q |\Psi_0\rangle$ では「求めたい状態 $|Q\rangle$」の **重ね合わせの係数** が大きくなった。そう聞くと、

- 量子操作 $\hat{U}_S \hat{U}_Q$ を何度も繰り返せば $|Q\rangle$ に付く係数がドンドン大きくなって行くのではないか?

という期待が持てるではないか。この予想は正しくて、グローバーの量子検索アルゴリズムは、まさに量子操作 $\hat{U}_S \hat{U}_Q$ の繰り返しで成り立っているのだ。[*137] 手順をまとめておく。

《検索の手順》

(0) $|\Psi_0\rangle = |S\rangle$ を初期状態として用意する

(1) $\hat{U}_S \hat{U}_Q$ を作用させて $|\Psi_1\rangle = \hat{U}_S \hat{U}_Q |\Psi_0\rangle$ を作る。

(2) $\hat{U}_S \hat{U}_Q$ を作用させて $|\Psi_2\rangle = \hat{U}_S \hat{U}_Q |\Psi_1\rangle$ を作る。

—— 以下同様 ——

(m) 「適当な回数 m」だけ繰り返すと $|\Psi_m\rangle \sim |Q\rangle$ が成立する。

(m+1) $|\Psi_m\rangle$ を射影測定して、終状態として $|Q\rangle$ を知る。

最後に、$|\Psi_m\rangle$ に対して射影測定を行う必要があることに注意しよう。検索を行う人の手中に $|\Psi_m\rangle \sim |Q\rangle$ があったとしても、射影測定を行うまでは、それがどんな状態か、知りようがないからだ。

ところで、まだ疑問が (少なくとも) ひとつ残っている。

- 操作 $\hat{U}_S \hat{U}_Q$ を繰り返す回数 m は何回が良いのだろうか?
- それとも、何回繰り返してもいいんだろうか?

この問いかけに答えるには、$|\Psi_0\rangle$ から $|\Psi_1\rangle = \hat{U}_S \hat{U}_Q |\Psi_0\rangle$ への変化で、なぜ $|Q\rangle$ の係数だけが大きくなったのかを、まず理解する必要がある。

[*137] 原典は、プレプリント http://arxiv.org/abs/quant-ph/9605043 が入手し易い。このサイト arxiv.org は、多くの物理学者が目を通す論文 (プレプリント) の置き場所だ。

直交基の導入

実は、$|S\rangle$ と $|Q\rangle$ が直交していない、つまり $\langle S|Q\rangle = \dfrac{1}{\sqrt{N}} \neq 0$ であることが、見通しを悪くしている。そこで、$|Q\rangle$ と直交する、規格化されたケット $|S'\rangle$ を導入しよう。

$$|S'\rangle = \frac{1}{\sqrt{N-1}} \sum_{i \neq Q} |i\rangle \tag{13.11}$$

この $|S'\rangle$ は $|Q\rangle$ を含んでいないので、$\langle S'|Q\rangle = 0$ が成立することは自明だ。$|S'\rangle$ を使うと、$|S\rangle$ を重ね合わせ(線形結合)の形で表すことができる。

$$|S\rangle = \frac{\sqrt{N-1}}{\sqrt{N}} |S'\rangle + \frac{1}{\sqrt{N}} |Q\rangle = \cos\theta |S'\rangle + \sin\theta |Q\rangle \tag{13.12}$$

いま導入した角度 θ は、

- 内積 $\langle S|S'\rangle$ は、$|S\rangle$ と $|S'\rangle$ の間の角度 θ の余弦 $\cos\theta$ である

... という、内積の幾何学的な意味から持ち込んだもので[*138]

$$\tan\theta = \frac{1}{\sqrt{N-1}} \tag{13.13}$$

を満たす「小さな角度」だ。実は、この角度が、検索の速さや、必要な繰り返し回数 m を決めている。これらの角度の関係を、図形でも描いておこう。(角度 θ は少し誇張して描いてある。)

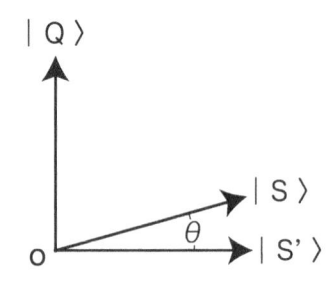

[*138] この辺りから先は、高校数学で習うベクトルと平面図形の知識を使う。慣れていなければ、まあ、そんなモンかと眺めているだけでも良い。

鏡映変換

この、直交する $|S'\rangle$ と $|Q\rangle$ の重ね合わせを、平面図で描く方法は、なかなか便利だ。では、操作 $\hat{U}_Q = \hat{I} - 2|Q\rangle\langle Q|$ は何を意味していたのだろうか? まずは $|\Psi_0\rangle = |S\rangle$ への作用を考えよう。$\langle Q|\Psi_0\rangle = \dfrac{1}{\sqrt{N}} = \sin\theta$ であることを使うと、最初のユニタリー操作

$$\hat{U}_Q |\Psi_0\rangle = |\Psi_0\rangle - 2\sin\theta |Q\rangle \tag{13.14}$$

の意味が見えて来る。$\hat{U}_Q |\Psi_0\rangle$ は図の中で、$|\Psi_0\rangle$ から、$\sin\theta$ の 2 倍だけ「下がった」場所に対応している。この変化は、

- 水平に置いた、つまり $|S'\rangle$ に平行に置いた鏡に $|\Psi_0\rangle$ を映すような、$|\Psi_0\rangle$ から **鏡像** $\hat{U}_Q |\Psi_0\rangle$ (図中の **鏡像1**) への変換

となっている。この、鏡の映すような変換を $|S'\rangle$ に対する **鏡映変換** と呼ぶ。

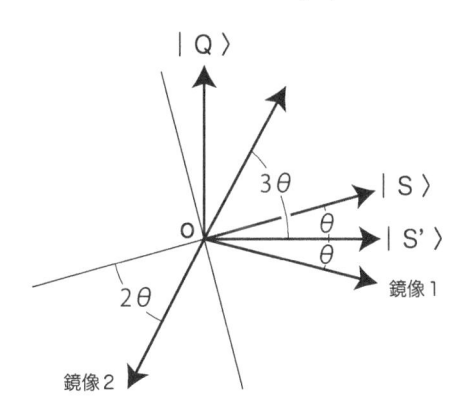

では、$\hat{U}_Q$ の次に行う $\hat{U}_S = -\left(\hat{I} - 2|S\rangle\langle S|\right)$ はどのような変換だろうか? これは、$|S\rangle$ に直交しているケット

$$|L\rangle = -\sin\theta |S'\rangle + \cos\theta |Q\rangle \tag{13.15}$$

に対する鏡映変換 $\hat{I} - 2|S\rangle\langle S|$ を行い「図中の **鏡像2**」を得た後で、全体の符号を反転させた、つまり矢印の方向をひっくり返したものだ。結果として、どこへ動いているかというと、図に描いたように、横軸からの角度が 3θ の場所へと移動したものが、$|\Psi_1\rangle$ を図で表したものとなる。

> **《一般の角度の場合》**
>
> $|\Psi_j\rangle$ が、図の上で角度 ϕ の場所にあれば、まず $\hat{U}_Q$ の作用によって角度 $-\phi$ の場所に移される。$\hat{U}_S$ による操作が、垂直から角度 θ だけ傾いた $|L\rangle$ に対する鏡映変換と、**原点に対する反転** であることを理解すれば、$\hat{U}_S$ の作用の結果として、角度 $\phi + 2\theta$ の場所へと移動したものが $|\Psi_{j+1}\rangle$ であることが理解できるだろう。

《《《 最適な反復回数 》》》

前ページの図に描いて示したように、最初の $|\Psi_0\rangle = |S\rangle$ が角度 θ に位置していて、$\hat{U}_S\hat{U}_Q$ を一度作用させる毎に角度が 2θ ずつ増えて行く。m 回くり返した後の角度は $(2m+1)\theta$ となるので、もしこの時点で射影測定を行うと、$|Q\rangle$ を得る確率は

$$|\langle Q|\left(\hat{U}_S\hat{U}_Q\right)^m|\Psi_0\rangle = \sin^2\left[(2m+1)\theta\right] \tag{13.16}$$

となる。(もちろん、いちど測定してしまうと、検索に成功しようと失敗しようと、そこで作業終了となる。) 従って、$|Q\rangle$ の測定確率をグラフに描くと、図のようなるわけだ。確率は、最初は m とともに大きくなって行くけれども、闇雲に反復回数だけを増やすと、やがては逆に、$|Q\rangle$ の測定確率が小さくなって行くことがわかる。

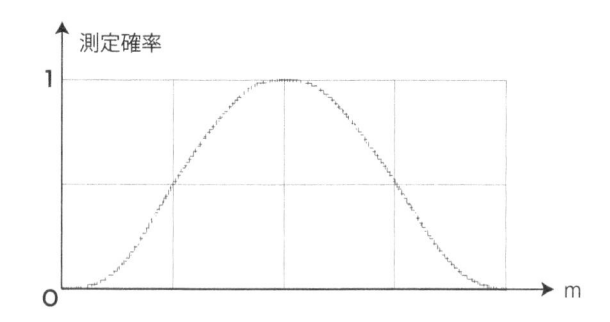

... ということは、考えている角度 $(2m+1)\theta$ が、ちょうど直角 $\pi/2$ になる回数をあらかじめ求めておいて、その回数だけ繰り返した後に

$$|\Psi_m\rangle = \left(\hat{U}_S\hat{U}_Q\right)^m|\Psi_0\rangle = |Q\rangle \tag{13.17}$$

となった所を観測すれば、その時点での $|\Psi_m\rangle$ が **探していた状態** $|Q\rangle$ に一致するはずだ。角度が $\pi/2$ から少しズレても、あまり気にしなくて良い。グラフを見てわかるように、$|Q\rangle$ の測定確率が、ほぼ 1 である角度の区間は、けっこう幅広いのである。

探す対象の数 N が充分に大きい場合には

$$\theta \sim \tan\theta = \frac{1}{\sqrt{N-1}} \sim \frac{1}{\sqrt{N}} \tag{13.18}$$

と近似して考えることができるので、

$$(2m+1)\frac{1}{\sqrt{N}} \sim \frac{\pi}{2} \tag{13.19}$$

が、m が満たすべき条件式となる。m について解くと

$$m \sim \frac{1}{2}\left(\frac{\pi}{2}\sqrt{N}-1\right) \sim \frac{\pi}{4}\sqrt{N} \tag{13.20}$$

が、$\hat{U}_S\hat{U}_Q$ の作用を反復するべき回数となる。これを見てわかるように、1 よりもホンの少しだけ小さい比例定数 $\pi/4$ を $\sqrt{N}$ にかけた回数だけ、反復計算すれば良いのだ。

測定確率のグラフを見てわかるように、確率が最大となる前後であれば、$|Q\rangle$ を測定する確率は非常に 1 に近いので、1 回や 2 回の過不足は問題ない。まあ、測定は失敗する、つまり $|Q\rangle$ でないものを「偶然に拾う」こともあるだろう。$|Q\rangle$ をうまく拾ったかどうかは、

- $\hat{U}_Q$ の期待値を求めてみると直ちにわかる

ので、測定の結果として拾ったものが $|Q\rangle$ でなければ、また $|\Psi_0\rangle$ から計算をやり直せば良い。また、式 (13.20) で与えられる最適な m よりもドンドン多く反復を繰り返すと、$|Q\rangle$ を測定する確率は再び下がって行くので注意が必要だ。

《オラクル》

　グローバーの量子検索アルゴリズムに登場する「検査器」のことをオラクル(oracle)と呼ぶ。辞書を引くと、**神のお告げ** という意味が掲載されている。演算子 $\hat{U}_Q$ の働きがまさに「神のお告げ」で、$\hat{U}_Q$ について何も知らない人は、ひたすら状態 $|i\rangle$ を作っては、作用させてみるしかない。

　　　運が良ければ「アタリ」である -1 の回答が得られ、
　　　　　　運が悪ければ「ハズレ」である $+1$ の回答しか得られない。

　量子検索の使い道を考えて行くと、このオラクルをどのように作るか? が勝負であることに、段々と気づいて来る。まず「検索」という名前に惑わされると、何か電話帳のように

- データを付け加えたり、取り除いたりできる一覧表 (?!)

が存在するようなイメージを持ってしまうのだけれども、検索の手順を眺めると、操作の対象となるものは「計算基底の全て」で、最初から決まっている。(オラクルの方を「いじってみて」、データの付け加えや取り除きに似た効果が得られるかどうか、考えてみる価値は充分にある。)

　一方で、状態 $|i\rangle$ の i が素数ならば -1 を返し、合成数であれば $+1$ を返すようなオラクルを作り出すことができれば、i が素数である状態 $|i\rangle$ ばかりを等しい重みで重ね合わせた状態 (prime state) を、検索の結果として得ることができる。そんなヘンテコなものを作れるのかい?! と、ちょっと疑ってしまうのだけれども、ちゃんと研究論文があるのだ。(http://arxiv.org/abs/1302.6245 を見よ。) オラクルが複数の状態について -1 を返す場合にも、グローバーの検索アルゴリズム (を少し修正したもの) は有用なのだ。

第14章　古典コンピューターの不思議

量子コンピューターは、情報理論や計算機技術と物理学が出会って形成された新しいテクノロジーで、現在も発展が続いている。応用に向けた最先端の話題が知りたいならば、

- 検索すれば新しい情報がドンドンと集まって来る

という世の中になった。(ただし、技術情報を自分で集める場合には、英語を使って検索する方が、ずっと効率が良い。) そんな事情もあるので、この辺りで「ひと息ついて」、量子コンピューターが物理学にどう根付いているか、そんな学問風景を眺めてみることにしよう。[*139]

物理学は、数ある学問の中では、そして数あるサイエンスの分野の中でも、**全体として一体感がある学問分野だ** と言うことができる。何が事の基本的な原理であるのか？という、根源的な問題に挑んでみると、意外なことに様々な自然現象の中に共通する性質を見つけることができるからだ。

> 《物理学の宿命》
>
> 「それはナゼ?」という疑問を自然へと投げかけること、これが物理学を深め続けて来た根本的な欲求だ。その結果、力学、電磁気学、統計力学、量子力学といった、基本的な物理学のそれぞれが、実は **閉じた論理体系になっていない** のだ。力学で「質点とは？ 剛体とは？ 連続体とは？」と問いかけても答えは出ない。電磁気学で「点電荷って何?」と問うと迷路に迷い込む。統計力学では「アンサンブルって実現されるの?」と問えば最前線、そして量子力学では「測定ってな〜に?」が禁句だ。

[*139] ... という訳で、以下は著者の主観ドップリなので、信じるも自由、信じないも自由だ。

さて、量子コンピューターを支える物理学は何かというと、言うまでもなく **量子力学** である。20 世紀の初頭に登場した量子力学は、物理学の中でも比較的新しい概念だ。西暦 1900 年頃にもなると、それ以前から発展し続けて来た **古典物理学** では説明がつかない現象が幾つも見つかり、人々は困惑した。(あるいは、狂喜したかもしれない。) 何十年かの間、試行錯誤を繰り返した結果として、「新しい体系」である量子力学が形成されたのだ。

量子力学の全体像が「ひとまず」わかってみると、量子力学は従来からの古典物理学を下支えする、より基本的な自然の記述を行う体系である— ということが、判明して来た。例えば、高校や大学の初年度で学ぶ「力学」の、もっとも基本的なニュートン方程式なども、量子力学から導くことが可能だ。[*140] 古典コンピューターの電気回路などを支える電磁気学は、その「量子版」である **量子電磁力学** (量子電磁気学とも呼ぶらしい) の特殊な条件下で意味を持つことが示せるのだ。このように何でもかんでも量子力学へと説明を求めて行くことが、20 世紀後半の物理学の、ひとつの姿であったと言える。

このような量子力学の役割を理解してみると、計算機というものを量子力学的に解釈して行こうという、量子コンピューターや量子情報の考え方は、とても自然なものであることがわかる。

- どんな問題を解決するために、量子コンピューターをどう使うか?

という応用への理解は、まだまだこれからなのだけれども、量子コンピューターの動作そのものの物理的な説明は、基本的な量子ゲート (の実現方法) を導入した時点で、おおよそ済んでしまっている。そういう意味で、この本を読んで来た皆さんも、既に量子コンピューターの専門家なのである。ズバリ

- 量子コンピューターの動作は、量子力学に基づいてよく理解できる

と言い切っても良いかもしれない。「量子チューリングマシン」という、とてもスッキリとした数学的な量子コンピューターの模型があって、量子計算の多くをこの模型に求めることができるからだ[*141]

[*140] こういう表現には、様々な注意を同時に払う必要があって難儀だ。「力学を学ばずに、量子力学から習い始めれば良い」という教育もあり得るのだけれども、実践するべきではない。

[*141] 言うまでもなく、古典チューリングマシンを理解しているからといって、コンピューターをシステムとして組み上げられる訳ではない。量子チューリングマシンを知っても...

⟪⟪⟪ 古典コンピューターという猫 ⟫⟫⟫

　古典コンピューターとは、どのようなものだろうか？　私たちは、毎日のように古典コンピューターのお世話になっている。その情報論理的な動作を、量子力学に基づいて説明できるだろうか？　まず確かなことは、古典コンピューターを構成する、集積回路などの素子は全て、量子力学に支配される原子分子から作られている。従って、

- 古典コンピューターが量子力学に基づいて作動していることは、たぶん間違いない。

しかし、原子分子の世界と古典コンピューターを接続するには、今のところ **熱統計力学** の助けを借りなければならない。要するに、古典コンピューターの動作と、その背後にある量子力学的な世界の接点が全く見えて来ないのだ。[*142]

　少し具体的な考察ができるように、質問の方法を変えてみよう。量子コンピューターを組み合わせて、古典コンピューターが作れるだろうか？　この質問へは、可能であると断言することも一応は可能である。

> 《対角な量子計算機》
>
> 　重ね合わせではない、「1個だけの計算基底」が入力されると、計算の途中経過も出力も全てが「1個だけの計算基底」であるような量子回路を作ることは可能だ。量子ゲートとして、C-NOT ゲートや Toffoli ゲートのみを使って回路を組んでしまえば良いのである。入力が「1個だけの計算基底」である限り、この回路の動作は古典コンピューターと論理的に同じものになる。少し補足すると、こういう量子回路は「量子コンピューターとしては全く面白くない」ものだ。なぜかというと、古典コンピューターと同じ性能しか持ち得ないからだ。
>
> 　　　　(量子コンピューターは「画期的に速くないと許してくれない」世界なのである。)

　しかし、いま考えた「対角な量子計算機」は量子コンピューターそのものであって、古典コンピューターではない。その証拠に、入力する状態が少しでも

[*142] もちろん、力学や電磁気学なども、そのままでは量子力学との接点は見えない。

乱され、幾つかの状態の重ね合わせになってしまうと、その「乱れ」がそのまま出力に反映してしまうからだ。また、出力を読み取るには、量子力学的な (射影) 測定を行わなければならない。入力する「1 個の計算基底」を準備する必要もある。

議論の論点がズレてしまった原因は、たぶん、質問の方法が悪かったのだと思う。改めて疑問を投げかけてみよう。

- 古典コンピューターの部品である古典ゲートを、量子ゲートの組み合わせで実現できるだろうか?

これも、可能であると即答されるかもしれない。量子回路のように、量子ゲートを直接結びつけるのではなく、量子ゲートと量子ゲートの間で

- いちいち $\hat{\sigma}_z$ を対角とする量子測定を行う

と、量子ゲートの間で保持される情報は古典的な 0 と 1 になるので、結局のところ「量子ゲートが古典ゲートとして働いた」ということになる。[*143]しかし、これもまた、**量子測定というインチキ** が含まれている。その、測定の部分を取り去ると、これまた「量子ゲートで作った、量子コンピューター」になってしまうのだ。

突き詰めて行くと、結局は **シュレディンガーの猫** が話題となる、量子測定そのものの解釈に行き着く。観測者が中をのぞき見できない箱の中に入っている猫は、箱の蓋を開けるまで、死んだ状態と生きた状態の重ね合わせなのか? というのが、猫の問題だった。

- 古典コンピューターは、量子力学の世界から眺めると、この「猫」以外の何者でもないのだ。

ながらく、このような「観測問題」には手を出しようがない状況が続いたけれども、そろそろ新しい視点で、この問題を再考できる時代になったのかもしれない。**繰り込み群** に似たような階層が、この量子情報の世界にも潜んでいるかもしれない。

[*143] 単一の量子ゲートを使うと雑音の影響を受けるだろうから、フォールト・トレラントに多重化された量子ゲートを念頭に置くのが良いかもしれない。

◇◇ あとがき ◇◇

　コンピューターは、応用数学がその真価を発揮する場だ。そんな事情もあるので、コンピューターの解説を始めるとなると、基礎的な数学から説明する必要に迫られる。量子コンピューターも例外ではなくて、予備知識として線形代数を知っている前提で書かれた教科書も多い。そう、割り切ってしまうと「解説する側としては楽チン」なのだけれども、「読む側はチンプンカンプン」になりがちだ。従って、必要な数学は、その都度、必要最低限度だけを導入した。また、量子コンピューターの動作についても、

- 複雑な計算処理は、単純な計算の積み重ねである

という立場に基づいて、なるべく素朴に、簡単な回路の動作を充分に理解できるように説明した ... つもりだ。また、なるべく物理から離れないように心がけた。数学に走ると、華麗で美しい世界が待ち受けているのだけれども、そこへ立ち入ることは、更に学習を続けて行く読者にお任せしよう。

　そんな事情もあって、素数判定のアルゴリズムを始めとして、幾つものホットな話題 (?!) に触れるスペースがなくなってしまった。興味があれば、ぶ厚いけど何でも書いてある、定番の教科書

- M.A. Nielsen and I.L. Chuang: "Quantum Computation and Quantum Information", (Cambridge University Press)

を、ぜひ手に取ることをお勧めする。大学の 3 年生くらいの知識があれば、スンナリと読めるのではないかと思うし、実際に読破した学生さん達を何人も目にして来た。量子コンピューターは、初学者がすぐ最前線に出る、そんな世界でもある。可能であれば原書を購入して、英文を読んでおいた方が、後々の為になるだろう。

　この本を読んで、量子コンピューターの研究がしたくなったら、興味の赴くままに学んで行くのが良いだろう。そして研究者になれたならば ─ なってしまったならば ─ 興味のままに研究を進めて行くことが、サイエンティストとして幸せなことだ。量子コンピューターというものを形づくって来た先人達 (← といってもまだ若い人が多い) がそうであったように。

索 引

記号・英語

& 117
[,] 85
{ , } 85
^ 49
$\hat{H}$ 77,104
$\hat{I}$ 50
$\hat{M}$ 49
$\hat{s}$ 83
$\hat{U}$ 79,105
$\hat{\sigma}$ 83
⊕ 113
ancilla 169
AND 117
BB84 178
bit 17
bit 反転 164
bit 反転コード 166
C-NOT 128
C-NOT ゲート 113
ENIAC 20
EPR 対 64
GHZ 状態 64,115
M 系列乱数 32
NMR 42
NOT 117
NOT ゲート 103
OR 117
q-bit 25,41
RSA 173
Shor の 9-bit コード 171
Shor のアルゴリズム 174
Toffoli ゲート 115
Tr 138

あ

アダマール・ゲート 104,128
アダマール変換 89
誤り訂正符号 164
アリス 120
暗号 173
暗号化 176
位相因子 46,99
位相ゲート 104
因数分解 173
エネルギー期待値 99
エネルギー固有値 99
エネルギー対角な測定 99
エルミート共役 95
エルミート行列 96
演算子 49
エンタングルした状態 64
エンタングルメント 151
エンタングルメント・エントロピー 156
オイラーの公式 40
重みの係数 37
オラクル 198

か

回転操作 80
回路 101
可換 69
鍵 176
可逆操作 52
角運動量 85
核磁気共鳴 42
核磁気モーメント 24
核スピン 42
角速度 74
確率の規格化 44
重ね合わせ 37,60
関数時間 19
観測確率 35,38
観測結果 35
規格化 35,93
規格化条件 45
規格化定数 45
規格直交 93
擬似乱数 9
期待値 98,140
逆演算子 79,105
逆操作 52

鏡映変換　195
共役　46,95
行列表示　96,138
局所的なユニタリー操作　154
クジ引き　13
繰り込み群　162
グローバーの検索アルゴリズム　193
クロネッカーのデルタ記号　137
計算機　15
計算基底　61
ケット記号　27
検索　14,187
原子核　23
原子磁石　22,73
交換括弧　85
交換関係　85
交換できない　58
光子　42
光速　20
恒等演算子　50,79
恒等操作　52
古典コンピューター　201
古典通信　125
コピー　121
固有ケット　91
固有状態　91
固有値　91
固有方程式　91
混合状態　145,157
混合状態の密度演算子　145

さ

最外殻電子　23
最大限にエンタングル　157
雑音　163,169
三角関数　81
時間発展　75,106
時間発展方程式　77,99
磁気モーメント　22
思考実験　28
自己共役　95
磁石　21
始状態　30

指数関数　78
指数関数時間　19
磁場　25
射影演算子　49,97
射影測定　52,129
終状態　30
縮退
シュテルン・ゲルラッハの実験　25
シュミット係数　149
シュミット分解　149
シュレディンガー表示　77
シュレディンガー方程式　100
瞬間移動　130
純粋状態　135,145,157
純粋状態の密度演算子　145
ショア　171,174
状態　27
状態の規格化　45
情報エントロピー　156
情報の bit　27
初期条件　31
スピン演算子　83
スピン磁気モーメント　24
正規直交　93
制御 NOT ゲート　113
制御 $\hat{U}$ ゲート　111
制御ビット　110
絶対確率　44
全系　147
線形結合　37
相似変換　138
相対確率　44
測定　102
測定確率　43,44,51

た

ターゲットビット　110
対角表示　93,139
体積法則　160
多項式時間　18
中間状態　52
チューリングマシン　118
超伝導素子　42

直積　60,127,157
直交　48,63,93
通信　119
強くエンタングル　67
定常状態　99
テイラー展開　81
ディラック定数　76
電子　23
電磁石　24
同時　12
特異値　149
特異値分解　149
独立　59
トレース　138

な

内積　47
内部自由度　27
2進数そろばん　16
熱　163
ノー・クローニング定理　123
ノルム　48

は

ハイゼンベルグ表示　77
パウリ演算子　83,104,138
波動関数　100
ハミルトニアン　77
反交換括弧　85
反交換関係　85
万能性　116
非可換　58
ビット　17
否定　117
微分　75
表現行列　138
フォールト・トレラント量子計算　172
フォン・ノイマン　8
不可逆操作　52
複素共役　43,48
ブラ　46,62
プランク定数　76

ブロッホ球　39,80
並列処理　18
ベル状態　63,114,158
ベル状態の共有　126
方向余弦　88
ボブ　120

ま

密度演算子　133,135
密度行列繰り込み群　150
密度副演算子　141
面積法則　160

や

ユニタリー・ゲート　105
ユニタリー演算子　105
ユニタリー変換　131

ら

ラーモア歳差運動　74
ラスベガス的成功　175
乱数　7, 108
量子回路　10,101
量子ゲート　103
量子情報　41,119
量子操作　52
量子測定　51
量子素子　103
量子チューリングマシン　118
量子通信　125
量子テレポーテーション　125,131
量子暗号　175
量子ビット　25,41
量子並列処理　192
量子乱数　108,159
量子力学　22,200
論理積　117
論理否定　103,117
論理和　117

著者紹介

西野友年（にしの ともとし）

1964年生まれ．大阪大学理学部物理学科卒．同大学院博士課程修了．現在，神戸大学理学部物理学科准教授．
専門は量子統計力学と量子情報．
著書に「今度こそわかる場の理論」，「ゼロから学ぶベクトル解析」，「ゼロから学ぶエントロピー」，「ゼロから学ぶ電磁気学」，「ゼロから学ぶ解析力学」（講談社）．
解説のわかりやすさと面白さが大好評．
本書の追加情報は
http://quattro.phys.sci.kobe-u.ac.jp/nishi/publist_j.html

NDC420　207p　21cm

今度こそわかるシリーズ

今度こそわかる量子コンピューター

2015年10月23日　第1刷発行
2018年8月1日　第4刷発行

著　者	西野友年（にしの ともとし）
発行者	渡瀬昌彦
発行所	株式会社　講談社
	〒112-8001　東京都文京区音羽2-12-21
	販売　(03)5395-4415
	業務　(03)5395-3615
編　集	株式会社　講談社サイエンティフィク
	代表　矢吹俊吉
	〒162-0825　東京都新宿区神楽坂2-14　ノービィビル
	編集　(03)3235-3701
カバー・表紙印刷	豊国印刷株式会社
本文印刷・製本	株式会社講談社

落丁本・乱丁本は購入書店名を明記の上，講談社業務宛にお送りください．送料小社負担でお取替えいたします．なお，この本の内容についてのお問い合わせは講談社サイエンティフィク宛にお願いいたします．定価はカバーに表示してあります．
© Nishino Tomotoshi, 2015

本書のコピー，スキャン，デジタル化等の無断複製は著作権法上での例外を除き禁じられています．本書を代行業者等の第三者に依頼してスキャンやデジタル化することはたとえ個人や家庭内の利用でも著作権法違反です．

JCOPY　＜(社)出版者著作権管理機構　委託出版物＞
複写される場合は，その都度事前に(社)出版者著作権管理機構（電話 03-3513-6969, FAX 03-3513-6979, e-mail : info@jcopy.or.jp）の許諾を得てください．

Printed in Japan
ISBN978-4-06-156605-7

講談社の自然科学書

ゼロから学ぶ ベクトル解析　西野友年／著	本体 2,500 円
今度こそわかる 場の理論　西野友年／著	本体 2,900 円
今度こそわかる くりこみ理論　園田英徳／著	本体 2,800 円
今度こそわかる 素粒子の標準模型　園田英徳／著	本体 2,900 円
今度こそわかる ファインマン経路積分　和田純夫／著	本体 3,000 円
今度こそわかる マクスウェル方程式　岸野正剛／著	本体 2,800 円
今度こそわかる ガロア理論　芳沢光雄／著	本体 2,900 円
今度こそわかる 重力理論　和田純夫／著	本体 3,600 円
量子力学 I　猪木慶治・川合光／著	本体 4,660 円
量子力学 II　猪木慶治・川合光／著	本体 4,660 円
基礎 量子力学　猪木慶治・川合光／著	本体 3,500 円
明解 量子重力理論入門　吉田伸夫／著	本体 3,000 円
明解 量子宇宙論入門　吉田伸夫／著	本体 3,800 円
完全独習 量子力学　林光男／著	本体 3,800 円
完全独習 電磁気学　林光男／著	本体 3,800 円
完全独習 現代の宇宙論　福江純／著	本体 3,800 円
完全独習 現代の宇宙物理学　福江純／著	本体 4,200 円
完全独習 相対性理論　吉田伸夫／著	本体 3,600 円
ひとりで学べる 一般相対性理論　唐木田健一／著	本体 3,200 円
宇宙地球科学　佐藤文衛・綱川秀夫著／著	本体 3,800 円
イラストで学ぶ 機械学習　杉山将／著	本体 2,800 円
イラストで学ぶ 人工知能概論　谷口忠大／著	本体 2,600 円
機械学習プロフェッショナルシリーズ　編集／杉山将	
機械学習のための確率と統計　杉山将／著	本体 2,400 円
深層学習　岡谷貴之／著	本体 2,800 円
画像認識　原田達也／著	本体 3,000 円
深層学習による自然言語処理　坪井祐太・海野裕也・鈴木潤・著／著	本体 3,000 円
サポートベクトルマシン　竹内一郎・烏山昌幸／著	本体 2,800 円
確率的最適化　鈴木大慈／著	本体 2,800 円
統計的学習理論　金森敬文／著	本体 2,800 円
異常検知と変化検知　井手剛・杉山将／著	本体 2,800 円

※表示価格は本体価格(税別)です。消費税が別に加算されます。　「2018年4月現在」

講談社サイエンティフィク　http://www.kspub.co.jp/